武器系统发射原理

Launching Principles of Weapon System

陈　荣　张玉武　易声耀

编　著

国防科技大学出版社

·长沙·

图书在版编目（CIP）数据

武器系统发射原理/陈荣，张玉武，易声耀编著. —长沙：国防科技
大学出版社，2024.1
ISBN 978 - 7 - 5673 - 0604 - 2

Ⅰ.①武… Ⅱ.①陈… ②张… ③易… Ⅲ.①武器—发射系统
Ⅳ.①TJ02

中国国家版本馆 CIP 数据核字（2023）第 243233 号

武器系统发射原理
WUQI XITONG FASHE YUANLI
陈　荣　张玉武　易声耀　编著

责任编辑：刘璟珺
责任校对：张少晖
出版发行：国防科技大学出版社　　　　地　　址：长沙市开福区德雅路 109 号
邮政编码：410073　　　　　　　　　　电　　话：(0731) 87028022
印　　制：国防科技大学印刷厂　　　　开　　本：710×1000　1/16
印　　张：17　　　　　　　　　　　　字　　数：296 千字
版　　次：2024 年 1 月第 1 版　　　　印　　次：2024 年 1 月第 1 次
书　　号：ISBN 978 - 7 - 5673 - 0604 - 2
定　　价：58.00 元

前　言

现代战争中，以火炮和导弹为代表的射击式和自推式武器依然是高效能武器装备的代表，是实现精确打击和高效毁伤的重要装备。而以内弹道和火箭推进为基础的武器发射系统及技术是达成上述目的的首要、关键环节，同时为弹药中间弹道、外弹道和终点弹道阶段提供有效的初始运动条件。武器系统发射原理是武器发射系统工程实践的理论依据，是武器工程技术人员必须掌握的基础。目前，国内有少数高等院校开设了相关课程，能够全面介绍枪炮与自动武器、火箭与导弹等武器弹药发射原理的教材还比较少，因此需要更多具有时代特色和综合性强的武器系统发射原理教材。

我们基于前期武器毁伤与评估系列课程的教学经验，结合武器系统与工程专业人才培养的新理念和新需求，在充分调研国内相关优秀教材和最新研究成果的基础上，编写了本书。全书定位于武器装备作战应用，希望能够为武器试验鉴定和联合作战保障的毁伤评估和火力筹划提供前期理论支撑，旨在通过介绍武器系统发射的基本概念、方法和模型，使读者学会运用定量理论和模型来分析有关武器系统发射方面的问题，并通过所学知识寻求实际问题的解决方案，奠定进一步学习相关课程以及从事相关实际工作的基础。

本书共分为7章，重点从发射能源、武器装备构造、内弹道理论等方面展开阐述，内容框架主要包含武器发射方式、发射药与推进剂、枪炮与自动武器发射原理、火箭推进原理、导弹发射技术、新型发射技术等知识单元。第1章为武器系统发射方式，介绍课程背景，简要讲述射击式和自推式武器的发射方式、基本过程和典型装备。第2章为火药与推进剂，介绍武器系统发射的能量来源，讲述火药性质、火药点火燃烧过程、液体推进剂和固体推进剂性质与分类。第3章和第4章介绍典型射击式武器发射原理。其中，第3章为枪炮内弹道学，在简要介绍火炮与自动武器发射过程的基础上，详细阐述火炮装药的点火与燃烧过程、经典内弹道学基本方程及计算实现方法；第4章为自动武器构造学，在介绍射击循环与自动循环的基础上，讲述身管、自动机、供弹机等自动武器中关键部件的结构原理。第5章和第6章介绍典型自推式武器发射原理与技术。其中，第5章为火箭推进原理，从火箭发动机的基本概念出发，详细介绍火箭发动机的主要性能参数和工作原理；第6章为导弹发射技术，包括常见导弹发射方式、导弹弹射技术及具有不同应用场景的导弹发射平台。第7章为新型发射技术，介绍随行装药火炮、电热炮、电磁炮、超高射速火炮、高超声速推进系统、核火箭推进系统等新概念武器的发射原理与技术。

本书第1章、第2章、第3章由陈荣编写，第4章由易声耀和陈荣编写，第5章、第6章由张玉武编写，第7章由陈荣编写。在编写过程中参考了国内重要书籍资料，包括《枪炮内弹道学》《导弹发射技术》《火箭发动机理论基础》等，在此，我们特别感谢张小兵、邓飚、杨月诚、宁超等为本书编著所打下的知识基础。此外，我们还要对课程大纲编写、教材内容体系设计做出贡献的卢芳云、林玉亮、李翔宇、李志斌等表示衷心的感谢！

由于编者知识水平有限，书中难免存在遗误和不妥之处，敬请读者批评指正。

编　者
2023 年 12 月

目 录

第1章 武器系统的发射方式

战斗部发射方式可以有多种分类方法。比如可以按照发射平台的不同，分为陆基、海基（舰载）和空基（机载）发射等；按照发射特性和原理的差异，分为射击式和自推式。本书按照后者进行分类。

1.1 射击式发射

射击式发射是指战斗部或弹药从各类身管式武器（枪、火炮）的膛管内向外发射，并依靠膛管内火药燃气的压力获得较高的初速，经过无动力弹道飞行而命中目标的发射方式。

枪弹和炮弹是常见的依靠射击式进行发射的弹药，它们具有初速大、射击精度高、经济性好等特点，是战场上应用最广泛的弹药，适用于各军兵种。枪弹是指口径在 20mm 以下的射击式弹药，多用于步兵。从严格意义上来讲，枪弹不归为战斗部的范畴。炮弹是指口径在 20mm 以上的射击式弹药。炮弹具有战斗部系统的多项特征，属于战斗部的范畴。炮弹通过火炮射击后，能够在目标处或其附近形成冲击波、破片和其他高速侵彻体等毁伤元素，主要用于压制敌人火力、杀伤有生力量、摧毁工事，以及毁伤坦克、飞机、舰艇和其他装备。

下面以火炮为例，对射击式发射的有关科学原理进行阐述。火炮是用于射击炮弹的装备，能够打击几千米到数十千米范围内的目标，在各军兵种都有重要的应用，图 1.1 是火炮射击实图。火炮有很多种类，分类方式也多样。陆军常用的火炮，一般按照炮弹的弹道特性，分为加农炮、榴弹炮和迫击炮，其弹道特性如图 1.2 所示，三种火炮的性能对比见表 1.1。

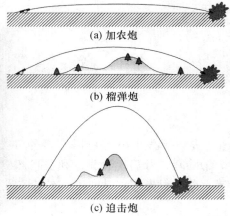

(a) 加农炮

(b) 榴弹炮

(c) 迫击炮

图 1.1　火炮射击实图　　　图 1.2　陆军常用火炮的弹道特性示意图

表 1.1　陆军常用火炮的性能对比

火炮类型	弹道形状	性能特点	结构特点（d 为火炮口径）
加农炮	低伸	初速大（>700m/s），射角小（<45°），一般采用定装式炮弹，大口径火炮也可采用分装式炮弹	炮身长（>40d），比同口径其他火炮重
榴弹炮	弯曲	初速小（<650m/s），射角大（>75°），多采用分装式炮弹	炮身短（20d~30d），全炮较轻
迫击炮	很弯曲	初速小，射角范围大（45°~85°），多用尾翼稳定炮弹	炮身短（10d~20d），结构简单，全炮很轻

1.1.1　加农炮和榴弹炮

　　加农炮的弹道低伸平直，名称中的"加农"系英语 cannon 的音译，高射炮、反坦克炮、坦克炮、机载和舰载火炮都具有加农炮的弹道特性；榴弹炮的弹道较为弯曲，射程较远。需要指出的是，以上根据弹道特性对火炮的分类只是一种大致参考，不能绝对化，有时各类型之间的差异并不明显。比如，现在有的火炮可兼具加农炮和榴弹炮的弹道特性，所以也被称为"加农榴弹炮"或"加榴炮"。

　　牵引加榴炮如图 1.3 所示。加榴炮主要由炮身、自动机、闭锁机构、加速机构、供弹机构、炮闩、炮尾、反后座装置、炮架、瞄准系统、行走系统等部分组成。坦克炮、自行炮还有炮塔、稳定器等特有系统。炮塔是安装火炮及有关的仪器、装置和保护操作人员的系统的装甲壳体，分为固定式与旋转式两种。旋转式炮塔就是坦克炮、自行炮的回转部分。坦克炮炮塔外形呈流线型，装甲厚；自行炮炮塔根据总体要求有旋转的、固定的各种外形，装甲薄。坦克炮要求行进间也能射击，为了消除坦克行进过程中随地形而产生的纵、横向摇摆，须在火炮上安装陀螺稳定器保持对目标的瞄准。有的自行高炮、舰炮也有稳定器。采用稳定瞄准线措施的火控系统，称稳像式火控系统，它有利于炮手捕捉、瞄准和跟踪目标，提高首发命中率。

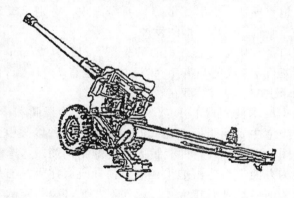

图 1.3　牵引加榴炮

1.1.2　无后坐炮

　　减轻质量、提高机动性，一直是火炮武器发展中的重要研究课题。减轻武器质量，对其转移和投放及提高火力的机动性都具有重要的意义。随着火炮威力的增大，最大膛压和后坐力增加，而炮身、炮架的质量加大降低了火炮的机动性。现代战争要求火炮武器，不仅要有足够的威力，而且要具有良好的机动性。这种战术技术要求，对于步兵装备的反坦克武器更具有现实意义。无后坐炮就是在这种实战需求下发展起来的。

　　无后坐炮应用火箭发动机的推力原理，在炮尾处装有拉瓦尔喷管。在射击过程中，膛内的火药气体从喷管中高速流出推动弹丸向前运动。火药气体推动弹丸运动的同时，使炮身产生后坐力，而火药气体的高速流出，又使炮身产生反后坐力。通过装药和炮膛结构的合理匹配，整个发射系统保持动量平衡，炮身基本上处于静止状态。这就是无后坐炮发射的基本原理。从原理上可以看出，无后坐炮实际上就是火炮和火箭发动机的结合体。

无后坐炮发射时利用部分火药燃气后喷，使全炮无明显后坐。它源于15世纪达·芬奇的"双头炮"设想，但直至第一次世界大战时才在战场上使用。无后坐炮是一种结构简单、质量轻、便于机动的反坦克和反装甲车武器，但射程近（只有几百米），破甲能力弱，特别是后喷的火药燃气极易暴露目标。20世纪30年代以来，无后坐炮有了相当的发展，并在第二次世界大战期间发挥过重要的作用。随着坦克防护能力的加强，各种反坦克武器（反坦克火炮、反坦克火箭、反坦克导弹、反坦克雷等）纷纷出现，特别是反坦克火箭、反坦克导弹的发展，制约了无后坐炮的发展。

无后坐炮按口径和质量分轻、重两种类型。口径从 57mm 至 120mm，质量从几千克到两三百千克不等。有单兵发射的，也有 2~4 人合作发射的；有人背马驮和车辆牵引的，也有装载在轻型车辆上的。

无后坐炮根据战术使用目的不同，在结构上分为线膛和滑膛两种形式。近年来，因无后坐炮主要用于反坦克武器，使用的弹种以破甲弹为主，故以滑膛炮管为多。图 1.4 所示为一种滑膛无后坐炮结构简图。这种结构不论在外形还是点火结构方面都与迫击炮很相似。弹丸既有尾翼又有尾管。尾管内装有点火药，管的前后端开有传火孔，以便对主装药进行点火。在弹体定心处与炮膛表面之间有一定的间隙。为了保证点火的一致性以及调整气体流出对弹道性能的影响，必须使火药气体达到一定压力之后才能打开喷口。因此在喷管进口断面处装有胶木制成的圆形隔板将喷口封闭，只有达到一定压力才能将隔板打开。这样可以通过隔板的强度来调整气体流出的时间，达到改善内弹道性能的目的。

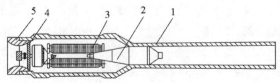

1—身管；2—弹丸；3—药包；4—隔板；5—喷管。

图 1.4　滑膛无后坐炮结构简图

无后坐炮在射击时，由于一部分气体通过喷管流出，不可避免地带来一些缺点：射击时炮尾形成一个火焰区，使射击勤务困难增大，且容易暴露目标；火药在半密闭情况下燃烧，膛压不高，因而难以获得较高的初速；同时未燃完的火药从喷管中流出，会造成较大的初速分散。

无后坐炮基本上能消除炮身的后坐力，因而不需要像一般火炮那样的笨重炮架和复杂的反后坐装置，可减小火炮的总质量，提高火炮的机动性。通常用单位火炮质量所获得炮口动能表示的火炮金属利用系数 η_Q 来衡量火炮的机动性。表 1.2 中列出了各种类型火炮的 η_Q 值，从表中可以看出，无后坐炮的 η_Q 最大，即它的机动性最好。

表 1.2　各种类型火炮金属利用系数

火炮类型	金属利用系数 $\eta_Q/(\text{kJ} \cdot \text{kg}^{-1})$
师和军大口径加农炮	1.08 ~ 1.86
反坦克炮	1.17 ~ 1.47
榴弹炮	0.69 ~ 1.47
无后坐炮	1.27 ~ 4.90

1.1.3　迫击炮

迫击炮（见图 1.5）是直接伴随步兵作战的压制火炮。由于它具有射速快、威力大、质量轻、结构简单、操作方便、阵地选择容易等优点，深受各国军队的青睐，大量装备在营连以下战斗单位。据统计，第二次世界大战期间，50% 以上的地面部队作战伤亡是迫击炮轰击所致，因此近百年来，各国竞相发展迫击炮，口径从 51mm 到 240mm，既有前装炮弹的，也有后装炮弹的，既能曲射，也能平射。20 世纪 80 年代还发展了自行迫击炮、自动迫击炮、迫榴炮。迫榴炮的炮身内膛为线膛，既可发射带刻槽的榴弹，也可发射迫击炮弹。迫击炮的弹道比榴弹炮更为弯曲，射击死角很小，能命中其他炮种不能命中的目标。迫击炮的结构简单，其基本组成通常包括炮身、炮架、座板和瞄准装置四个部分，炮身轻便，拆卸后可以人扛马驮，便于山地作战，机动性好。迫击炮弹的装填系数也较大，威力大于同口径的弹种。因此，迫击炮目前仍然得到广泛的使用。

迫击炮之所以有上述战术上的优点，与其特殊的火炮弹药系统和弹道性能是分不开的。迫击炮的身管结构非常简单，既没有膛线，也没有炮闩，仅是一个光滑的圆管，如图1.5所示。圆管的后端用螺纹和炮尾相连接，在连接处装有铜制的紧塞环，以防止火药气体从螺纹处漏出。炮尾的构造也非常简单，其底部有一个炮杆，整个炮身即以它支撑在底板上。在炮尾底部中央装有凸出的击针，射击时，炮弹在炮口处装填，炮弹因重力作用沿炮管滑下，一直落到炮膛底部，使基本药管的底火与击针撞击而燃烧。

为了适应前装滑膛迫击炮的射击和弹道要求，迫击炮的弹药系统也有相应的特点，如图1.6所示。

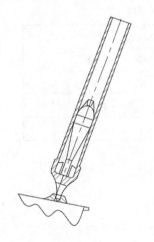

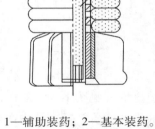

1—辅助装药；2—基本装药。

图1.5　迫击炮身管结构　　　图1.6　迫击炮弹药结构

为了保证弹丸飞行的稳定性，迫击炮弹都具有尾翼的稳定装置。尾翼装在尾管的底部，尾管的上端用螺纹和弹体连接。尾翼的片数通常为偶数，最少的6片，最多的12片，片数多少与弹丸的类型有关。此外，尾管上一般都有8～12个传火孔，作为基本装药和辅助装药之间的传火通道。为了使炮弹顺利下落，保证击针撞击时能够具有足够的动能，从而使底火确实点火，迫击炮弹的定心部与膛壁之间必须具有足够大的间隙，以便在弹丸下落时排除膛内的空气。因此迫击炮弹的直径应该略小于炮膛直径。

由于迫击炮的弹尾很长并装有稳定装置，所以与同类口径的一般火炮比起来，迫击炮的药室容积很大。此外，根据战术要求，迫击炮的初速和最大压力都比较低，因此装药量一般都很小，从而使得装填密度也很小，通常为 $0.04 \sim 0.15 \mathrm{g/cm^3}$。在这样小的装填密度下，如何保证装药均匀而稳定地点燃，从而得到较好的射击精度，就成为迫击炮装药的一个重要问题。为了解决这个问题，迫击炮的装药一般分为两个组成部分。一部分称为基本装药，装填在用衬纸包装的基本药管内，起传火作用，其装填密度很大，一般为 $0.65 \sim 0.80 \mathrm{g/cm^3}$，药管的底部装有底火。另一部分称为辅助装药，它由环形药或其他形状火药分装成等质量的药包，并固定在尾管的周围。不同数目的药包具有不同等级的初速。

辅助装药的点火完全依靠基本装药，因此基本装药的作用既代表 0 号装药，同时又是点火药。整个基本药管的结构也正是以这样的要求进行设计的。在射击时，底火首先点燃尾管内的基本装药。由于这种装药在尾管中的装填密度很大，所以基本装药点燃之后，不仅压力上升很快，而且压力升得很高，一般可以达到 $80 \sim 100 \mathrm{MPa}$。当达到破孔压力时，高压的火药气体即冲破衬纸从传火孔流进药室，这类似于高低压原理。由于火药气体具有很大压力和足够的能量，能较容易地点燃管外装填密度较小的辅助装药，并保证它们稳定燃烧，从而保证了迫击炮弹道性能的稳定性。

1.1.4　枪械及榴弹机枪

按照基本组成，枪械及榴弹机枪可分为两类，一类是由单兵携行使用的手枪、冲锋枪及各种步枪，另一类是依靠枪架枪座发射的各种机枪和自动榴弹发射器（或称榴弹机枪）。后一类武器的基本组成与火炮相似，包括：枪身，含枪管、自动机、枪尾、枪口装置等；反后坐装置，均是弹簧式制退和复进机；枪架，含摇架、上架、下架及大架等，如果武器配置于飞机、舰船及战车上，则枪架改称枪座，没有大架；瞄准系统，含高低机、方向机、平衡机、瞄准具及瞄准镜座等，由于回转惯性远比火炮低，高低机和方向机的传动比不大，可以靠人力驱动。这类武器靠人力输运，枪架没有行走系统，只有多联装的高射机枪才有。由于是直接瞄准射击，火控系统比较简单。

冲锋枪和各种步枪的射向和后坐力都由射手直接赋予和承担，基本组成中没有枪架（座）。以自动步枪（见图 1.7）为例，基本组成是：枪管、自动机、机匣、枪口装置、枪托、瞄准装置及其他装置。

图 1.7　自动步枪

1.2　自推式发射

　　火箭弹、鱼雷和导弹就是对战斗部（弹药）实施自推式发射的典型装备。自推式发射的特点是在发射时过载低，发射装置对战斗部的限制因素少，易于实现制导，能够实现远程投射，具有广泛的战略和战术价值。

　　导弹是依靠自身动力系统（可以是固体或液体火箭发动机、喷气发动机）推进，在大气层或空间飞行，由制导系统导引、控制其飞行路线并导向目标的武器。在现代战争中，导弹是兼有战略和战术价值的重要武器装备。

　　导弹有多种分类方式，通常根据弹道特点的不同，分为弹道导弹和巡航导弹。图1.8（a）是某型弹道导弹，图1.8（b）是美国的"战斧"巡航导弹。

(a) 弹道导弹

(b) 巡航导弹

图 1.8　典型的导弹

1.2.1　弹道导弹

弹道导弹依靠火箭发动机推力在弹道初始段加速飞行，在获得一定的速度，并达到预定的姿态后，火箭发动机关机，弹头（战斗部）与弹体分离并依靠惯性飞行，直至命中目标。弹道导弹一般要离开大气层进入外层空间，然后再入大气层。在再入大气层后的弹道末段，现代先进的弹道导弹弹头（战斗部）还具有机动和末制导能力。弹道导弹具有飞行速度快、突防能力强、射程远（能打击几百到几千千米范围内的目标）等特点，既可搭载核战斗部成为战略导弹，也可搭载常规战斗部成为战术导弹。

由于弹道导弹要达到较远射程，装载的燃料多，起飞重量大，在发动机推力有限的情况下，其推重比（发动机推力和导弹起飞重量之比）不可能很高（为 2～3）。在这种情况下，如果实施倾斜发射，在发射后的弹道初始段，导弹稳定性差且容易出现下沉现象，严重时可能导致发射失败，所以弹道导弹一般采用垂直发射，如图 1.9 所示。

图 1.9　弹道导弹垂直发射

弹道导弹的飞行原理跟火箭弹大体类似，但它涉及的科学技术和工程环节要复杂得多。弹道导弹的飞行弹道也可以按先后分为主动段和被动段，而根据弹道特性的显著差异，弹道导弹的主动段和被动段又可以分为若干子段，下面分别进行介绍。

在主动段，火箭发动机和各种制导控制系统处于工作状态，导弹按照预定的程序飞行，所以主动段也称为程控飞行段，该段的飞行时间在几十到几百秒的范围内。主动段又可以分为垂直上升段、转弯飞行段和发动机关机段。

弹道导弹实施垂直发射，所以垂直上升段是弹道导弹飞行的初始段。在火箭发动机启动后，只要推力大于起飞重量，导弹就可以缓缓垂直上升，并开始加速。垂直上升段的飞行时间在 4~10s，完成该段飞行后，导弹高度达到 100~200m，速度达到 30~40m/s。

然后导弹进入转弯飞行段。在这一段，导弹将在控制系统的作用下（通过偏转尾翼空气舵面或改变发动机喷气方向）开始脱离垂直上升飞行状态，进行缓慢转弯飞行，导向目标方向。为防止出现较大的过载，导弹转弯较慢。在转弯飞行完成后，导弹要达到预定的速度大小和弹道倾角（导弹速度方向与地面切线的夹角），如图 1.10（a）所示。为达到所需速度大小，导弹有可能使用多级火箭推进的技术。

接下来导弹进入发动机关机段，这是主动段的最后一段。这一段中导弹将保持弹道倾角不变（即速度方向不变）近似直线飞行，直到发动机关机，且飞行时间不长。在发动机关机后，弹道导弹一般要实现弹头和弹体的分离，如图 1.10（b）所示。通过精确控制发动机的关机时刻，可以在保持弹道倾角不变的情况下，根据射程和其他需求，控制弹头在主动段终点的速度大小，此时的速度大小和弹道倾角将在很大程度上决定弹头的后续飞行弹道。在主动段终点，导弹弹头的速度达到每秒几千米，高度距地面几十到几百千米，弹道倾角在 40°左右，如果射程增大，则弹道倾角减小，如远程战略弹道导弹（洲际导弹）的弹道倾角一般为 20°左右。

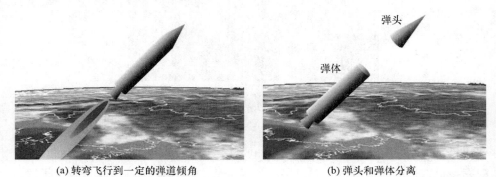

(a) 转弯飞行到一定的弹道倾角　　　　　　　(b) 弹头和弹体分离

图 1.10　弹道导弹转弯飞行和头体分离示意图

主动段完成后，弹道导弹进入被动段，被动段是弹道导弹弹道的主体，占总弹道长度的 80%～90%。在被动段，导弹的火箭发动机关机，弹头和弹体已经分离，弹头依靠主动段所获得的运动状态进行惯性飞行。被动段又可以细分为自由飞行段和再入段。

在自由飞行段，弹头处于距地面很远的高空，空气稀薄，气动阻力可以忽略，弹头只受到重力的作用。在这一段，弹头飞行高度高、飞行距离长，因此不能把重力看作是常数，而应该基于万有引力定律，根据弹头距地心的距离计算重力的大小，并把重力方向考虑为指向地心。因此弹头在这一段的弹道飞行类似于航天飞行器（如人造卫星和飞船）的轨道飞行，各种理论力学和轨道力学专著已对这一段弹道有较深入的分析，在此不再赘述。

但是弹道导弹和人造卫星等航天飞行器的飞行又有所不同，那就是弹道导弹的飞行要以落回地球为目的（而不是进入绕地球飞行的轨道），所以弹道导弹的自由飞行段要满足一定的条件：飞行弹道是椭圆轨道；椭圆轨道的近地点与地心的距离要小于地球半径，如图 1.11 所示。以上条件可以通过调整主动段终点时刻的弹头速度大小和弹道倾角来实现。

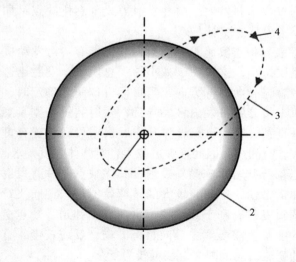

1—地心/椭圆轨道的焦点；2—地球表面；3—椭圆轨道；4—弹头。

图 1.11　弹道导弹自由飞行段椭圆轨道示意图

当弹头经过自由飞行段再次回到大气层时，则进入再入段。在这一段中，弹头高速进入大气层，将经历剧烈气动阻力、气动热烧蚀、电磁黑障、粒子云侵蚀等恶劣环境。有的弹头上安装的控制发动机会开始工作，使得弹头做机动飞行，以对抗导弹防御系统的拦截并提高打击精度。当弹头到达目标处或其附近发生爆炸时，再入段终止。

1.2.2 巡航导弹

与弹道导弹不同，巡航导弹的弹道一般全部处于大气层内部，所以其发动机可以是火箭发动机，也可以是涡轮或冲压喷气发动机。在飞行中，巡航导弹发动机一直处于工作状态，并可以根据需要进行较大范围的机动，因而其弹道曲线复杂多样。常见的地地、地空、空空、空地、空舰等类型的导弹都属巡航导弹。现在先进的地地巡航导弹，能进行远距离大范围机动飞行（在几百千米的量级），能采用多种方式制导（惯性制导、卫星制导、地形匹配制导、景象匹配制导等），能以较高精度打击目标，是高水平导弹研制技术的集中体现。

巡航导弹的发射方式比较多样，如果其发射平台处于地面（地下）或舰船上，可以进行垂直或倾斜发射，两种发射方式各有优缺点；如果发射平台是飞机，则还可以考虑其他发射方式。

地（海）基巡航导弹若实施垂直发射，其优点有：对发动机推重比要求不高，因而发动机质量小，这有助于减小导弹总质量；发射迅速且发射速率高，发射装置不用事先导向目标方向，当目标方位尚未确定时，可以先发射导弹，以争取战机，每分钟可发射多发导弹；发射装置安排紧凑，发动机喷流影响区域小。垂直发射的缺点是导弹升空后根据目标位置有可能需要立即转弯，转弯角度大、时间短，因而导弹过载大，对弹体强度要求高。

地（海）基巡航导弹若实施倾斜发射，其优缺点与垂直发射相对。优点有：导弹发射后弹道平稳，不需要较大的转弯就能进入巡航飞行状态；对于有些制导方式，倾斜发射有利于导弹快速进入导引弹道。缺点有：对发动机推重比要求高；发射装置需要事先导向目标方向，反应较慢，有可能会贻误战机；倾斜发射的喷流影响范围大，装置较为复杂。

对比以上垂直和倾斜发射的优缺点，可以根据巡航导弹的实际情况（包括发射平台、动力、制导系统、打击目标的远近等）选择发射方案。现在常见的地（岸）舰导弹、舰舰导弹等反舰导弹，都采用倾斜发射，如图1.12所示。

图 1.12　反舰导弹倾斜发射

　　而地空导弹，根据不同的应用需要，垂直和倾斜发射都可以采用，通常是打击高空目标时采用垂直发射，如图 1.13（a）所示；打击低空目标时采用倾斜发射，如图 1.13（b）所示。

(a) 垂直发射　　　　　　　　　　　　　　　(b) 倾斜发射

图 1.13　地空导弹的发射

　　对现代舰船所装备的先进舰空导弹来说，垂直发射是重要的发射方式。这是因为舰船空间有限，垂直发射有利于布置舰上设备，同时在高海情条件下，能保证军舰具备快速反应能力和足够的防空火力，以应对空中力量对军舰的饱和攻击，如图 1.14 所示。图 1.15 是某型驱逐舰，其前甲板上的垂直发射装置清晰可见。除了舰空导弹，舰船上的垂直发射装置还可以发射舰地（岸）导弹。当前，是否具有导弹垂直发射装置，已经成为评价军舰先进性的指标之一。

　　如果巡航导弹从飞机上发射，要考虑发射过程中导弹和载机的相互影响。一方面，导弹发射后，载机所受气动力会发生变化，从而影响载机的飞行稳

图 1.14　军舰防空作战示意图　　图 1.15　某型驱逐舰及其垂直发射装置

定性。另一方面，载机附近的空气流动也会干扰发射后的导弹飞行，严重时甚至引起载机和导弹的相互碰撞，造成危险。所以，一般来讲，从飞机上发射导弹有以下两种方式：一种是导轨式发射，导弹在自身推力的作用下，沿导轨向前发射，尽可能使导弹远离载机；另一种是投掷式发射，载机将导弹投掷出来，导弹在远离载机后，其发动机开始工作。两种方式各有优缺点，前者更适合用于空空导弹，后者更适合用于空地导弹。

　　与弹道导弹相比，巡航导弹的弹道要复杂得多，不同类型导弹（地地、地空、空地等）的弹道特点也有很大区别，而且其自主飞行弹道和导引弹道（即根据制导系统导向目标的弹道）是耦合在一起的，所以难以形成较为统一的描述。

　　巡航导弹可以在大气层内飞行，像飞机一样可以处于平飞状态，因此具有平飞段是巡航导弹的弹道特征之一；在巡航导弹离开发射平台后，根据飞行的需要，导弹要爬升或下滑，以达到所需的飞行状态，所以巡航导弹具有爬升段和下滑段；有的巡航导弹（尤其是反舰导弹）为了增加突防成功率，在接近目标的时候会突然爬升进而俯冲攻击目标，所以巡航导弹还有俯冲段，如图 1.16 所示。另外，现代先进的对地打击巡航导弹能采用包括地形匹配在内的多种制导方式以较高的精度打击目标，它的弹道可能更加复杂，如图 1.17 所示。由于巡航导弹的弹道变化多样，在飞行弹道变化时导弹要承受各种过载，因此对巡航导弹进行弹道规划时要考虑弹体强度是否能承受过载的问题。

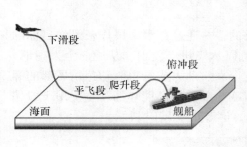

图 1.16　典型的空舰导弹弹道

图 1.17　巡航导弹的地形匹配复杂弹道

1.2.3　火箭弹

　　火箭弹是指非制导或无控的火箭推进弹药，它利用火箭发动机从喷管中喷出的高速燃气产生推力。重型火箭弹一般采用车载发射，可多发联射，火力猛，突袭性强，适用于压制地面集群目标。轻型火箭弹可采用便携式发射筒以单兵肩扛式发射，射程近，机动灵活，易于隐蔽，特别适用于步兵反坦克作战。典型火箭弹装备如图 1.18 所示。

(a) 车载式火箭弹　　　　　　　　　　　(b) 单兵肩扛式火箭弹

图 1.18　典型的火箭弹装备

1.2.4 鱼雷

鱼雷是能在水中自航、自控和自导的，并通过在水中爆炸来毁伤目标的武器。鱼雷既可以从舰艇上发射，也可以从飞机上发射。从舰艇上发射时，鱼雷以较低的速度从发射管射入水中，依靠热动力或电力驱动鱼雷尾部的螺旋桨或其他动力装置在水中航行。鱼雷战斗部装填高能炸药，主要用于毁伤水面舰艇、潜艇和其他水中目标。典型的鱼雷如图1.19所示。

图 1.19 典型的鱼雷

思考题

1. 射击式发射的内涵是什么，是如何分类的？
2. 加农炮、榴弹炮和迫击炮的飞行弹道各有什么特点？
3. 简述无后坐炮的基本原理。
4. 弹道导弹发射过程分哪几个阶段？
5. 导弹的发射方式有哪些？

第2章　火药与推进剂

火药与推进剂的历史可追溯到黑火药时代。黑火药是我国古代的四大发明之一。唐初（公元682年左右），孙思邈发明黑火药，在中国炼丹家的著作中就有初期黑火药组成的记载。宋初（公元969年），我国用黑火药制成火药火箭，用于战争。13世纪左右，黑火药由中国经阿拉伯国家传至欧洲。直到14世纪，欧洲才开始应用黑火药。

黑火药由硝石（硝酸钾）、硫黄和木炭组成，是一种原始的异质火箭推进剂，也就是复合固体推进剂的雏形。黑火药最大的缺点是燃烧时会产生大量的烟雾、成气性差、能量低。因此，黑火药作为推进剂的使用受到限制。

随着工业和武器的发展，迫切需要比黑火药性能更好的推进剂。1846年左右，塞恩伯发明了硝化纤维素，索勃莱洛发明了硝化甘油。诺贝尔将这两种物质互溶制成了双基火药。由于其燃烧释放的能量和产生的气态燃烧产物都超过黑火药，并且不产生黑烟，很快得到了大规模的应用。19世纪末，科学家用醇醚溶剂胶化硝化纤维素制得单基火药，继而又以硝化甘油来胶化硝化纤维素制得双基火药。从此，单基火药和双基火药一直被用作枪炮发射药。

化学推进是指利用物质在火箭发动机中发生化学反应（燃烧）放出的能量作为能源、以其反应产物作为工质的推进方式。化学推进剂是指在火箭发动机燃烧室中通过燃烧产生热能，将其燃烧产物作为工质，通过喷管将工质热能转化为喷气动能的一类含能物质。化学推进剂是化学推进方式中参与化学反应的全部组分的统称。根据推进剂各组分在常温常压下呈现的物态可将其分为液体推进剂和固体推进剂。

现代导弹的动力装置初期使用的是液体推进剂，如德国的 V－Ⅱ 火箭。第二次世界大战期间，双基固体推进剂首先用于各种小型火箭发动机中，发挥了较大的威力，开辟了固体推进剂的新纪元，形成了固体推进剂和液体推进剂竞争发展的局面。大型固体火箭或导弹动力装置需要燃烧表面复杂的大型推进剂药柱。双基推进剂的挤压工艺和力学性能不能满足上述要求，因而浇注成型的橡胶状复合固体推进剂得到了发展。

按液体推进剂进入发动机的组元数分类，可将液体推进剂分为单组元、双组元和多组元液体推进剂。按主要组分之间是否存在相界面，可将固体推进剂进一步分为均质推进剂和非均质推进剂两类。均质推进剂的典型代表是双基推进剂，非均质推进剂的典型代表是复合固体推进剂。

火药与推进剂的基本要求是：

（1）能量性能高，即比冲高、密度大。

（2）燃烧性能好，即在燃烧时应有一定的规律性且燃烧稳定。

（3）储存性能优良，即在长期储存后，仍能安全、可靠使用。

（4）力学性能好，即能承受在生产、运输、储存和发射过程中的各种载荷作用，并保证装药的结构完整性。

（5）安全性能好，即对外界的意外刺激源（撞击、摩擦、静电、热、冲击波等）的敏感度尽可能低，无毒或低毒，生产和使用过程中放出的废气和排出的污水不严重污染环境。

（6）原材料来源广，生产工艺简单，价格便宜。

2.1　火药与火药装药

火药可在无外界供氧条件下由外界能量引燃，自身进行迅速而有规律的燃烧，放出大量热，同时生成大量燃烧产物。火药通常由可燃剂、氧化剂、黏结剂和其他附加物（如增塑剂、安定剂、燃烧催化剂等）组成，是枪炮弹丸的发射能源。火药可采用定装式或分装式与弹丸结合，装填到炮膛后在炮膛内燃烧，将化学能转变为热能，同时产生大量高温、高压气体并转变成弹丸的动能。火药的能量及其释放速率是这一过程的决定因素，也是决定武器性能的重要参数。火药的能量性质由爆热、比容、爆温、火药力或比冲量等来表征，火药的能量释放速率一般用燃速来表征，详情在3.1节讨论。

火药装药是完成一次射击弹药中的火药以及弹药储存和能-功转换过程所用的辅助元件的总称，包括发射药、点火系统及其元件和其他元件（包括护膛剂、除铜剂、消焰剂和密封盖等）。火药装药结构是否恰当，直接影响到火药的点火过程、传火过程和单体火药燃烧的规律，也会影响到其他元件是否能够正确地发挥作用。

2.1.1　火药的作用

在枪炮武器中，火药是装在枪弹壳体、炮弹药筒或火炮药室内的。发射时，火药经由底火或其他发火装置点燃而快速燃烧，火药燃烧后释放大量热，同时生成大量气体，在膛内形成很高的压力，产生的高温、高压气体在膛内膨胀做功，将弹丸高速地推送出去，达到发射弹丸的目的。

火药提供能量的多少直接影响到弹丸的飞行速度，某些时候还是自动武器自动机构动作的能量来源，火药的性质直接决定了武器的性质。火药燃烧的均匀性和稳定性直接影响到弹丸弹着点的散布精度。膛压的高低决定了炮膛的结构设计，进而造成武器的重量有较大差别，从而影响武器的机动性能。另外，发射过程中，火药燃烧产生的高温、高压气体会对枪炮身管产生烧蚀作用，即火药燃烧情况会直接影响枪炮身管的使用寿命，故火药必须具备一定的性能方能满足武器要求。

2.1.2　火药的分类及组成

按照组成，火药可分为均质火药和异质火药两类。均质火药（硝化纤维素为基的火药），又称溶塑火药，包括单基、双基、三基和多基火药；异质火药又称混合火药或复合火药，包括低分子混合火药、高分子复合火药及复合改性双基火药，如表 2.1 所示。

表 2.1　火药的分类

均质火药	单基火药	
	双基火药	
	三基火药	
	多基火药	
异质火药	低分子混合火药	
	高分子复合火药	聚硫橡胶火药
		聚氯乙烯火药
		聚氨酯火药
		聚丁二烯火药
	复合改性双基火药	

以下主要介绍均质火药的三种类型。

1. 单基火药

单基火药以单一组分材料为能量来源，其主要成分有硝化纤维素、化学安定剂、消焰剂、降温剂、钝感剂、光泽剂和挥发性溶剂等。

硝化纤维素是纤维素经过硝化反应后制成的纤维素硝酸酯，它是单基火药的主要成分（质量分数 >90%），也是提供能量的唯一成分。用途不同，含氮量比例不同，这主要由机械强度和能量要求来决定。枪用发射药的药室容积小，发射中相对热损失大，因此采用含氮量较多、发射药单位容积产生的能量大的硝化纤维素；炮用单基发射药由于药型尺寸较大，为便于成型，保证足够的机械强度和降低对炮膛的烧蚀，用含氮量较低、醇醚溶解度较高的硝化纤维素。

火药中的硝化纤维素在长期储存过程中会自动发生分解反应，化学安定剂的作用是减缓或抑制这种分解反应的进行，从而提高火药的化学安定性。单基火药中常用的安定剂是二苯胺。

消焰剂可以减少武器发射后二次火焰的生成。常用的消焰剂有硝酸钾、碳酸钾、硫酸钾、草酸钾及树脂等。

降温剂可以使火药燃烧温度降低，以减少高温对枪膛、炮膛的烧蚀作用。常用的降温剂有二硝基甲苯、樟脑和地蜡等。

钝感剂可以控制火药的燃烧速度由表及里逐渐增加，达到渐增性燃烧特性，从而改进火药内弹道性能，增加初速或降低膛压。单基火药常用的钝感剂为樟脑。

光泽剂可以提高火药的流散性，使火药便于装药，提高火药在药筒内的装填密度，并且减小静电积聚的危险。常用的光泽剂是石墨。

在火药生产过程中，常用挥发性溶剂如乙醇、乙醚，使硝化纤维素塑化，塑性较好的火药颗粒在成型和加工后具有较高的药粒密度。火药成型后再将挥发性溶剂去除，而在成品火药中会残留少量剩余溶剂，成为火药的组分之一，因此单基火药也称挥发性溶剂火药。典型火药的组成见表 2.2。

表 2.2　典型火药的组成

成分	混合酯发射药 德国 JA2	单基发射药 美国 M6	双基发射药 俄 HIT－3	三基发射药 美国 M30
硝化纤维素（含氮量）	63.5（13.0）	87.0（13.15）	56.0（12.0）	28.0（12.6）
硝化甘油	14.0	—	26.5	22.5
硝基胍	—	—	—	47.7
中定剂	—	—	3.0（甲基）	1.5
苯二甲酸二丁酯	0.05	3.0	4.5	—
冰晶石	—	—	—	0.3
二硝基甲苯	—	10.0	9.0	—
硝化二乙二醇	21.7	—	—	—
二苯胺	—	1.0（外加）	—	0～1.5
凡士林	—	—	1.0	1～1.5
石墨	0.05	—	—	≤0.20
氧化镁	0.7	—	—	—
硫酸钾	—	1.0（外加）	—	—
总挥分	—	0.6（水分）	—	≤0.50

注：表中数值为质量分数（%）。

因为单基火药制造工艺中需要将溶剂挥发，所以药粒厚度不能太大，不能制成火药层厚度大的火药粒。由于需要去除溶剂，单基火药生产周期加长。单基火药含有残余挥发成分，且本身有一定的吸湿性，故在储存期间，随着溶剂的挥发和水分的变化，火药的内弹道性能也将发生变化。对比其他火药，单基火药对枪、炮膛的烧蚀作用较小。单基火药常用作各种步枪、机枪、手枪、冲锋枪以及火炮的发射装药。

2. 双基火药

以硝化纤维素和硝化甘油或其他含能增塑剂为主要成分的火药称为双基火药，其主要成分包括硝化纤维素、主溶剂、助溶剂、化学安定剂和其他附加剂。

硝化纤维素是双基火药的能量成分之一，通常用到硝化棉，其含氮量为 11.8%~12.1%（常称弱棉）。由于其在硝化甘油中较易溶解，药料塑化质量好，易制成均匀性良好的火药。

主溶剂也称增塑剂，也是双基药的能量成分之一，用于溶解（增塑）硝化纤维素。常用的主溶剂有硝化甘油、硝化二乙二醇等。

助溶剂也称辅助增塑剂，用于改善主溶剂对硝化纤维素的塑化能力。常用的助溶剂有二硝基甲苯、苯二甲酸类、二乙醇硝胺二硝酸酯（常称吉纳）等。

化学安定剂的作用是吸收硝化甘油和硝化纤维素分解放出的氧化物，减缓或抑制硝化纤维素及硝化甘油的热分解。双基火药中一般用的化学安定剂是中定剂。

其他附加剂包括为改进工艺性能而加入的工艺附加剂（如凡士林），为改善火药燃烧性能而加入的燃烧催化剂和燃烧稳定剂（如氧化铅、氧化镁、氧化铜、氧化铁、苯二甲酸铅、碳化钙等），消焰剂（如硫酸钾），钝感剂（如樟脑、二硝基甲苯、树脂、苯二甲酸二丁酯等），以及为提高火药导电性能和火药粒的流散性而加入的少量石墨。

典型双基火药配方见表2.2。双基火药可用挥发性溶剂和无溶剂两种加工方法进行生产。用挥发性溶剂（如丙酮）加工制造的火药称为柯达型火药，受溶剂的限制而不能制成较大尺寸的火药，主要适用于中小口径的火炮装药。用无溶剂加工制造的火药称为巴列斯太型火药，此法可制出较大尺寸的管状药或多孔药，这种药适用于大口径的火炮装药。

与单基火药相比，用无溶剂加工制造的双基火药，由于生产中没有去除溶剂的过程，生产周期较短，适于制造火药层厚度较大的火药。双基火药吸湿性较小，物理安定性和弹道性能稳定。因为双基火药中的硝化纤维素和硝化甘油配比可在一定范围内调配，所以火药能量能满足多种武器要求。双基火药的缺点是燃烧温度较高，对炮膛烧蚀较重，生产过程不如单基药安全。

3. 三基火药

三基火药是在双基火药的基础上加入一定量的固体含能材料（如硝基胍）而制得，因其有三种主要含能成分，故称为三基火药。三基火药多用挥发性溶剂工艺制造。硝基胍为白色结晶，是一种高比体积、能低温燃烧的含能物质，冲击感度低，对摩擦、撞击不敏感，与硝酸酯和硝化纤维素不相溶，其比体积为 1077L/kg，爆温为 2371K。火药加入硝基胍后，可以降低燃烧温度，所以加硝基胍的火药有"冷火药"之称。由于三基火药含低分子结晶的硝基胍较多，其低温力学性能不如单基火药。典型三基火药配方见表 2.2。

三基火药多用于各种加农炮、榴弹炮、无后坐炮和滑膛炮的炮弹发射装药。除上述如加入硝基胍的三基火药外，还有加入其他含能成分（如黑索金）的三基火药及多基火药。

2.1.3　发射药的发展

发射药的发展大致经历了低敏感高能发射药、高能高强度发射药、低温度感度发射药三个阶段。

1. 低敏感高能发射药

以硝化棉为基的发射药被高速金属碎片击中后容易燃烧，随后升温、升压的自催化分解反应过程很容易发展成爆轰，进而引爆战斗部主装药。特别地，当发射药储存于坦克、战车和舰船中的弹药仓时，基于硝化棉/硝化甘油的发射药比战斗部的高能炸药敏感得多，这给交战情况下舰船、坦克的生存带来十分严重的威胁。随着现代武器对装甲穿透能力的增强，采用低敏感高能发射药成为可同时提高舰船、坦克的攻击和生存能力的重要手段之一。此背景促进了美国的低易损性弹药（LOVA）研究计划实施，随后得到各国的广泛重视。

低敏感高能发射药的特点是点火温度高、反应速度慢，故能有效降低高速碎片和火焰引起的易损性。其制作需要采用 70% ~ 80% 的黑索金/奥克托金和 20% ~ 30% 的聚合物黏结剂。早期采用惰性黏结剂，如 PU，后期发展了含能黏结剂，如美国 Morton Thiokol 公司报道了以聚 - 3 - 硝酸酯甲基 - 3 - 甲基氧丁环 Poly（NIMMO）和共聚物 Poly（BAMO/NIMMO）为含能黏结剂、黑索金为高能填充剂的低敏感高能发射药，其燃速比惰性聚氨酯黏结剂的 LOVA 发射药配方（RDX/PU）快 50% 左右。

2. 高能高强度发射药

在微秒、毫秒级瞬间，变化的高温、高压（5 ~ 800 MPa 或更高）下，高加速过载与多相物质的流动过程中，发射药与装药元件之间的化学与燃烧反应受点火冲量、挤进阻力、挤进过程等外界因素影响，要求发射药具有高强度特性。目前常用的单基、双基、硝基胍及硝胺等发射药在能量或力学性能（特别是低温力学性能）方面存在不足，不能满足一些现代武器对发射药的要求。

高强度发射药是高膛压、高初速发射的基础条件。要提高发射药能量，需要添加更多的高能量密度化合物，降低聚合物黏结剂含量，而黏结剂的减少往往会导致发射药的力学性能下降，同时也使发射药的加工变得困难。研究出一种既能保持高能量，同时又具有高强度特性的发射药，满足武器发展的要求，是迫切的军事需求，具有重要的意义。

3. 低温度感度发射药

低温度感度发射药又称低温度系数发射药。它是装药内弹道性能（膛压、初速）受初温影响较小的一类发射药。其理想状态是在使用温度范围内，发射药的高温膛压增量、低温初速降趋近于零，因此也称为零梯度发射药。由于发射药燃速随其初温的提高而增加，一般发射装药高温膛压增量很大，低温初速降也很大。低温度感度发射药可以在不提高火炮最大膛压的条件下大幅度提高初速，这是提高火炮性能的有效途径。低温度感度发射药的研究受到国内外火药研究工作者的普遍重视。其研究主要从两方面着手：一是化学途径，使用某些化学添加剂来减少温度对发射药燃速的影响，这已经在中小口径武器发射装药研究上取得明显进展；二是物理途径，通过发射药的包覆控制高/低温条件下发射药的初始燃面，或通过延迟点火，控制发射药气体生成速率，降低装药的温度系数。

2.2　液体推进剂

2.2.1　液体推进剂概况

1. 发展历程

液体推进剂的发展始于 20 世纪初，可以概括分成三个阶段。

第二次世界大战前及二战期间是第一阶段，也是探索阶段。在这一阶段，火箭发动机和化学推进剂专家没有严格分工，专门从事液体推进剂研究的机构很少。1898 年，齐奥尔科夫斯基最先提出液体推进剂用于航空的理论。1926 年，R. H. 戈达德发射第一枚液体火箭，使用液氧和煤油二元推进剂。20 世纪 40 年代，德国研制了有名的 V - 2 火箭，使用液氧和酒精二元推进剂。这一阶段的主要成就包括：发现了热效应和参与反应元素原子量之间的关系；提出了多种供选择的燃料和氧化剂；进行了固液推进剂及液氧/汽油火箭发动机的试验；发现了自燃推进剂；将液氧/酒精用于 V - 2 火箭。这些成就，为后来液体推进剂的发展奠定了基础，积累了经验。

第二次世界大战末到 20 世纪 60 年代中期是发展的第二阶段。这期间，各大国为了争夺军事和空间优势，加紧了火箭和导弹推进剂的研究，投入很大的人力和财力，对可能用作液体推进剂的化合物进行了全面系统的筛选和研究。筛选并合成出一系列新的推进剂，其中得到广泛应用的是硝基氧化剂和肼类燃料，为导弹中液体推进剂由非可储存过渡到可储存创造了条件。同时，解决了液氢大规模生产和使用过程中的正仲氢转化和绝热储存问题，为低温推进剂的使用奠定了基础。20 世纪 50 年代，苏联发射第一颗人造地球卫星，仍使用液氧和煤油二元推进剂。20 世纪 60 年代，美国实施阿波罗计划，多次成功地将人送上月球。这些大推力火箭基本上都使用液氧、液氢、四氧化二氮和混肼等液体推进剂。

20 世纪 70 年代以来是液体推进剂发展的第三阶段。这一阶段，除继续氟系氧化剂的研究应用外，为了寻找廉价和无毒的推进剂，重新对煤油、甲烷、丙烷、乙醇等烃类燃料在大型运载火箭和航天飞机上的应用可能性进行了广泛的评估，并取得了进展。20 世纪 70 年代后，苏、美两国继续使用液体推进剂发射各种类型的空间飞行器，装备远射程大弹头的战略导弹，并把单组元推进剂用于空间姿态控制和鱼雷等。

液体推进剂的研究和发展是随导弹和航天事业的发展而发展的。为了满足导弹、航天事业发展中不断提出的新要求，主要围绕提高液体推进剂的能量特性和改善液体推进剂使用性能两个主要方面进行研究。

在提高液体推进剂能量特性方面，研究人员采取了多条途径，如：合成或选取高能量、高密度含 H、C、N 的化合物；采用燃烧热值高的金属及其金属氢化物，如 Li、Be、Al、LiH、BeH_2、AlH_3 作燃料；研制膏体及凝胶推进剂，提高推进剂单位体积能量；使用氧化性能比氧更强的氧化剂；等等。

经过大量的研究工作，人们逐渐认识到，含 H、C、N 元素的化合物作燃料，与氧及含氧多的氧化剂匹配性能好。作为燃料，氢在氧系统中放出的热量最大、燃烧产物分子量最低、不产生固体颗粒物。肼及其衍生物含有较多的氢,与氧燃烧的产物分子量较低,生成易离解的二氧化碳较少,是目前双组元液体推进剂中常用的燃料。烃类燃料含有较多的氢和大量的碳,燃烧时能放出很大的热量。所以,氢、肼类、烃类燃料与氧组合是提高推进剂能量特性的有效途径。

2. 液体推进剂的性能要求

在火箭、导弹和航天器的动力装置中,液体推进剂具有重要作用。综合起来,液体火箭发动机对推进剂有如下性能要求。

(1)能量特性

能量特性是衡量液体推进剂性能的核心指标。为了得到高比冲,要求液体推进剂燃烧温度高、气态燃烧产物平均分子量低、燃烧产物不易离解、没有液态或固态产物存在。对于储箱体积受限的导弹,还要求推进剂具有较高的密度,以达到较高的体积比冲。

(2)输运性能

液体推进剂一般由涡轮泵或高压气体驱动从储箱进入火箭发动机。为了使发动机产生稳定的推力,要求进入发动机的推进剂流量按程序保持稳定。因此,推进剂的黏度要小以易于输运,黏度随温度的变化率要小以易于保持流量稳定;推进剂的饱和蒸气压低,推进剂中溶解的挤压气体量要少,以降低泵前压力;对于小推力发动机,推进剂中所含悬浮颗粒物、黏性物质要少,以避免堵塞滤网、喷嘴和流量控制机构。

在地面的后勤供应输送上,要求液体推进剂的饱和蒸气压低,以免在储运中因逸出的推进剂蒸气过多而产生燃烧、爆炸、中毒等危险。

(3)点火燃烧性能

为减少积存在燃烧室内推进剂的量,避免燃烧室在启动时产生过高的压强峰而引起爆炸,或激发剧烈的振荡燃烧,要求推进剂有较小的点火延迟时间,一般不大于30ms。为了达到较高的燃烧效率,经喷注器喷到燃烧室内的推进剂液滴要小且分布均匀,这就要求推进剂的蒸气压高、黏度和表面张力低。为了缩短燃烧室长度、降低壳体结构质量,要求推进剂的点火延迟时间短、燃烧速度快。

为了防止燃烧产物中的固体颗粒物磨损喷管的喉部和内壁,推进剂中不应含有经燃烧后不易汽化的物质,特别要严格限制那些作为杂质溶解在液体推进剂中的金属盐含量。因此，液体推进剂溶解金属盐的能力要低。

在地面储运过程中，则要求推进剂的闪点和燃点高、蒸气在空气中的爆炸极限范围小等。

（4）冷却性能

在火箭发动机燃烧室内，推进剂进行高温高压的燃烧反应。为避免烧坏燃烧室，常常需要对燃烧室壁进行冷却。

在大推力液体火箭发动机上，多用推进剂作再生冷却剂。推进剂在冷却燃烧室内壁的同时，也提高了自身的焓。作为再生冷却剂的液体，应具备如下的特性：良好的冷却性能，即热容大；吸热后在冷却套内不应有气泡出现；液体冷却剂的临界温度和沸点要高，热稳定性要好。也有的发动机采用液膜发汗冷却的方式，即在燃烧室壁上形成一层薄的液体推进剂，靠其蒸发吸收壁上的热量，以及蒸发形成的推进剂气体膜使燃烧室壁与火焰隔开。因气体传热性能较差，所以能达到降低燃烧室壁温的目的。作为液膜发汗冷却的液体，要求其汽化潜热大，腐蚀性弱。

对以上两种冷却方式的共性要求是：在高温下不易产生固态结焦堵塞或腐蚀冷却通道。

（5）腐蚀性和储存稳定性

要求液体推进剂不腐蚀与它相接触的材料（包括储箱、管路和阀门材料等）或者腐蚀性很小；要求液体推进剂不因受到储箱及储运槽罐材料的作用而分解、聚合、变质等；要求液体推进剂对温度和湿度不过于敏感，在长期储存中能经受环境温度的急剧变化而不产生不良后果。

（6）安全性能

推进剂的安全性能，包括燃烧、爆炸和毒性等性质，是推进剂能否使用的重要条件。在液体推进剂的使用过程中，常会遇到高温、高压、高速流动等情况，所以要求推进剂的热爆炸和热分解温度高，对机械冲击和突然压缩（水击）不敏感，这对单组元推进剂尤为重要。由于推进剂的使用量大，要求它无毒或低毒，所形成的燃烧产物对人和环境的毒害作用小。推进剂生产和使用过程中放出的废气和排出的污水，不应严重污染环境。

（7）经济性

要求推进剂原材料来源广、生产工艺简单、价格便宜，以便降低总的飞行费用。推进剂的经济性，对大型运载火箭和重复使用的航天器尤为重要。

以上对液体推进剂的性能要求，综合起来显得十分苛刻，实际上很难找到一种能满足所有这些要求的推进剂。因而，在选择推进剂时，总是根据所要完成的任务及使用条件，在满足主要指标要求的前提下，其他条件做必要的让步。常常需要在能量特性和使用性能或能量特性和经济性之间折中选择。

2.2.2 液体推进剂的分类

液体推进剂的分类方法很多，目前比较普遍采用的有两种方法：一种是按进入发动机的液体推进剂组元数分类；另一种是按液体推进剂的储存性能分类。

1. 按进入发动机的液体推进剂组元数分类

按这种方法分类，液体推进剂可分为单组元、双组元、三组元液体推进剂等。

单组元液体推进剂是通过自身分解或燃烧提供能量和工质的液体物质，一般分成三类：第一类是在分子中同时含有可燃性元素和氧原子或含氧基团的化合物，如硝基甲烷、硝酸甲酯等；第二类是在常温下可稳定储存、不发生化学反应，但高温下可以发生剧烈氧化还原反应的混合物，如过氧化氢 – 甲醇等；第三类是分解时能放出大量热量和气态产物的化合物，如肼等。单组元液体推进剂构成的推进系统结构简单、使用方便，但能量偏低，属于低能液体推进剂，一般只用在燃气发生器或航天器的小推力姿/轨控发动机上。

双组元液体推进剂由液体氧化剂和液体燃料两种组元组成。氧化剂和燃料各自在单独的储箱中存放，在燃烧室中互相掺混、燃烧。氧化剂和燃料为独立储存，可不考虑两者之间的相容性和稳定性等问题，因此，氧化剂通常选用氧化性强的物质，如液氧、液氟；同样选用含氢量大、燃烧热值比较高的物质作为燃料，如液氢、肼类、碳氢化合物。双组元液体推进剂中氧化剂和燃料可供选择的余地比单组元液体推进剂大得多，释放的能量较高。由于氧化剂和燃料是分装在两个独立储箱中，使用比较安全。这是目前液体火箭和液体导弹动力装置中使用最多的推进剂组合形式。

多组元液体推进剂由两种以上组元构成的液体推进剂组成。但是，多于三组元的液体推进剂，理论上能量不会有进一步的增加。三组元足以方便地把任何需要的化学元素组合起来。三组元液体推进剂的优点是把轻金属（如锂、铍及锂或铍的氢化物）或高密度碳氢燃料（如煤油）与液氢构成两种液体燃料，再同液氮、液氧或臭氧等氧化剂一起组成三组元推进剂，这样既提高了燃料的密度和发动机中燃料的携带量，又充分利用了氢的高燃烧热和低燃烧产物平均分子量对提高比冲的贡献。

某种双燃料双膨胀三组元液体推进剂发动机的工作方式是：在高压的内燃室中进行液氧与碳氢化合物之间的燃烧，在低压的外燃室中进行液氧和液氢之间的燃烧。这种三组元液体推进剂，是利用了双膨胀发动机起飞时的高推力和高空运行时的低推力优点。三组元液体推进剂的推进系统更为复杂，技术要求高。

2. 按液体推进剂的储存性能分类

根据液体推进剂储存性能可将其分为地面可储存液体推进剂、空间可储存液体推进剂、不可储存液体推进剂（低温推进剂、化学不稳定推进剂）。

地面可储存液体推进剂，即在地面环境下能在发动机储箱中长期储存、不需要外加能源加热融化或冷却液化就能保持为液态又不变质的推进剂。这类推进剂一般应具备以下几个条件：临界温度应不低于地面环境的最高温度，即临界温度不低于 323K（视地域不同，也有规定不低于 343K）；在 323K 时的蒸气压不大于 2MPa（也有规定 343K 时不大于 3MPa）；在储存期内，液体推进剂本身不会分解、变质、产生沉淀或放出气体，通常规定 313K 时的年分解速率不大于 1%；不腐蚀与液体推进剂接触的部件，一般腐蚀速率不大于 0.025mm/a。

目前在液体导弹系统上用的硝基氧化剂、肼类/胺类/烃类燃料，大多属于可储存液体推进剂。在可储存液体推进剂中，常见的是可预包装液体推进剂，即在火箭出厂前已加注到储箱内并予以密封的液体推进剂。

空间可储存液体推进剂是指那些在地面环境下不可储存或难以储存，但在空间环境下可储存的液体推进剂，对其性能要求是沸点应低于空间环境温度，且高于 200K。

在高空，因为几乎没有空气，对流传热及热传导几乎不存在，影响液体推进剂储存的因素主要是太阳辐射、星体反射及红外辐射。而这些辐射对液体推进剂的影响又与推进剂的储存量、航天器本身的结构设计、隔热层的性能及厚度、飞行时间的长短及所处的姿态等条件有关。随着技术水平的提高，目前能设计出在 90～340K 范围使用的液体推进剂储箱。因此，除液氢以外的所有液体推进剂都可以看作是空间可储存液体推进剂。需要强调的是，在空间使用的双组元液体推进剂，最好选用具有相近冰点、沸点的推进剂，以降低两个储箱之间的热传导和热辐射，否则，就得牺牲航天器的部分有效载荷。

不可储存液体推进剂是指在环境温度下为气体、沸点低于200K、临界温度低于223K，只有在低温下才能保持为液态的推进剂，又称低温推进剂。不可储存液体推进剂的优点是能量较高，缺点是使用不方便、价格昂贵。

还有一些液体推进剂，因化学性质不稳定而只能在短期内使用，如过氧化氢 – 叠氮化肼组合，它们也属不可储存推进剂。

除上述两种分类方法外，还可根据液体推进剂的化学性质、能量高低或用途对其进行分类。例如，将进入燃烧室的液体氧化剂和燃料经简单混合后能自燃的液体推进剂，称为自燃液体推进剂；反之，称为非自燃液体推进剂。用于火箭、导弹主发动机的液体推进剂称为主推进剂，用于辅助发动机和发动机辅助系统的推进剂称为辅助推进剂。将一定发动机工况（燃烧室压强2～4MPa，出口压强0.1MPa）下，比冲在2500N·s/kg以下的推进剂称为低能液体推进剂；比冲在2500～3000N·s/kg的推进剂称为中能液体推进剂，比冲在3000N·s/kg以上的推进剂称为高能液体推进剂。

从以上分类可以看出，各类液体推进剂均有各自的优缺点，它们在各种动力装置中用途也不同：能量较高、可储存，且能接触自燃的双组元可储存液体推进剂适于在导弹系统上使用；能量高、价格相对便宜，如以液氧和烃类为代表的低温推进剂，适于在大型运载火箭和航天飞机上使用；因推进系统简单，单组元液体推进剂适用于各种航天器和导弹姿/轨控的小推力发动机。

2.2.3　液体氧化剂

目前，液体火箭发动机中常用的氧化剂有红烟硝酸、四氧化二氮、过氧化氢、液氧和液氮等。

1. 红烟硝酸

为了提高硝酸的性能，通常在其中加入适量的四氧化二氮。随四氧化二氮含量的增加，硝酸的颜色由橙黄色变到深红色。红色发烟硝酸简称红烟硝酸。常用红烟硝酸有硝酸 – 20、硝酸 – 27、硝酸 – 40，数字表示四氧化二氮的质量分数。

在常温下，红烟硝酸是红棕色液体，具有刺激性气味。随四氧化二氮含量的增加，其凝固点降低。含 25% 四氧化二氮的红烟硝酸凝固点为 −64℃，纯四氧化二氮的凝固点为 −11.23℃。随四氧化二氮含量的增加，红烟硝酸的沸点降低，密度增加，蒸气压增高。

红烟硝酸热稳定性优于纯硝酸，50℃ 以下储存不分解。主要化学反应包括中和反应、氧化反应和取代反应。碱性物质均可与红烟硝酸发生中和反应；红烟硝酸具有强氧化性，普通物质与其接触都会被破坏，与金属反应生成氧化物，随后溶解生成硝酸盐；红烟硝酸可与有机物发生取代反应，使有机物被硝化。

红烟硝酸属于三级中等毒物。红烟硝酸对冲击、压缩、振动、摩擦都不敏感，具有强氧化性和腐蚀性，与材料的相容性较差。在长期储存中红烟硝酸是否发生变质，关键在于储存容器是否处于良好的密封状态。

2. 四氧化二氮

四氧化二氮是一种红棕色液体，在常温下冒出的红棕色烟是二氧化氮，具有强烈刺激性气味。纯的四氧化二氮是无色的。四氧化二氮可溶于硝酸中形成红烟硝酸。

常温下，四氧化二氮是它自身与二氧化氮的平衡混合物。四氧化二氮易吸收空气中的水分，生成硝酸。

$$3N_2O_4 + 2H_2O \rightarrow 4HNO_3 + 2NO \tag{2.1}$$

四氧化二氮属于三级中等毒物。四氧化二氮是强氧化剂，含 70% 活性氧，本身只能助燃；与脂肪胺等接触可自燃甚至爆炸；与有机物蒸气形成爆炸混合物。四氧化二氮极性很小，与材料的相容性好，对一般材料无明显的腐蚀作用。在正常条件下，四氧化二氮可在密封容器中长期稳定储存，但如果储存容器密封性出现问题，四氧化二氮会吸收空气中的水分，形成硝酸或硝酸盐，具有腐蚀性。

3. 过氧化氢

过氧化氢为无色透明液体，其冰点、沸点随浓度变化而变化。100% 过氧化氢冰点为 −0.4℃，沸点为 150.2℃；80% 过氧化氢冰点为 −22.2℃，沸点为 132℃。

过氧化氢为微酸性液体，具有漂白功能，有强氧化性，可点燃许多有机物。过氧化氢本身不能自燃，但可分解产生氧强烈助燃。

过氧化氢属于四级低毒物质。过氧化氢不稳定，易于分解，能与可燃物质反应并产生足够的热量而引起火灾，甚至导致爆炸。为了安全使用过氧化氢，凡是要与过氧化氢接触的材料，都必须先在使用的实际状态下进行试验，根据试验结果决定取舍。过氧化氢如果储存于用相容材料制造并经过钝化处理的容器中，分解速度很慢；但如果储存在不相容或被污染的容器中，分解迅速。

4. 液氧

高纯度的液氧是淡蓝色透明无毒液体。氧的冰点为 $-218.3℃$，沸点为 $-183.0℃$，常压下液氧的密度为 $1.14g/cm^3$。液氧是一种强氧化剂，能强烈助燃，但不能自燃。液氧化学性质稳定，对撞击不敏感，也不分解。通过将空气液化，再利用各组分沸点的差异可分离得到液氧。

液氧具有强氧化性和低温性，可接触（储存）液氧的金属材料主要有不锈钢、9%镍铬合金、铝及其合金、铜及其合金、镍及其合金等，非金属材料主要有聚四氟乙烯、未增塑的聚三氟氯乙烯、氟橡胶、氟醚胶和石棉等。

2.2.4 液体燃料

目前，在液体火箭发动机中常用的燃料有酒精、煤油、偏二甲基肼、甲基肼、油肼、胺肼、混胺和液氢等。

1. 偏二甲基肼

偏二甲基肼是肼类中热稳定性最好的燃料之一。偏二甲基肼生产采用液相氯胺法，以液碱、液氮、液胺和二甲胺为原料。

偏二甲基肼易燃有毒，是具有鱼腥味的无色透明液体，凝固点为 $-57.2℃$，沸点为 $63.1℃$，20℃时密度为 $0.7911g/cm^3$。

偏二甲基肼是一种弱有机碱，可与水、二氧化碳和有机酸反应，也可与氧化物质（如高锰酸钾、次氯酸钙等）的水溶液剧烈反应。偏二甲基肼与液氧、硝基氧化剂、卤素氧化剂等强氧化剂接触时立即自燃。

偏二甲基肼属于三级中等毒物。偏二甲基肼热稳定性好，在248.2℃下也稳定。偏二甲基肼属于易燃液体，对冲击、压缩、振动、摩擦都不敏感，可安全储存和运输。在无水情况下，偏二甲基肼对一般金属材料无明显的腐蚀作用，但其脱水溶液对金属有腐蚀作用。偏二甲基肼是一种强溶剂，能渗入高分子材料内部，因此对非金属具有腐蚀作用。长期储存的偏二甲基肼是否发生变质，关键在于储存容器是否处于良好的密封状态。在正常条件下，偏二甲基肼可在密封容器中长期稳定储存，但如果储存容器密封性出现问题，偏二甲基肼会与空气中的水分和二氧化碳反应，然后变质。

2. 胺肼

胺肼由二乙撑三胺和偏二甲基肼组成，主要有胺肼 – 10、胺肼 – 20，数字表示偏二甲基肼的质量分数。

胺肼是具有鱼腥味的白色液体，凝固点大于 – 50℃，沸点为 109.8℃，20℃时密度为 $0.9357g/cm^3$。胺肼具有中等碱性，其碱性强于偏二甲基肼；具有还原性，既可与酸反应，又可与氧化物（高锰酸钾、次氯酸钙等）的水溶液剧烈反应。

胺肼毒性由偏二甲基肼引起，属于三级中等毒物。胺肼的安全性能比偏二甲基肼好，着火和爆炸危险性比偏二甲基肼小。胺肼与材料的相容性和偏二甲基阱基本相同。在无水情况下，胺肼对一般金属材料无明显的腐蚀作用，但胺肼水溶液对金属有腐蚀作用，胺肼对非金属也具有腐蚀作用。

3. 液氢

液氢是无色、无味、透明的液体，冰点 – 259℃，沸点 – 253℃， – 253℃时密度为 $0.07077g/cm^3$。几乎所有的物质都不溶于液氢。

液氢没有腐蚀性，可与一些氧化剂形成可燃混合物。氢气和空气形成的混合物在很宽的范围内是可燃的，液态或气态氢与液态或气态的氟及三氟化氯都能自燃。

液氢属于五级基本无毒物，和皮肤接触会引起严重的冻伤。当有氢气存在时，始终存在着火的危险，氢氧混合物中氢气的浓度在4% ~94%（体积浓度）的范围内都是可燃的；当固态空气集聚在液氢中，或在封闭空间中气态氢和空气混合时，有爆炸的危险。液氢温度下，要求材料能保持满意的物理性能，并可承受温度变化引起的热应力。不锈钢、铜、黄铜、青铜、蒙乃尔合金、铝和爱维杜尔合金等金属材料，聚酯纤维、四氟乙烯和尼龙等非金属材料都可用于储放液氢。液氢需要采用双层储箱保存，其中内储箱需要真空保温，以防止液氢蒸发。

4. 煤油

纯品煤油为无色透明液体，含有杂质时呈淡黄色，略具臭味；沸程180 ~

310℃，凝固点 −47℃；平均分子量在 200 ~ 250，密度不大于 0.84g/cm³，闪点 40℃以上；不溶于水，易溶于醇和其他有机溶剂，易挥发、易燃，挥发后与空气混合形成爆炸性的混合气，爆炸极限 2% ~ 3%。

煤油微毒，吸入高浓度煤油蒸气，常先感兴奋，后转入抑制，表现为乏力、头痛、酩酊感、神志恍惚、肌肉震颤、共济运动失调，严重者出现定向力障碍、谵妄、意识模糊等。煤油蒸气可引起眼及呼吸道刺激症状，重者出现化学性肺炎。吸入煤油液体可引起吸入性肺炎，严重时可发生肺水肿。煤油易燃，引燃温度为 280 ~ 456℃，其蒸气与空气形成爆炸性混合物，遇明火、高热会燃烧、爆炸。爆炸极限：下限 1.1% ~ 1.3%，上限 6.0% ~ 7.6%。高速冲击、流动、激荡后可因产生静电火花放电引起燃烧爆炸。煤油蒸气比空气重，能在较低处扩散到相当远的地方，遇火源会着火回燃和爆炸。普通的黑色金属和有色金属合金，石棉、软木、丁钠橡胶、氟碳化合物、聚酰胺、聚乙烯、氯丁橡胶和乙烯基材料等非金属材料都可用于储放煤油。

2.2.5　液体推进剂的发展

迄今为止，还没有一种液体推进剂能满足上面所提出的所有要求。有的推进剂能量高，但密度低、安定性差；有的密度大，但腐蚀性强；有的价格便宜，但点火、燃烧性能不好；有的具有很强的氧化能力，但不能储存；有的燃烧性能好，但毒性大。所有这些不足，都给使用带来了一定困难。

为了改善液体推进剂的使用性能，如增加密度、降低冰点、增加安定性或缩短着火迟延期等，推进剂化学家采取了两条途径：一是混合法，二是添加剂法。

混合法是将相容的两种或多种液体推进剂，按一定比例混合，取长补短，改善性能。例如混肼是一种能量较高、密度较大的燃料，但肼的冰点高、热稳定性不好，不能在冬季地面环境下使用和作为发动机再生冷却剂。如果作为姿控发动机的推进剂使用就需用保温装置。而肼的烷基衍生物（一甲基肼和偏二甲基肼）能量及密度低于肼，但冰点、沸点范围宽，热稳定性良好。为了降低肼的冰点，增加肼的热稳定性，同时提高偏二甲基肼的能量和密度，将肼和偏二甲基肼混合，组成混肼燃料，其中混肼 − I 是由 50% 肼和 50% 偏二甲基肼组成，能量和密度介于肼和偏二甲基肼之间。但混肼 − I 冰点仍很高，只适于在固定发射场地的导弹系统使用。为了找寻密度大、冰点和沸点范围宽、价格低廉、适用于机动发射战术导弹的液体推进剂，把燃烧性能良好的肼类与密度大的胺类或廉价的烃类以适当比例混合，组成一系列的推进剂燃料，如混肼系、混胺系、胺肼系、油肼系等混合燃料。各种混合燃料的混合比例是根据要求和可操作性来决定的。

添加剂法是在液体推进剂中，加入少量添加剂以改善性能的方法。以红烟硝酸为例，是由纯硝酸和四氧化二氮以一定比例混合而成的氧化剂，其氧化力强、冰点和沸点范围宽、与各种肼类及胺类燃料能接触自燃，但是它对各种金属及非金属材料的腐蚀性很大。为了减少其腐蚀性，通常在红烟硝酸中加入少量添加剂，称之为缓蚀剂。如磷酸、氢氟酸、五氟化磷同时加入，得到阻蚀性红烟硝酸。阻蚀性红烟硝酸的腐蚀速率是非阻蚀性红烟硝酸的百分之几到千分之几。

液体推进剂发展到今天，燃料、氧化剂和单组元推进剂共有十余类、数十种，但真正得到实际应用的推进剂为数不多。其中，燃料有氢类、肼类、胺类、烃类、醇类，混肼类、混胺类、胺肼类、油肼类等近 30 种（见表 2.3），氧化剂有液氧、硝基类、过氧化氢、氟类、硝酸与四氧化二氮的混合系列、四氧化二氮与一氧化氮混合系列等十余种（见表 2.4），单组元推进剂有过氧化氢、无水肼、硝酸酯类、硝基烷烃类、环氧乙烷以及混合型等十余种（见表 2.5）。表中百分数均指质量分数。

表 2.3　液体推进剂的燃料

类或系	举例
氢类	液氢（H_2）
醇类	甲醇（CH_3OH），乙醇（C_2H_5OH）、异丙醇（C_3H_7OH）、糠醇（$C_5H_6O_2$）
肼类	肼（N_2H_4）、一甲基肼（MMH，$CH_3N_2H_3$）、偏二甲基肼［UDMH，$(CH_3)_2N_2H_2$］
胺类	氨（NH_3）、乙撑二胺［$C_2H_4(NH_2)_2$］、二乙撑三胺［$H(C_2H_4NH)_2NH_2$］、三乙胺［$(C_2H_5)_3N$］
苯胺类	苯胺（$C_6H_5NH_2$）、二甲基苯胺［$(CH_3)_2C_6H_3NH_2$］
烃类	煤油、甲烷（CH_4）、乙烷（C_2H_6）、丙烷（C_3H_8）
混肼类	混肼-Ⅰ（50%肼+50%偏二甲基肼）、混肼-Ⅱ（50%偏二甲基肼+50%一甲基肼）

（续表）

类或系	举例
混胺类	混胺 - Ⅰ（50% 二甲基苯胺 + 50% 三乙胺）
胺肼类	胺肼 - Ⅰ（10% 偏二甲基肼 + 90% 二乙撑三胺）、胺肼 - Ⅱ（60% 偏二甲基肼 + 40% 二乙撑三胺）
油肼类	油肼 - Ⅰ（60% 煤油 + 40% 偏二甲基肼）

表 2.4　液体推进剂的氧化剂

类或系	举例
氧类	液氧（O_2）
过氧化氢	过氧化氢（H_2O_2）
氟类	液氟（F_2）、三氟化氯（ClF_3）、五氟化氯（ClF_5）
硝基类	硝酸（HNO_3）、四氧化二氮（N_2O_4）、氧化亚氮（N_2O）
硝基系	硝酸 - 15（85% HNO_3 + 15% N_2O_4）、硝酸 - 20（80% HNO_3 + 20% N_2O_4）、硝酸 - 27（73% HNO_3 + 27% N_2O_4）、硝酸 - 40（60% HNO_3 + 40% N_2O_4）
混氮系	MON - 10（90% N_2O_4 + 10% NO）、MON - 30（70% N_2O_4 + 30% NO）

表 2.5　液体单组元推进剂

类或系	举例
过氧化氢	过氧化氢（H_2O_2）
无水肼	无水肼（N_2H_4）
硝酸酯类	硝酸正丙酯（$C_3H_7NO_3$）、硝酸异丙酯（$C_3H_7NO_3$）、OTTO - Ⅱ［76% $C_3H_6(NO_3)_2$］
硝基烷烃类	硝基甲烷（CH_3NO_2）、硝基乙烷（$C_2H_5NO_2$）、硝基丙烷（$C_3H_7NO_2$）、四硝基甲烷［$C(NO_2)_4$］
环氧乙烷类	环氧乙烷（C_2H_4O）
混合型	过氧化氢与乙醇混合（$H_2O_2 + C_2H_5OH + H_2O$）、四氧化二氮与苯或其同系物混合（$N_2O_4 + C_6H_6$ 或 $N_2O_4 + C_7H_8$）、过氧化氢与甲醇混合（$H_2O_2 + CH_3OH + H_2O$）、肼与硝酸肼混合（$N_2H_4 + N_2H_3NO_3 + H_2O$）

　　液体推进剂具有能量高、价格低、推力可调、氧化剂与燃料能接触自燃、

可重复关机/点火启动等特点，因此在各种战术、战略导弹系统，尤其是在大型运载火箭、各种航天器的姿态控制系统中得到广泛应用。例如，液氧/酒精组合推进剂，因其燃烧温度低、容易冷却等优点，所以最早被应用于 V - Ⅱ 火箭。但液氧/酒精推进剂能量低，故随后发展了液氧/煤油组合推进剂，应用于美国的"雷神""大力神"及发射登月舱的大型运载火箭，也用于苏联的许多导弹及"联盟号"运载火箭上。但是液氧/酒精、液氧/煤油推进剂中液氧均不能储存，也不能接触自燃，这给导弹使用带来不便。因而，为了提高导弹的作战性能，发展了能长期储存并能接触自燃的硝基氧化剂和肼类燃料。其中，N_2O_4/混肼 - Ⅰ用于美国"大力神" - Ⅱ洲际导弹，硝酸/偏二甲基肼用于苏联的 SS - 8、SS - 9 等导弹，肼单组元推进剂、N_2O_4/甲基肼双组元姿控推进剂用于数十种航天器上。

液体推进剂的发展方向是用廉价、无毒的推进剂代替昂贵、有毒的推进剂，为此，廉价氢及各种碳氢燃料的制备技术将会得到重视和发展。

因固体火箭发动机结构简单、机动性好，在未来的导弹系统中固体推进剂将占优势。但在航天技术，尤其是大型空间运输系统和各种辅助推进系统中，液体推进剂因其能量高、价格低，仍将占据支配及统治地位。

2.3　固体推进剂

2.3.1　固体推进剂概况

1. 发展历程

最早的浇注型复合固体推进剂是 1942 年美国喷气推进实验室（JPL）研制的 KP/沥青推进剂（GALCIT），由沥青和高氯酸钾组成，在飞机助推器上得到应用。沥青推进剂能量低、力学性能差，很快就被以交联弹性体为基的复合固体推进剂所代替。1947 年 JPL 又研制出了聚硫橡胶复合固体推进剂，使复合推进剂的性能有了较大的提升。随着含活性官能团液态高分子预聚物合成技术的发展和成熟，以及固体火箭发动机对推进剂能量性能要求的不断提高，性能优于聚硫橡胶的聚醚（或聚酯）复合推进剂被研发出来。随后，聚氯乙烯推进剂、聚丁二烯推进剂等复合推进剂新品种相继问世。

与此同时，双基推进剂也得到快速发展。为适应火箭、导弹对推进剂高能量、高性能的要求，双基推进剂的性能不断得到改进，经历了复合改性双基、交联改性双基、复合双基和弹性体复合双基的发展历程，曾成为能量最高的一种实用固体推进剂。

20世纪70年代末至80年代初，为满足战略导弹的性能要求，美国研制出硝酸酯增塑的聚醚聚氨酯推进剂。该种推进剂采用聚醚聚氨酯（如聚乙二醇）和乙酸丁酸纤维素作黏合剂，液态硝酸酯或混合硝酸酯作含能增塑剂，添加奥克托金、高氯酸铵和铝粉等组分。聚醚聚氨酯推进剂突破了双基和复合推进剂在组成上的界限，集两类推进剂的优势于一体，在能量和力学性能方面超过了现有的几乎所有固体推进剂，是现役导弹推进剂中能量最高的一种，代表着近期复合固体推进剂的发展方向。

新型叠氮黏合剂（含 $-N_3$ 基团）的研制成功，又为黏合剂的含能化提供了可行的技术途径，使得复合固体推进剂的能量进一步提高。

2. 固体推进剂的性能要求

对固体推进剂的大部分要求，如能量特性、安全性能、储存性能、燃烧性能等，与对液体推进剂的要求相似。

（1）能量特性

保证发动机具有高的能量效能，同样是对固体火箭推进剂的最重要的性能要求。

固体火箭发动机的推进剂都安装在燃烧室内，因此推进剂的密度与比冲对发动机和火箭的整体指标将产生重要影响。对推进剂能量方面的要求往往随发动机的任务不同而变化，如：战略导弹追求远射程，一般要求推进剂具有高比冲；战术导弹使用环境复杂、条件苛刻，为了调节性能可牺牲其能量特性；对成本敏感的民用发动机，一般采用性能稳定、性价比高的推进剂，不追求过高的能量指标。

（2）燃烧性能

燃速是推进剂燃烧性能的表征参量。根据不同的使用情况，推进剂的燃速在每秒几毫米到几十毫米之间，有的导弹则要求每秒上百毫米到数百毫米，个别推进剂的燃速高达每秒几千毫米。

推进剂燃速受温度、压强、气流速度及加速度等因素的影响，通常要求这些影响越小越好，还要求推进剂在很宽的压强和温度范围内燃烧稳定，不产生不正常或不规则的燃烧，更不能由燃烧转变为爆轰。一些火箭、导弹还要求推进剂的燃烧产物具有低信号特征。

（3）力学性能

由于在制造、储存和运输过程中，会受到如震动、冲击、重力、热应力等各类载荷的作用，固体推进剂必须具有非常好的力学性能，以保证装药结构的完整性。一般要求固体推进剂在整个使用温度范围内具有良好的强度、足够的伸长率和尽可能低的玻璃化温度。

（4）安全性能

推进剂在撞击、摩擦、静电、热、冲击波等各种外界能源的刺激下，可能发生着火或爆炸的危险，因此要求推进剂对外界激发能源的敏感度尽可能低，同时还要求点火可靠。

（5）储存性能

火箭、导弹制成后并不一定会被马上使用，因此要求火箭、导弹具有一定的使用期限。一般的火箭和导弹的储存期要求在 10 年以上。在此期间内，推进剂的物理性能和化学性能在不断地变化，但这些变化应在允许的范围，以保证固体推进剂在工作时的燃烧性能和弹道性能满足要求。

（6）工艺性能

固体火箭推进剂的一大优点是可以实现各种复杂药型的贴壁式浇注装药。固体火箭推进剂各组分按规定配比和条件混合均匀之后，成为具有良好流动性和流平性的悬浆状药浆，将药浆在一定条件下浇注到装药燃烧室或规定形状的模具中，在一定温度下固化一定时间，即制得一定形状的药柱。适应推进剂内弹道性能和大型尺寸的要求，设计了各种复杂的药型。为保证浇注推进剂药柱的质量，要求推进剂必须具有良好的工艺性能和足够的工艺适用期。

2.3.2 固体推进剂分类

1. 双基推进剂

双基推进剂是将硝化纤维素溶胀在硝化甘油中均匀混合而成。硝化甘油是硝化纤维素的溶剂，因此双基推进剂是均相体系，属于均质固体推进剂。

硝化纤维素和硝化甘油的分子中均含有氧化剂（氧原子和硝酸酯基）和

可燃元素（如 C、H 等）。双基推进剂的比冲较低。双基推进剂典型配方范围见表 2.6。

表 2.6　双基推进剂典型配方范围

组成名称	质量分数/%
硝化纤维素	50 ~ 66
主溶剂（硝化甘油、硝化二乙二醇、硝化三乙二醇等）	25 ~ 47
助溶剂（二硝基甲苯、苯二甲酸酯、甘油三醋酸酯、吉纳等）	0 ~ 11
安定剂（中定剂、硝基二苯胺、二苯脲等）	1 ~ 9
弹道改良剂（炭黑、各种金属氧化物及有机酸盐和无机酸盐等）	0 ~ 3
其他附加剂（凡士林、蜡、金属皂等）	0 ~ 2

双基推进剂一般具有浅棕到深棕的颜色，是半透明的塑胶体。如果在推进剂中加入某些成分，可改变颜色。例如加入氧化铅时称双铅推进剂，颜色发白；加入石墨时称双石推进剂，颜色变黑，并失去透明性。与其他类型的推进剂相比，双基推进剂表面比较光滑、明亮，特别是加入二氧化钛时，它的表面更加光滑。

双基推进剂目前主要有两种成型工艺：一种是挤压成型，也称为压伸成型；另一种是浇铸成型。按成型工艺不同分别称为压伸双基推进剂和浇铸双基推进剂。压伸法适用于生产小型及形状简单的药柱，浇铸法可不受药柱形状和尺寸限制。双基推进剂生产周期短，工艺比较成熟，成品药柱均匀性好，在高温条件下具有较好的安定性和力学性能。

双基推进剂的密度取决于原材料的密度，也受到添加剂密度的影响，典型数值是，压伸双基推进剂密度为 $1.55 \sim 1.66$ g/cm^3，浇铸双基推进剂密度为 $1.50 \sim 1.58$ g/cm^3。双基推进剂的线膨胀系数近似为 1.2×10^{-4} K^{-1}，比热容约为 1.47 J/$（g \cdot K）$，比铜大 $2 \sim 3$ 倍，并且在 $-60 \sim 60$ ℃ 的温度范围内可近似看作常数。双基推进剂是热的不良导体，其导热系数参考值为 20×10^{-4} W/$（cm \cdot K）$。双基推进剂的比冲较小，实际比冲一般为 $1666 \sim 2156$ N·s/kg。目前，国内外使用的典型双基推进剂系统标准理论比冲值的范围为 $2158 \sim 2256$ N·s/kg。根据各种组分在推进剂中所占比例不同，压伸双基推进剂的爆热范围为 $2930 \sim 4600$ J/g，浇铸双基推进剂的爆热范围为 $2090 \sim 3770$ J/g。双基推进剂的燃速主要取决于配方中的燃烧催化剂。20 ℃ 下压伸双基推进剂的燃速范围为 $5 \sim$

45 mm/s，而浇铸双基推进剂的范围较窄，为 3~20 mm/s。

双基推进剂广泛适用于小型火箭、导弹（如某些地空导弹、空空导弹、战术地地导弹及反坦克导弹等）。双基推进剂的主要缺点是能量较低，燃速范围较窄，低温力学性能较差，与发动机壳体黏结比较困难，因而不适于大型火箭发动机装药。

2. 复合推进剂

复合固体推进剂是一类由以固体填料（如氧化剂、金属燃料等）为分散相、以高分子黏合剂为连续相组成的一种复合材料，所使用的黏合剂可以是热塑性高分子，也可以是由预聚物与固化剂形成的热固性高分子。复合推进剂的各类组分包括氧化剂、燃烧剂、黏合剂和附加剂。

氧化剂的作用是在燃烧过程中提供助燃剂，如氧。可用于复合推进剂的固体氧化剂有各种硝酸盐（如硝酸铵、硝酸钾、硝酸钠、硝酸锂等）、高氯酸盐（如高氯酸铵、高氯酸钠、高氯酸锂、高氯酸硝酰及硝基化合物等）。高氯酸铵与推进剂中其他组分的相容性好，且来源较广，是固体推进剂中广泛应用的氧化剂，但因其燃烧产物中有氯化氢（HCl）气体，容易暴露导弹的飞行轨迹。有时为了提高推进剂的比冲，也将高能炸药（如黑索金、奥克托金）用于复合推进剂中，因其具有生成焓高、密度大、燃气无烟等优点，可以显著提高推进剂的能量水平和降低排气烟羽特性，已应用于聚醚聚氨酯推进剂、高能改性双基推进剂和低特征信号推进剂。

为了提高推进剂的能量水平，可以在推进剂配方中加入燃烧时能释放大量热量的物质，以提高燃烧温度而获得高的比冲量和特征速度。适合做高能燃烧剂的物质有轻金属及其氢化物。复合推进剂中广泛应用的固体燃料是金属铝粉，其含量（质量分数）一般在 14%~18%。在某些特殊配方中还可以使用硼和镁。

黏合剂是将推进剂的成分黏合结成均匀体的物质，其本身也是燃料的一部分，在燃烧时作为可燃物释放能量，但其会影响推进剂的力学性能、工艺性能和储存性能。黏合剂包括热塑性和热固性两大类高分子物质，在推进剂中广泛应用的黏合剂为聚氯乙烯（PVC）、液态聚硫橡胶（PS）、聚氨酯（PU）、端羟基聚丁二烯（HTPB）以及端羧基聚丁二烯（CTPB）等高聚体。

在复合推进剂中，会根据不同的特殊要求加入少量的附加剂，如起固化交联作用的固化剂，缩短或延长固化时间的催化剂，改善药浆流变性能使之易于浇铸的表面活性剂，提高推进剂力学性能的增塑剂和键合剂，以及增加或降低推进剂燃速的弹道改性剂等。各类典型推进剂的成分见表2.7，从表中也可以看到不同组元的不同作用，表中数值为质量分数（%）。

表2.7　各类推进剂的组成

成　分	PS 推进剂	PU 推进剂	HTPB 推进剂	CTPB 推进剂	组分作用
高氯酸铵	67	65	68	74	氧化剂
铝粉	5	17	18	10	燃烧剂
乙基聚硫橡胶	19.0	—	—	—	黏合剂
环氧树脂	1.3	—	—	—	
聚烷撑二醇	—	12.73	—	—	
HTPB	—	—	7.822	—	
CTPB	—	—	—	9.17	
顺丁烯二酸酐	0.3	—	—	—	固化剂
二氧化铅	0.6	—	—	—	
二异氰酸酯	—	2.24	0.46	—	
三（1－丙啶基）磷化氧	—	—	—	0.13	
乙酸丙酮锆	—	—	—	0.05	固化剂
三元醇	—	0.43	—	—	交联剂
三乙醇胺	—	—	0.038	—	
苯二甲酸二丁酯	0.9	—	—	—	增塑剂
壬二酸二辛酯	—	2.6	4.48	5.1	
苯乙烯	4	—	—	—	稀释剂
二萘苯二胺	—	0.2（外加）	—	—	防老剂
润湿剂	—	—	—	0.29	润湿剂
碳酸钙	1.0	—	—	—	燃速调节剂
氧化铁	—	—	1.0	1.2	
亚铬酸铜	0.9	—	—	—	
其他功能助剂			余量	余量	

聚氨酯推进剂和聚丁二烯推进剂应用范围比较广泛,如某些战略导弹、空空导弹、地地导弹、地空导弹和空间飞行器等。

3. 复合改性双基推进剂

复合改性双基推进剂是双基推进剂和复合推进剂之间的中间品种,主要由双基黏合剂、氧化剂和金属粉燃料组成,复合改性双基推进剂的配方及其变化范围见表2.8。

表 2.8　复合改性双基推进剂的配方及其变化范围

成　分	质量分数/%	成　分	质量分数/%
硝化纤维素	15 ~ 21	安定剂	2
硝化甘油	16 ~ 30	高氯酸铵	20 ~ 35
甘油三醋酸酯	6 ~ 7	铝粉	16 ~ 20

复合改性双基推进剂与其他类推进剂相比,有较高的比冲,原材料来源比较广,生产设备可借用生产双基火药的部分设备,因而这种推进剂获得了比较迅速的发展和应用。其缺点是高、低温力学性能较差,可使用的温度范围较窄等。

2.3.3　固体复合推进剂

常用的固体复合推进剂有端羟基聚醚预聚物(HTPE)推进剂、硝酸酯增塑聚醚(NEPE)推进剂、缩水甘油叠氮聚醚(GAP)推进剂、交联改性双基(XLDB)推进剂等。

1. HTPE 推进剂

HTPE 推进剂是美国首先研制以改善端羟基聚丁二烯(HTPB)复合推进剂钝感特性为目的的战术导弹用固体推进剂,其力学性能和弹道性能与 HTPB 非常相似。在采用不同装药结构的各种缩比和全尺寸模型发动机的钝感弹药实验中,HTPE 推进剂都具有良好的钝感特性。

HTPE 推进剂改善钝感弹药响应特性的基本方法主要是使用了与 HTPE 聚合物相容的含能增塑剂,从而在保持其能量水平的同时显著降低了固含量(固含量为 77% HTPE 的推进剂与固含量为 89% HTPB 的推进剂的理论比冲相当，约 2597 N · s/kg），使其总能量在黏合剂体系和填料相间得到了合理分配。该推进剂表现出对极端激励（加热、冲击波、机械撞击）不敏感的性能。实验证明，HTPE 推进剂具有钝感弹药的特征，已推广应用于 HTPE/AP/Al 配方中。

2. NEPE 推进剂

NEPE 推进剂是比冲较高且集复合与双基推进剂优点于一体的推进剂，标准理论比冲达 2646 N · s/kg，密度达 1.86 g/cm³，其系列产品已获得广泛应用。

NEPE 推进剂是高能推进剂研究的重大突破，其主要技术创新是在比较成熟的原材料基础上打破常规思路，将炸药组分引进固体推进剂中，充分利用大剂量含能增塑的聚醚黏合剂体系优异的力学性能特点，创造出一条打破炸药与火药界限、综合双基与复合推进剂优点的新思路。随后，通过增加新型含能增塑剂含量及改善黏合剂性能不断提升 NEPE 推进剂的能量性能及力学性能。与能量和燃速相近的 HTPB 推进剂相比，NEPE 钝感推进剂在慢速烤燃反应方面性能要好，而且具有较低的撞击和冲击波感度。NEPE 推进剂在较宽温度范围内具有极好的力学性能及与衬层间良好的适应低温储存黏结能力。

3. GAP 推进剂

GAP 是一种侧链含有叠氮基团，主链为聚醚结构的含能聚合物，有正的生成热、密度大、氮含量高、机械感度低、热稳定性好等优点，且能与其他含能材料和硝酸酯增塑剂相容，并可降低硝酸酯增塑剂的感度。把 GAP 加入推进剂中可提高燃速、比冲，降低压力指数，减少火箭推进剂燃烧时产生的烟焰，且 GAP 制备工艺简单，原材料来源丰富。最重要的是 GAP 的钝感性能好，使其成为发展钝感推进剂的重要黏合剂之一。

4. XLDB 推进剂

法国国营火药与炸药公司开发了一类名为"Nitramites"的高能、低特征信号 XLDB 推进剂。该类推进剂以硝化甘油增塑的端羟基聚醚或聚酯为黏合剂，以硝酸铵为填料，不含高氯酸铵，对冲击波非常敏感，特别是采用中心开孔装药时，易出现"燃烧转爆轰"和"孔效应"反应。后来选择一种名为 CL767 的新型钝感改性"Nitramites"推进剂，进行了 ø140 发动机钝感弹药实验（按 STANAG 标准），快速燃烧实验结果为燃烧反应，子弹撞击实验未发生反应，冲击实验也未产生爆炸反应。XLDB 由改性双基推进剂（CMDB）演变和发展而来，综合性能优于以前使用的几种推进剂，具有能量高（理论比冲 2597～2646 N·s/kg）和力学性能较好的特点，极具应用价值，是目前国外战略战术导弹中装备的一种主要推进剂。

2.3.4　固体推进剂的发展

固体推进剂的发展趋势是高能、高燃速、低特征信号和钝感，并且发展了 3D 打印等新的加工工艺。

1. 高能固体推进剂

新型高能固体推进剂的研究主要集中在含能氧化剂、含能黏合剂、含能增塑剂、含能添加剂和含能催化剂等的合成探索研究以及新型高能固体推进剂配方探索研究。

目前，研究较多的含能氧化剂主要有：六硝基六氮杂异伍兹烷（CL - 20）、二硝酰胺铵（ADN）、硝仿肼（HNF）、富氮化合物等。CL - 20 具有较高的密度比冲和优异的燃烧性能，用 CL - 20 替代推进剂中的奥克托金、黑索金组分，可大大提高推进剂的燃速和能量水平。富氮化合物是指含氮量在 20% 以上的氮杂环类化合物，具有高密度、高正生成焓和热稳定性好等优点，分子中较高含氮量使其燃烧时能够产生大量的气体。ADN 是一种不含卤素的新型高能无机氧化剂，用其取代目前广泛使用的高氯酸铵、硝酸铵，不仅能大幅提高推进剂的能量水平，还能降低推进剂的特征信号和减少对环境的污染，因此 ADN 具有广阔的应用前景。

含能黏合剂是固体推进剂的重要能量来源，也是其力学性能基础。为了合成新型含能黏合剂，研究者尝试将硝基、硝酸酯基、叠氮基、二氟胺基和氟二硝基等含能基团引入已有聚合物。目前，含能黏合剂研究工作热点主要在叠氮基聚醚黏合剂和硝酸酯黏合剂。

含能增塑剂是推进剂配方中的一类重要组分，除具备传统增塑剂降低固体推进剂药浆黏度、改善低温力学性能、减少迁移和挥发等特点外，还能提高推进剂体系的能量水平及安全特性。目前含能增塑剂主要有以下几类：叠氮类、硝酸酯类以及偕二硝基类。

典型的含能添加剂有三氢化铝（AlH_3）、硼和铝。使用三氢化铝取代固体推进剂中的铝粉，可显著提高推进剂的比冲。在 AlH_3/AP/黏合剂体系中，使用 10% ~20% 的 AlH_3 制成的推进剂，比冲可达 2550 N·s/kg 以上。硼的来源广泛，毒性小，具有很高的质量热值和容积热值。目前针对硼的研究主要集中在改进和提高其燃烧性能和表面改性等。铝粉在复合固体推进剂中应用的发展方向是纳米化。纳米铝粉具有较高的燃烧效率，可有效提高推进剂的燃速，缩短点火时间，降低点火温度。

含能催化剂是调节和改善固体推进剂弹道性能不可或缺的组分之一，在固体推进剂领域有着广泛的应用价值，其中含能高效燃速催化剂是研究的重点。含能催化剂的获取通常是将硝基或叠氮基等含能基团引入有机金属盐催化剂分子中。

2. 超高燃速固体推进剂

超高燃速（UHBR）固体推进剂，又称微孔推进剂或透气性推进剂，是一类燃速大于 1 m/s 的新型推进剂。随着现代武器性能的提高和发展，如高速动能弹、火炮随行装药和高速拦截导弹等武器系统都要求能瞬间产生大推力，具有高初速，对推进剂提出了远远超出常规推进剂的燃速要求。另外，超高燃速的获得还可实现简单的端面燃烧装药，大大简化装药设计，并可获得发动机装药的大装填密度。为此，国内外都积极开展了 UHBR 的研究工作，对 UHBR 的对流燃烧特性有了较深入的认识，同时也发展了 UHBR 的稳态对流燃烧理论。

3. 低特征信号固体推进剂

复合推进剂燃气羽烟的无烟化技术（低特征信号）是另一重要发展方向。导弹飞行时发动机喷焰中的烟雾，不仅有可见烟，而且还含有红外辐射和等离子体，容易暴露导弹的轨迹，易被敌方发现和拦截；同时这些羽烟还会使己方制导信号（微波、电磁波和激光）衰减和受到干扰，严重时会造成导弹失控。

20 世纪 60 年代以来，各国十分重视固体推进剂的低特征信号技术研究。经典的双基推进剂可以做到真正无烟。复合推进剂中添加的大量高氯酸铵、铝等组分，其燃烧产物中的氯化氢和三氧化二铝是烟雾的主要成分。与双基推进剂相比，复合推进剂的最大缺点就是烟雾问题。随着推进剂配方技术的发展，以现有 HTPB 推进剂、PU 推进剂或双基推进剂为基础，用硝胺（HMX 或 RDX）部分或全部取代高氯酸铵，起消烟补能的作用，可制得少烟或微烟复合推进剂；另外，在推进剂配方中引入"电子捕捉剂"，降低燃气烟雾中的自由电子密度，是控制发动机羽烟电磁波衰减的有效措施。NEPE 推进剂和 GAP 推进剂体系为复合推进剂的无烟化技术提供了广阔的前景。

4. 3D 打印固体推进剂

3D 打印技术是一种以数字模型为基础，运用液化、粉末化、丝化的可黏合材料，通过逐层打印的方式来构造物体的快速成型技术。将 3D 打印技术应用到固体推进剂成型领域，由于其成型不受零件形状影响，产品适应性极高，能实现无模具化成型，适应各种形状的推进剂药柱，解决传统药柱成型工艺对于复杂异型药柱适应性差的问题。2017 年初，美国火箭工艺公司获得混合火箭发动机药柱 3D 打印技术专利授权。2019 年，美国普渡大学采用高位移超声波振动挤出方式实现含能固体质量分数 85% 的推进剂的沉积成型，制备的推进剂样件在 10.34MPa 下平面的燃速与传统浇注成型的固体推进剂燃速基本一致，通过层析扫描得出样件的气孔要少于浇注工艺成型的固体推进剂样件。

思考题

1. 论述火药化学反应的基本形式。
2. 火药是如何分类的？
3. 论述发射药的种类。
4. 火箭发动机对推进剂的基本要求是什么？
5. 推进剂的主要发展趋势是什么？
6. 简述对液体推进剂的使用性能要求。
7. 常用的液体推进剂主要有哪些？举一个典型应用实例，说明在该应用中选取的氧化剂和燃料。
8. 复合固体推进剂对氧化剂的要求有哪些？
9. 黏合剂的主要作用及推进剂对黏合剂的要求有哪些？
10. 复合固体推进剂对固化剂和交联剂的要求有哪些？

第 3 章　枪炮内弹道学原理

枪炮内弹道学是研究射击过程中弹丸在膛内运动阶段所产生的各种现象的科学。它的产生，以 1740 年鲁宾士采用弹道摆测速为标志，至今已有 200 多年历史。19 世纪 60 年代后，诺贝尔发明的铜柱测压技术、列萨尔发表的弹丸火药气体的能量方程以及维也里提出的火药平行层几何燃烧模型奠定了经典理论的基础。半个多世纪以来，数学、力学、物理学、化学、计算机技术、高速瞬态测试技术等领域的成就，大大促进了内弹道学的发展，使其日趋成熟，为火炮和弹药的研究与发展提供了理论和实践的基础，成为现代兵器学科体系中一门必不可少的应用科学。

3.1　火炮射击内弹道阶段

内弹道阶段是火炮射击过程的初始阶段，它涉及火药点火与燃烧、弹带受力变形、弹丸和炮管运动、热能动能转化等多方面的复杂物理过程或现象。目前已经形成了专门的内弹道学学科，它是弹道学的一个重要分支。内弹道学的主要任务是揭示火炮（或者其他类似的装置）发射过程中的重要规律，并利用相关数学模型构建和求解内弹道方程组，对弹丸运动规律进行描述。本节以线膛炮为例，对火炮射击内弹道学所涉及的主要物理过程进行简单介绍。

火炮射击内弹道阶段主要包含以下三个过程。

3.1.1　点火过程

炮弹从炮尾装入并关闭炮闩后，便处于待发状态。射击式炮弹从点火开始，通常是利用机械作用使火炮的击针撞击药筒底部的底火，使底火药着火，底火药的火焰又进一步使底火中的点火药燃烧，产生高温、高压的气体和灼热的小粒子，并通过小孔喷入装有火药的药室，从而使火药在高温、高压的作用下着火燃烧，这就是点火过程，如图 3.1（a）所示。

3.1.2　挤进膛线过程

在完成点火过程后，火药燃烧，产生大量的高温、高压气体，并推动弹丸运动。此时，弹丸上的弹带将和炮膛内的膛线发生作用。所谓膛线，就是缠绕炮管并与炮管轴线成一个角度的一系列齿槽线，凸起的齿称为阳线，凹进的槽称为阴线。弹丸的弹带直径略大于膛内的阳线直径，因而在弹丸开始运动时，弹带是被逐渐挤进膛线的，阻力不断增加，而当弹带被全部挤进（嵌入）膛线后，阻力达到最大值，这时弹带被划出沟槽并与膛线完全吻合，这个过程称为挤进膛线过程，如图 3.1（b）所示。这个过程能够使在膛内运动的弹丸受膛线作用而产生旋转，从而具有陀螺效应，保证了弹丸飞行的稳定性。

3.1.3　膛内运动过程

弹丸的弹带全部挤进膛线后，阻力急剧下降。随着火药的继续燃烧，不断产生具有很大做功能力的高温、高压气体，在这样的气体压力作用下，弹丸一方面沿炮管轴线方向向前运动，另一方面又受膛线约束做旋转运动。在弹丸运动的同时，正在燃烧的火药气体也随同弹丸一起向前运动，而炮身则向后运动。所有这些运动都是同时发生的，它们组成了复杂的膛内射击现象，如图 3.1（c）。

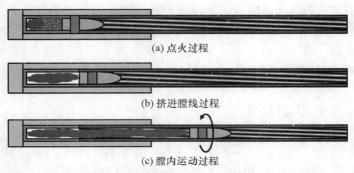

(a) 点火过程

(b) 挤进膛线过程

(c) 膛内运动过程

图 3.1　炮弹发射的内弹道阶段各过程示意图

随着这一过程的进行，膛内气体压力从起动压力 p_0 开始，升高到最大膛压 p_m 后开始下降，而弹丸的速度不断增加，在弹底到达炮口的瞬间，弹丸达到炮口速度。在这之后，弹丸离开炮口在空中飞行。弹丸在膛内运动时，膛内压力 p 和弹丸速度 v 随弹丸行程 l 的变化曲线如图 3.2 所示。

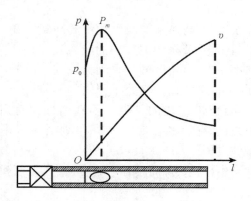

图 3.2　膛内压力 p 和弹丸速度 v 随弹丸行程 l 的变化曲线示意图

需要说明的是，以上所述三个过程是针对线膛炮发射来说的，而对滑膛炮，由于膛内没有膛线，弹丸的飞行稳定性是依靠弹丸上的尾翼来实现的，发射时没有挤进膛线的过程。

3.2　火炮装药的点火和燃烧过程

射击中，火药的化学能转化为内能，进而转化为火药燃气及弹丸的动能，其中，火炮装药的点火与燃烧过程是能量转化的核心，对整个内弹道循环产生极大的影响。理解装药的点火与燃烧过程，对于认识射击过程的本质、改进和发展武器都具有实际意义。

3.2.1　装药的点火

装药的点火过程包括点火药剂的引发、传火药的燃烧、传火药燃烧产物沿装药表面的传播以及装药中单体火药表面的加热和点燃等四个阶段。

第一阶段是点火药剂的引发，指在机械刺激或电刺激等外加能量作用下，点火药剂着火燃烧的过程。1805 年英国牧师约翰·福西斯发明了击发式火帽，后来发展成为现代子弹的底火。击发式火帽药剂的一种配方由雷汞（Hg(CNO)$_2$）、氯酸钾（KClO$_3$）和硫化锑（Sb$_2$S$_3$）所组成，其燃烧反应可用下列方程式表示：

$$5KClO_3 + Sb_2S_3 + 3Hg(CNO)_2 \rightarrow 3Hg + 5KCl + Sb_2O_3 + 3N_2 + 6CO_2 + 3SO_2$$

$$(3.1)$$

一般枪、炮火帽所含的药剂质量在 0.02～0.05 g，可以放出 40 J 左右热量，可以点燃不超过 10 g 的火药装药。当要点燃更多的装药时，需要更多的热量，则需使用传火药（或称辅助点火药）。

第二阶段是传火药的燃烧。传火药通常采用黑火药或多孔硝化棉，其在点火药剂燃烧所生成的火焰作用下被迅速点燃。黑火药各组分质量分数：w（KNO$_3$）为 75%，w（C）为 15%，w（S）为 10%；折合物质的量摩尔比为 10∶14.4∶4.2。传火药的燃烧反应可分为两步：第一步为迅速的氧化过程；第二步为较缓慢的还原过程。氧化过程可用下式表示：

$$10KNO_3 + 8C + 3S \rightarrow 2K_2CO_3 + 3K_2SO_4 + 6CO_2 + 5N_2 \qquad (3.2)$$

此反应是放热的。多余的 6 mol C 及 1 mol S 参加第二步还原过程：

$$4K_2CO_3 + 7S \rightarrow K_2SO_4 + 3K_2S_2 + 4CO_2 \qquad (3.3)$$

$$4K_2SO_4 + 7C \rightarrow 2K_2CO_3 + 2K_2S_2 + 5CO_2 \qquad (3.4)$$

它们是吸热的，但还原反应进行得较缓慢，因此在火炮装药条件下，黑火药的第二步反应是不完全的。1 kg 黑火药燃烧后大概生成 0.522 kg 固体物，标准状态下的气体 225 L，同时放出 3100 kJ 热量。黑火药的爆温可达 2200～2500 ℃。火焰在黑火药床中的传播很快。国外有实验表明，在 19 cm 长的开孔管中，黑火药中火焰传播速率为 20～30 m/s，燃烧均匀。如将孔堵上，压力会增大，火焰传播速率可达 100 m/s，并可观察到不均匀的燃烧。

第三阶段为传火药燃烧产物沿装药表面的传播。传火药燃烧生成的气体和固体粒子以很快的速度沿装药表面运动。例如，标准大气压下，黑火药燃烧气体沿药管运动的速度可达 1～3 m/s。压力增大，速度提高得更快。这些高速运动的热产物在装药床中通过，热的传导与对流加热了火药药粒表团，使火药表面层发生分解，并进行氧化还原放热反应。

第四阶段为装药中单体火药表面的加热和点燃。当外界供给的热和火药分解反应放出的热足以使火药药粒表面层的温度升高到发火温度时，火药药粒即被点燃。从火药加热开始到火药局部点燃所需的时间称为点火延迟期。严格地说，装药中火药柱瞬时全面点火的情况是不存在的。不过在许多场合下，点火延迟时间比火药装药全部燃烧时间要短得多，"瞬时全面点火"是在这种意义下为处理问题方便所做的一种近似描述。

3.2.2 火药的燃烧

火药表面被点燃之后，火焰向火药内部扩展的燃烧过程是一个复杂的物理化学过程，其核心参数是火药的燃速和火焰温度，而这些参数不仅与火药的组成相关，还与火药装药条件有着密切的关系，因此需要用燃速压力指数、燃速温度系数等参量进行表征。火药燃烧是在高温、高压条件下进行的，受外界条件影响又很大，加之燃烧反应速度很快、燃烧区域很薄，这就使得对火药燃烧过程的深入研究变得十分困难。因此，一般的燃烧模型都是基于实验观测和假设的半经验模型。

对均质（单基、双基）火药燃烧过程的实验观测表明，火药燃烧包含从凝聚相到气相的一系列连续的物理化学变化过程，由内到外可分为四个区域：亚表面及表面反应区、嘶嘶区、暗区和火焰区，如图3.3所示。需要说明的是，这四个区域彼此相互影响，不能截然分开。

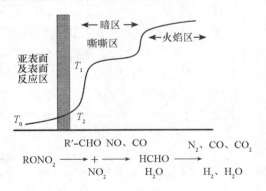

图3.3 均质火药燃烧过程示意图

第一区域为亚表面及表面反应区，该区位于距火药燃烧表面较远的火药层中，主要发生硝酸酯的分解反应，这一反应是吸热的，如下：

$$R - ONO_2 \rightarrow NO_2 + R' - CHO$$

$$\begin{bmatrix} NC \\ NG \end{bmatrix} \qquad \begin{bmatrix} HCHO \\ CH_3CHO \\ HCOOH \end{bmatrix} \tag{3.5}$$

在更接近火药燃烧表面的一层中,则进行如下放热反应:

$$NO_2 + CH_2O \rightarrow NO + H_2O + CO \tag{3.6}$$

$$2NO_2 + CH_2O \rightarrow 2NO + H_2O + CO_2 \tag{3.7}$$

通常情况下,该区所放出的热量约占火药总放热量的 10%。燃烧表面温度一般在 300℃ 左右,并随着压力的增大而有所升高。该区厚度随压力增加而减小。

第二区域为嘶嘶区,是一个固液气的三相混合区。除发生固体或液体微粒熔化、蒸发等物理变化外,还发生下述化学反应:

$$NO_2 + R' - CHO \rightarrow NO + C - H - O$$

$$\begin{bmatrix} HCHO \\ CH_3CHO \text{ 等} \\ HCOOH \end{bmatrix} \qquad \begin{bmatrix} CO、CO_2 \\ CH_4、H_2O \\ H_2 \text{ 等} \end{bmatrix} \tag{3.8}$$

及

$$NO_2 + H_2 \rightarrow NO + H_2O \tag{3.9}$$

$$NO_2 + CO \rightarrow NO + CO_2 \tag{3.10}$$

嘶嘶区的放热量约占火药总放热量的 40%,使嘶嘶区形成较陡的温度梯度,温度可达 700～1000 ℃。嘶嘶区的厚度随压力增加而变薄。在本区中燃烧产生大量的 NO、H_2 和 CO,这些中间产物的还原需要在高温、高压的条件下才能有效地进行。如果压力太低,火药的燃烧就可能在本区结束。

第三区域为暗区,嘶嘶区燃烧生成的中间产物的还原反应进行得很慢,因此,该区温度较高但温度梯度极小,温度在 1500 ℃ 左右,没有光亮。暗区厚度较厚,但随压力升高,厚度显著减小。

第四区域为火焰区,是燃烧的最终阶段。该区进行着强烈的氧化还原放热反应:

$$NO + C - H - O \rightarrow N_2 + CO_2 + H_2O$$

$$\begin{bmatrix} CO、H_2 \\ CH_4 \end{bmatrix} \tag{3.11}$$

典型的反应有

$$NO + H_2 \rightarrow 0.5N_2 + H_2O \qquad (3.12)$$

火焰区放热量约占火药总放热量的 50%。燃气在本区被加热到最高温度，随火药组分的不同，这一温度可达 2000 ~ 3500℃。在此温度下，该区产生光亮的火焰。火焰区距燃烧表面的距离随压力升高而减小。

3.2.3 火焰在火药装药中的传播

火焰传播包括两个方面：一是被局部点燃的单体火药表面的火焰沿药粒表面的传播；二是装药局部点燃区域的火焰向整个装药床中未点燃区域的传播。这两种火焰传播是交织在一起同时进行的。

火焰沿单体火药表面的传播过程相对简单，增加气体与火药表面的热交换系数，提高点火区域周围的气体温度和火药初温，降低火药的导热系数、密度或比热容，降低火药的点燃温度，均可增加火焰沿火药表面的传播速度。

装药局部点燃区域的火焰向整个装药床中未点燃区域的传播过程十分复杂。一般认为，装药中靠近点火药的区域最先点火，该区域被点燃后产生的高温、高压燃烧产物混入点火药的燃烧产物，一起向远处传播，点燃更远处的装药。这样，即使在点火药失去作用后，点火还在继续，火焰阵面在整个装药床中不断推进。与之伴随的压力升高一方面促进燃烧，另一方面使燃气更有效地对未燃区域进行点火。最终火焰扩展至整个装药床，装药全面燃烧。

3.3 内弹道模型与方程

3.3.1 火炮内弹道模型

基于经验的内弹道问题是在给定火炮、弹丸及装药诸元的条件下，确定膛内最大压力 p_m 和弹丸初速 v_0。把 p_m 和 v_0 表示为身管长度、口径、火药药室容积、装药量、火药厚度等诸元（或由这些诸元组成的综合参量）的函数：

$$p_m = p(y_1, y_2, y_3, \cdots) \qquad (3.13)$$
$$v_0 = v(y_1, y_2, y_3, \cdots) \qquad (3.14)$$

式中，y_1，y_2，y_3，…分别是火炮、弹丸参数及装药诸元或其综合参量，通常是依据一定的假设建立具体的函数形式并结合实验数据拟合出相应参数。

随着武器的发展及测试、计算技术的进步，人们希望尽可能确切地了解火炮发射的物理过程，提出了许多模拟火炮内弹道物理过程的理论，建立了各种各样的内弹道模型。但是，迄今为止，这些模拟火炮内弹道过程的模型都是属于半经验的。按照这些模型所采用的假设与简化方法的不同，可以把火炮内弹道的半经验模型大体分为常规内弹道模型和内弹道流体动力学模型两大类。

1. 常规内弹道模型

常规内弹道模型是在对任一瞬间弹后空间的气流及热力学参量取平均值的基础上建立起来的，附加其他不同的假设，即可得到不同形式的常规内弹道模型。

常规内弹道模型一般包含五个方程，分别是：

（1）火药燃气状态方程；

（2）能量方程；

（3）弹丸运动方程；

（4）燃烧速度方程；

（5）形状函数方程。

其中前两个方程是相关的，第二个包含了第一个。因此在常规内弹道模型中只有四个方程是最基本的。一般认为，在装药量（m_p）与弹丸质量（m）之比较小（$m_p/m < 1$）或火炮初速较低（$v_0 < 915\mathrm{m/s}$）的情况下，使用常规方法对射击现象都能作出较好的模拟。随着对火炮射程和精度方面要求的提高，火炮装填结构变得越来越复杂，弹丸初速不断增加，常规内弹道模型的弹道解与实验之间出现了差距，特别是无法解释诸如压力反常、胀膛、炸膛、近弹、迟发火等反常内弹道现象。这就促使人们建立新的数学物理模型，更真实地模拟火炮内弹道的物理过程，从理论上解释射击中遇到的各种内弹道现象，以正确指导火炮弹药系统的设计。

2. 内弹道流体动力学模型

内弹道流体动力学模型是在研究武器内弹道问题的实践中建立和发展起来的。内弹道流体动力学问题由拉格朗日首先提出和研究。简单地说，内弹道流体动力学问题就是求解在整个射击过程中膛底与弹底之间的压力、密度以及气体速度的分布。其结果可用来研究诸如扰动波（例如压力扰动）发展的这类动态过程。而这一点，对于大量反常内弹道现象的产生往往是息息相关的。

由于现代实验手段的进步和计算技术的发展，内弹道流体动力学模型在20世纪60年代之后获得了很大的进展：由原来药粒瞬间燃尽假设发展到分阶段的逐步燃烧；由等截面发展到变截面；由单一的气体流动发展到火药气体和未燃尽药粒的两相流动；由一维发展到二维、三维；等等。

内弹道流体动力学模型较之常规方法更深入地描述了射击过程的物理本质，揭示了许多常规方法所无法得到的弹道参量的变化规律。

应当指出，并不是越复杂的模型越能提供更好的结果，结论往往是相反的。这是因为复杂模型需要众多的输入参量，例如准两相流模型中的速度比 β、两相流模型中的相间阻力等，由于理论与实验研究方面的困难，其数据可靠性很低。此外，对于点火、挤进和燃气对炮膛表面的热传导等这样一些过程，迄今也还没有完善的理论。因此，一些涉及点火、挤进和热传导过程的模型，其可靠性和适应性都受到很大的限制。虽然随着科学技术的发展，人们对内弹道现象的本质将会有更透彻的了解，但是由于射击过程的复杂性，仍将遇到种种困难。因此，简单的经验和半经验模型在今后的内弹道研究中仍然占有重要地位。随着科学技术的发展，内弹道流体动力学模型将越来越完善，也将发挥越来越重要的作用。

3. 火炮装药弹道设计

火炮内弹道模型是进行火炮发射药装药设计的理论基础，尤其是弹道设计，其实质就是利用内弹道模型解弹道的反问题。它是由给定的火炮口径 d、弹丸质量 m、炮口初速 v_0、最大膛压 p_m 等少数已知量解出膛内构造诸元和装填条件等众多未知数的过程。因此，这是一个多解问题，而且弹道设计结果的准确性将取决于内弹道模型及其弹道解法的准确性。

采用常规内弹道模型进行装药设计时，通常利用计及挤进压力的分析解法作为基础，因为这种解法能较正确地反映普通线膛火炮射击过程的本质。

国外已有多种用于火炮装药弹道设计的计算机程序，如美国迈耶－哈特（Mayer-Hart）程序，其由综合参量型的常规内弹道模型改编而成。当向计算机输入最大膛底压力（或最大弹底压力）、弹速、弹丸质量、弹径以及有关火药参数之后，将会给出装药量与各种装填密度下弹丸行程（以口径倍数表示）

的曲线。设计者选定一个装填密度，即可权衡装药量和火炮长度，进行多种方案的选择比较。国内也有根据常规内弹道模型编制的装药弹道设计程序。

火炮装药弹道设计可初步确定单体火药的种类、形状、尺寸等有关参数和装药量，但仅有这些参量还不足以组成一个完整的、确定的装药，只有元件完备、结构合适的装药才能保证火炮具有预定的弹道性能。在火炮装药的结构设计中，内弹道模型同样具有重要意义，特别是近年来发展起来的计及点火、挤进、传热导等过程的两相流模型，其弹道解可以为装药结构设计提供许多理论依据。例如，一些模型能揭示点火具体的结构与位置对火炮中压力波的影响，由此提供了在装药设计中减少膛内压力波的措施。

3.3.2　火药燃气状态方程

1. 理想气体状态方程

状态方程是表征流体压强、密度、温度等三个热力学参量的函数关系，不同的流体模型有不同的状态方程。理想气体状态方程是描述气体最经典的状态方程，描述的是热力平衡条件下看作质点的气体分子对容器壁的宏观压力作用，其方程形式为：

$$pv = R_g T \tag{3.15}$$

式中，p 为气体压力，v 为比容，T 为气体的温度，R_g 为气体常数。对于不同的气体，R_g 值是不同的。理论上，气体常数 $R_g = R/\mu$，$R = 8.314\ \mathrm{J}\cdot\mathrm{mol}^{-1}\cdot\mathrm{K}^{-1}$ 为理想气体常数，μ 为气体的摩尔质量。

理想气体状态方程没有考虑气体分子所占体积的影响和分子间的相互作用。实际气体状态方程可采用范德瓦尔斯方程，考虑这两个因素修正后的形式为：

$$\left(p + \frac{a}{v^2}\right)(v - \alpha) = R_g T \tag{3.16}$$

式中，a 为气体分子间引力修正量，α 为气体分子体积修正量，在内弹道学中，被称为余容。

火药燃气是一种高温、高压气体，高温气体即使在密度较大时，分子间作用力的影响也很小，可以忽略式（3.16）中的 a/v^2 项。但在压力很高时，必须考虑余容的修正，这就是经典内弹道学中被普遍采用的诺贝尔－阿贝尔方程：

$$p(v - \alpha) = R_g T \qquad (3.17)$$

需要说明的是，式（3.17）中 α 看作常数，当比容 v 增大到接近 α 时，由该式表示的压力 p 将趋于无穷大。因此，式（3.17）只适用于压力不太高的情况，一般认为在 $p < 600$ MPa 时，该式尚有足够的精度；在更高压力的情况下，则应选择另外适用于高压的状态方程。

库克在对燃烧产物密度测量的基础上，假设余容仅仅是密度的函数，忽略分子间的引力，给出了以下的高压状态方程：

$$p[v - \alpha(\rho_g)] = R_g T \qquad (3.18)$$

或者

$$\frac{pv}{R_g T} = \frac{1}{1 - \rho_g \cdot \alpha(\rho_g)} = f(\rho_g) \qquad (3.19)$$

余容和密度的关系如表 3.1 所示。从表中看出，在密度较小的情况下，接近于理想气体；当 $\rho_g = 1.0$ g/cm^3 时，非理想气体效应 $f(\rho_g) = 3.033$，由此带来的影响就相当显著。由表 3.1 拟合余容和密度的函数关系为：

$$\alpha(\rho_g) = e^{-0.4\rho_g} \ (\rho_g < 2.0 \ \text{g/cm}^3) \qquad (3.20)$$

表 3.1　余容和密度的关系

$\rho_g /$ (g $\cdot$ cm^{-3})	$\alpha(\rho_g)/$(cm^3 $\cdot$ g^{-1})	$f(\rho_g)$
0.005	0.998	1.005
0.010	0.996	1.010
0.050	0.980	1.052
0.100	0.961	1.106
0.500	0.819	1.693
1.000	0.670	3.033
1.500	0.549	5.657

2. 膛内火药燃气定容状态方程

在炮膛中，当弹丸运动时，不仅气体所占的体积在不断变化，而且火药的燃烧率、燃气的温度也在不断变化，过程较为复杂。为简单起见，首先考虑容积不变的情况下压力的变化规律，主要用于研究火药燃烧的规律性，以及确定表示火药性能的某些弹道特征量。

设所研究的密闭爆发器容积为 V_0，其中装有密度为 ρ_p 的火药质量 ω，并设在某一瞬间火药燃烧去百分比为 ψ，则火药气体的比容 v 应表示为：

$$v = \frac{V_0 - \dfrac{\omega}{\rho_p}(1 - \psi)}{\omega\psi} \qquad (3.21)$$

将此式代入式（3.17）中，整理后可得：

$$p_\psi V_\psi = \omega\psi R_g T_1 \qquad (3.22)$$

$$V_\psi = V_0 - \frac{\omega}{\rho_p}(1 - \psi) - \alpha\omega\psi \qquad (3.23)$$

式（3.22）中，T_1 为火药定容燃烧温度，V_ψ 为药室的自由容积，代表气体分子可以自由运动的空间，在火药整个燃烧过程中，随 ψ 变化而变化。式（3.23）右侧前两项为药室中扣除未燃火药的容积，第三项为燃烧产物气体余容。在火药燃烧开始时，$\psi = 0$，则：

$$V_{\psi=0} = V_0 - \frac{\omega}{\rho_p} \qquad (3.24)$$

在火药燃烧结束时，$\psi = 1$，则：

$$V_{\psi=1} = V_0 - \alpha\omega \qquad (3.25)$$

无论是硝化棉火药还是硝化甘油火药，气体余容 α 都在 $1.0 \times 10^{-3}\ \mathrm{m^3/kg}$ 左右，火药密度 ρ_p 在 $1.6 \times 10^3\ \mathrm{kg/m^3}$ 左右，故 $V_{\psi=0} > V_\psi > V_{\psi=1}$，也就是说，由于已燃火药燃烧产物余容的存在，自由容积 V_ψ 随着火药燃烧的进行而不断减小。因此，压力 p_ψ 的增长不是与 ψ 成正比，而是增长得要更快一些。

在内弹道学中，还有装填密度 Δ 和火药力 f 两个习惯参量：

$$\Delta = \omega / V_0 \qquad (3.26)$$

$$f = R_g T_1 \qquad (3.27)$$

装填密度是单位容积里火药的质量，火药力的物理意义是 1 kg 火药燃烧后的气体产物在一个大气压下当温度由 0 升高到 T_1 时膨胀所做的功，表示单位质量火药的做功能力，典型火药的能量参数见表 3.2。不同火药的产物成分不同，常数 R_g 取值也有所区别，其燃烧温度 T_1 也不同，因此火药力也不同。引入火药力和装填密度后，式（3.22）可以写成：

$$p_\psi = \frac{f\Delta\psi}{1 - \dfrac{\Delta}{\rho_p}(1 - \psi) - \alpha\Delta\psi} = \frac{f\Delta\psi}{1 - \dfrac{\Delta}{\rho_p} - \left(\alpha - \dfrac{1}{\rho_p}\right)\Delta\psi} \qquad (3.28)$$

这就是常用的定容火药燃气状态方程。相应地，火药燃烧结束时 $\psi=1$，对应着定容情况下火药燃气最大压力为：

$$p_m = \frac{f\Delta}{1-\alpha\Delta} \tag{3.29}$$

表 3.2 典型火药的能量参数

能量参数	混合酯发射药	单基发射药	双基发射药	三基发射药	黑火药
	德国 JA2	美国 M6	俄 HIT-3	美国 M30	
火药力/ (KJ·kg^{-1})	1140	980.4	960	1090	239~284
爆热/ (KJ·kg^{-1})	—	3330.5	4082	4082	2782~3140
火焰温度/K	3412	2560	2600	2455	2800
比体积/ (L·kg^{-1})	900.48	993.2	1000	965.4	286~356
比热容比	1.2250	1.2543	—	1.2385	—

3. 膛内火药燃气变容状态方程

射击过程中，弹丸向前运动，弹后火药燃气所占的自由容积不断增加，影响其大小的因素有初始的药室容积、弹丸运动导致的容积增长量、未燃完火药所占的容积及燃气余容，此时状态方程的形式应为：

$$p_\psi\left[V_0-\frac{\omega}{\rho_p}(1-\psi)-\alpha\omega\psi+Sl\right]=\omega\psi R_g T \tag{3.30}$$

式中，V_0 为药室容积，ω 为装药量，即每发弹药所装填的发射药质量，ρ_p 为火药的密度，S 为炮膛截面积，l 为弹丸行程。

在式（3.30）式中令弹丸行程 $l=0$，即可得式（3.22）。在弹丸启动之前药室及密闭爆发器内的压力变化情况都可以用式（3.22）来描述。火药全部燃完时，密闭容积中的压强达到最大值，此时

$$p_m=\frac{\omega R_g T}{V_0-\alpha\omega} \tag{3.31}$$

这里分别引入以下参量：

$$l_0 = \frac{V_0}{S} \tag{3.32}$$

$$l_\psi = l_0 \left[1 - \frac{\Delta}{\rho_p} - \left(\alpha - \frac{1}{\rho_p} \right) \Delta \psi \right] \tag{3.33}$$

式中，l_0 为药室容积缩径长，l_ψ 为药室自由容积缩径长。引入装填密度 Δ 和火药力 f，式（3.22）、式（3.30）和式（3.31）可分别写成：

$$Spl_\psi = f\omega\psi \tag{3.34}$$

$$Sp(l_\psi + l) = \omega\psi R_g T \tag{3.35}$$

$$p_m = \frac{f\Delta}{1 - \alpha\Delta} \tag{3.36}$$

3.3.3　燃烧速度方程

1. 几何燃烧定律

火药在密闭爆发器或火炮膛内被点燃后的燃烧定律也是内弹道学的关键问题。在射击中发现，从炮膛里抛出来的未燃完的残存药粒的形状仍和原来的形状相似（见图 3.4），只是药粒的尺寸减小了；另外，通过在火药密闭爆发器进行实验发现，性质相同的两种火药的装填密度相同时，其燃烧层厚度 $2e_1$ 和燃烧结束时间 t_k 近似地呈线性关系。

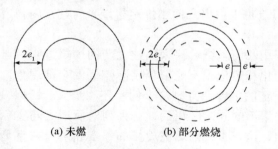

(a) 未燃　　　　　　　(b) 部分燃烧

图 3.4　管状药断面

因此可以认为火药是按药粒表面平行层逐层燃烧的，这就是几何燃烧定律。实际上，这是一个理想化的燃烧模型，它建立在以下假设基础之上：

（1）装药的所有药粒具有完全相同的物理、化学性质，以及几何形状和尺寸；

（2）所有药粒表面都同时着火；

（3）所有药粒处在相同的燃烧环境，因此燃烧面各个方向上的燃烧速度相同。

在上述假设的理想条件下，所有药粒都按平行层逐层燃烧，并始终保持相同的几何形状和尺寸，因此只要研究一个药粒的燃气生成规律，就可以表达出全部药粒的燃气生成规律。而在上述假设下，一个药粒的燃气生成规律完全由其几何形状和尺寸所确定。这就是几何燃烧定律的实质和其被称为几何燃烧定律的原因。

正是由于几何燃烧定律的建立，经典内弹道理论才形成了完备和系统的体系，发现了药粒几何形状对于控制火药燃气生成规律的重要作用，进一步发明了一系列燃烧渐增性良好的新型药粒几何形状，这对指导装药设计和内弹道理论的发展及应用起到了重要的促进作用。

虽然几何燃烧定律只是对火药真实燃烧规律的初步近似，并给出了实际燃烧过程的一个理想化了的简化，但是由于在火药的实际制造过程中，已经充分注意及力求将其形状和尺寸的不一致性减小到最低程度，在点火方面亦采用了多种设计，尽量使装药的全部药粒实现其点火的同时性，这些假设与实际情况也不是相差太远，可以说几何燃烧定律确实抓住了影响燃烧过程中最主要和最本质的影响因素。当被忽略的次要因素在实际过程中确实没有起主导作用时，几何燃烧定律就能较好地描述火药燃气的生成规律，这也是1880年法国学者维也里提出几何燃烧定律以来，其在内弹道学领域一直被广泛应用的缘故。

当然，在应用几何燃烧定律来描述火药的燃烧过程时，必须记住它只是实际过程的理想化和近似，不能解释实际燃烧的全部现象，它与实际燃气的生成规律还有一定的偏差，有时这个偏差还相当大。所以，在历史上，几乎与几何燃烧定律提出的同时及以后，一系列的所谓火药实际燃烧规律或物理燃烧定律被提出，这表明火药燃烧规律的探索和研究一直是内弹道学研究发展的中心问题之一。

应该指出，炮膛中火药的实际燃烧情况跟上面所说的模型是有差异的。例如：在点火压力为 $2\sim5\text{MPa}$ 时，火药引燃过程不是瞬时的；火药成分、表面粗糙度的差异，使点燃的难易程度不一样；在燃烧过程中，具有窄长孔道的多孔火药，在孔内、外的燃烧速度不一样；由于制造工艺的限制，火药均匀性及形状尺寸的一致性也不能得到充分的保证。在用理论模型预测内弹道过程时，应考虑模型假设所带来的误差。

2. 气体生成速率

膛压 p 与火药燃烧去百分比 ψ 有关，因此，膛内压力随时间的变化率 $\mathrm{d}p/\mathrm{d}t$ 必然与 ψ 随时间的变化率，即气体生成速率 $\mathrm{d}\psi/\mathrm{d}t$ 有关。分析膛压变化规律，就必须了解气体生成速率的规律。设计合理的气体生成速率可以用较小的峰值膛压达到较大的出膛速度。下面就在几何燃烧定律的基础上研究气体生成速率。

根据几何燃烧定律有：

$$\psi = \frac{V}{V_1} \qquad\qquad (3.37)$$

式中，V 是单位药粒的已燃体积，V_1 是单位药粒的原体积。将式（3.37）对时间 t 微分，即得：

$$\frac{\mathrm{d}\psi}{\mathrm{d}t} = \frac{1}{V_1}\frac{\mathrm{d}V}{\mathrm{d}t} \qquad\qquad (3.38)$$

设火药正在燃烧着的表面积为 S，经过时间 $\mathrm{d}t$ 后，药粒按平行层燃烧的规律燃去的厚度为 $\mathrm{d}e$，相对应的体积 $\mathrm{d}V = S\mathrm{d}e$，则火药单体药粒体积的变化率为：

$$\frac{\mathrm{d}V}{\mathrm{d}t} = S\frac{\mathrm{d}e}{\mathrm{d}t} \qquad\qquad (3.39)$$

以符号 $\dot{r}$ 代表 $\mathrm{d}e/\mathrm{d}t$，称为火药燃烧的线速度，即单位时间内沿垂直药粒表面方向燃烧掉的药粒厚度。

设单体药粒的起始表面积为 S_1，起始厚度为 $2e_1$。将 S 和 e 无量纲化，以 $z = e/e_1$ 代表相对已燃厚度，以 $\sigma = S/S_1$ 代表相对燃烧表面，代入式（3.38）得到无量纲量之间的关系：

$$\frac{\mathrm{d}\psi}{\mathrm{d}t} = \frac{1}{V_1}\frac{\mathrm{d}V}{\mathrm{d}t} = \frac{S_1 e_1}{V_1}\sigma\frac{\mathrm{d}z}{\mathrm{d}t} = \chi\sigma\frac{\mathrm{d}z}{\mathrm{d}t} \qquad\qquad (3.40)$$

式中，$\chi = S_1 e_1/V_1$ 为取决于火药形状和尺寸的常量，称为火药形状特征量。由此可知，对一定形状、尺寸的火药来说，气体生成速率的变化规律仅取决于火药的燃烧面和火药燃烧速度的变化规律。因此，可以通过燃烧面和燃烧速度的变化来控制气体生成速率，从而达到控制膛内压力变化规律和弹丸速度变化规律的目的。下面将分别研究 σ、ψ 与 $\mathrm{d}z/\mathrm{d}t$ 的变化规律。

3. 形状函数方程

不同形状的火药在燃烧过程中，其相对已燃体积、相对燃烧表面积和相对已燃厚度之间都存在着一定的函数关系，这种函数关系与火药形状相关，称为形状函数。火药的形状种类虽然很多，但基本上可分为两类：一类是各表面垂直相交，属于直角柱体类型，如带状、片状、立方体状等；另一类是用简单的几何平面旋转而成，属于旋转体类型，如球状、管状、环状等。同一类形状有它们的共性，因此不需要逐个建立各种形状函数，只需找出具有代表性的形状函数，就可以推广到其他形状。现以带状药为例，根据几何燃烧定律来导出其形状函数。

设带状药的起始长度、宽度、厚度及表面积分别为 $2c$、$2b$、$2e_1$ 及 S_1。按照同时着火假设和平行层燃烧的规律，当燃去厚度为 e 时，全部表面都向内推进了 e，如图 3.5 所示。

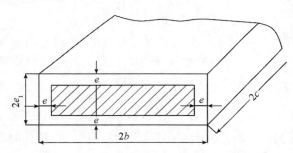

图 3.5　带状药燃烧过程的几何形状变化

根据图 3.5 的几何关系，对带状药有：

$$\psi = \frac{V}{V_1} = 1 - \frac{(2b-2e)(2c-2e)(2e_1-2e)}{2b \cdot 2c \cdot 2e_1} \tag{3.41}$$

$$\sigma = \frac{S}{S_1} = \frac{2[4(b-e)(e_1-e)+4(c-e)(e_1-e)+4(b-e)(c-e)]}{2[4be_1+4ce_1+4bc]} \tag{3.42}$$

令

$$\alpha = e_1/b, \beta = e_1/c, z = e/e_1 \tag{3.43}$$

则可得出：

$$\psi = \chi z(1 + \lambda z + \mu z^2) \tag{3.44}$$

$$\sigma = 1 + 2\lambda z + 3\mu z^2 \tag{3.45}$$

在实际应用中，形状函数也可以写成简化的二项式形式：

$$\psi = \chi z(1 + \lambda z) \tag{3.46}$$

$$\sigma = 1 + 2\lambda z \tag{3.47}$$

式中，χ，λ，μ 称为火药的形状特征量，分别为：

$$\begin{cases} \chi = 1 + \alpha + \beta \\ \lambda = -\dfrac{\alpha + \beta + \alpha\beta}{1 + \alpha + \beta} \\ \mu = \dfrac{\alpha\beta}{1 + \alpha + \beta} \end{cases} \tag{3.48}$$

式（3.44）及式（3.45）为带状火药形状函数的两种不同表现形式，前者直接表示了燃气生成量随厚度的变化规律，后者则表示燃烧面随厚度的变化规律，它们之间有一定的内在联系。需强调说明的是，根据几何燃烧定律，以上由一个药粒所导出的相对燃烧表面 σ 及燃烧去百分比 ψ 代表了全部装药的相对燃烧表面和相对已燃部分。带状药燃烧时都是从外表面逐层向内燃烧，燃烧面必然越来越小。减面性越大的火药在燃烧过程的前一阶段放出的气体也越多，前期膛压较高，后期膛压衰减较快。这种在燃烧中 σ 不断减小的火药称为渐减性燃烧火药，相应地还有中性燃烧火药和渐增性燃烧火药。

管状药可以看作是用带状药卷起来的一种火药。因为宽度方向封闭了，其在燃烧过程中宽度不再减小，所以可以看作宽度为无穷大的带状药。管状药虽然也属于渐减性燃烧火药，但它有内孔，燃烧时孔内表面逐渐加大，抵消了孔外表面的减小。因此，管状药在燃烧时燃烧面减小很少，近似不变。

如果把火药做成多孔的，则在燃烧时，孔内燃烧面的增加，就会超过孔外表面的减小，形成了渐增性燃烧火药。渐增性燃烧火药在燃烧过程中，随着 z 的不断增加，σ 也不断增加。目前广泛使用的多孔火药是七个孔的圆柱形火药，称七孔火药，如图 3.6（a）所示。多孔火药在燃烧初期为增面燃烧，随着内孔直径的增加火药会发生分裂，如图 3.6（b）所示，此时火药燃烧去百分比约为 0.85。在分裂后进入减面燃烧阶段，这一阶段燃烧时间较长。显然，为了燃掉仅占全部重量 15% 左右的分裂物，燃烧时间增加了很多。为了保证火药能在火炮中燃完，就要有较长的炮管，这对武器的设计不利。为了克服这种缺点，尽可能减少减面燃烧阶段的分裂物，在原七孔火药基础上，发展了花边七孔火药（图 3.7）及花边十四孔火药。花边七孔火药分裂时的火药燃烧去百分比约为 0.95，减面燃烧阶段的火药只占 5%，如图 3.7（b）所示。

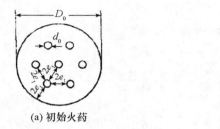

(a) 初始火药　　　　　　　　　　　　(b) 分裂瞬间

图 3.6　七孔火药

(a) 初始火药　　　　　　　　　　　　(b) 分裂瞬间

图 3.7　花边七孔火药

在渐增性燃烧火药中，考虑多孔火药的孔数为 n，药粒孔径为 d，药粒外径为 D，c 为药长的一半，若定义：

$$Q_1 = \frac{D^2 - nd^2}{(2c)^2} \tag{3.49}$$

$$\Pi_1 = \frac{D + nd}{2c} \tag{3.50}$$

火药燃烧分裂前的形状特征量可以表达为：

$$\begin{cases} \chi = \dfrac{2\Pi_1 + Q_1}{Q_1}\beta \\[2mm] \lambda = \dfrac{n - 1 - 2\Pi_1}{Q_1 + 2\Pi_1}\beta \\[2mm] \mu = -\dfrac{n - 1}{Q_1 + 2\Pi_1}\beta^2 \end{cases} \tag{3.51}$$

多孔火药在烧去它的名义厚度时，火药发生分裂，此后的燃烧呈渐减性的特点。如果定义 ρ 为分裂时刻药粒横截面内切圆半径的加权平均值，相对已燃厚度的定义式应表示为：

$$\xi = \frac{e}{e_1 + \rho} \tag{3.52}$$

此时形状函数的表达式与前面稍有不同，可写成二项式的形式，即

$$\psi = \chi_s \frac{z}{z_k} \left(1 + \lambda_s \frac{z}{z_k} \right) \tag{3.53}$$

$$\sigma = 1 + 2\lambda_s \frac{z}{z_k} \tag{3.54}$$

式中，$\chi_s = \dfrac{\psi_s - \xi_s}{\xi_s - \xi_s^2}$，$\lambda_s = \dfrac{1 - \chi_s}{\chi_s}$，$z_k = \dfrac{e_1 + \rho}{e_1}$，$\xi_s = \dfrac{e_1}{e_1 + \rho}$。

4. 燃速公式

固体火药药粒的缩减速率由燃烧线速度给出。其表示单位时间内药粒燃烧表面上任意一点沿其法线方向上所燃完的厚度。影响燃烧线速度的因素很多，如火药成分、初温、密度、环境气流速度、压力等。所以，要建立一个包括所有因素的燃速方程是十分困难的。内弹道学中的燃速方程一般是根据实验获得的。它是在几何燃烧定律基础上，依据火药在密闭爆发器中燃烧测出的 $p - t$ 曲线经过数据处理而得到的。对于某种确定的火药，在初温一定时，其燃烧线速度 $\mathrm{d}e/\mathrm{d}t$ 随压力 p 变化的关系式通常采用如下几种形式：

直线式：

$$\frac{\mathrm{d}e}{\mathrm{d}t} = \bar{u}_1 p + b \tag{3.55}$$

正比式：

$$\frac{\mathrm{d}e}{\mathrm{d}t} = \bar{u}_1 p \tag{3.56}$$

指数式：

$$\frac{\mathrm{d}e}{\mathrm{d}t} = \bar{u}_1 p^n \tag{3.57}$$

综合式：

$$\frac{\mathrm{d}e}{\mathrm{d}t} = \bar{u}_1 p^n + b \tag{3.58}$$

式中，$\bar{u}_1$、b 称为燃速系数，与火药性质及初温等因素有关，n 为压力指

数，与火药性质及压力范围等因素有关。典型火药的燃速系数如表 3.3 所示。

表 3.3　典型火药的燃速系数

参数	单基发射药	双基发射药	三基发射药
	美国 M6	美国 M2	美国 M30
装填密度/（g·cm⁻³）	0.2	0.1	0.2
温度/℃	21	21	21
$\bar{u}_1/[\text{mm·s}^{-1}\cdot(\text{MPa})^{-1}]$	2.7152	2.6462	3.7551
压力指数 n	0.650	0.755	0.652

3.3.4　弹丸运动方程

本节通过对弹丸的受力分析建立其运动方程。在压力为 p_b 的燃气作用下，弹丸前进运动的推力为 Sp_b，由于弹带与炮膛内壁之间的相互作用，记垂直于阳线侧面的合力为 F_N，膛线的缠角为 α，膛线与弹带间的摩擦阻力为 F_D，如图 3.8 所示。

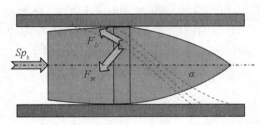

图 3.8　弹丸运动期间受力分析

若弹带与膛线间的滑动摩擦系数为 μ，则有 $F_D=\mu F_N$。因此，F_N 和 F_D 在轴向的分力分别为 $F_N\sin\alpha$ 和 $\mu F_N\cos\alpha$。忽略弹丸前的空气阻力，则弹丸在前进运动中所受的阻力合力为：

$$F_r = F_N(\sin\alpha + \mu\cos\alpha) \qquad (3.59)$$

根据牛顿第二定律有：

$$Sp_b - F_r = m\frac{\mathrm{d}v}{\mathrm{d}t} \qquad (3.60)$$

式中，m 为弹丸质量，v 为弹丸的平动速度。式（3.60）可写成：

$$Sp_b\left(1 - \frac{F_r}{Sp_b}\right) = m\frac{\mathrm{d}v}{\mathrm{d}t} \tag{3.61}$$

考虑到阻力远小于推力，即 $\frac{F_r}{Sp_b} \ll 1$，式（3.61）可以变换为：

$$Sp_b = \left(1 + \frac{F_r}{Sp_b}\right)m\frac{\mathrm{d}v}{\mathrm{d}t} = \varphi_1 m\frac{\mathrm{d}v}{\mathrm{d}t} \tag{3.62}$$

式中，$\varphi_1 = 1 + \frac{F_r}{Sp_b}$ 为阻力系数，是考虑摩擦及弹丸转动等因素所引进的系数。式（3.62）就是内弹道学中的弹丸运动方程。

在弹丸加速过程中，火药燃气除推动弹丸运动外还有其余能量损耗，火药燃气所作的各种功的总和与弹丸平动功之间的比值 φ 称为次要功系数。另外，燃气在炮膛内是有一定的分布规律的，弹后空间膛内燃气的平均压力 p 更具代表性。研究表明，弹底压力 p_b 与平均压力 p 的比值等于阻力系数 φ_1 与次要功系数 φ 之比，因此弹丸运动方程（3.62）还可以表达为：

$$Sp = \varphi m\frac{\mathrm{d}v}{\mathrm{d}t} \tag{3.63}$$

3.3.5 能量方程及火炮系统效率

1. 能量方程

火炮的本质是将火药释放的能量转换为弹丸的动能，从热力学角度考虑，能量方程可以写为：

$$Q = E + W_1 + W_L \tag{3.64}$$

式中，Q 为火药燃烧所释放的能量，E 为燃气的内能，W_1 为推动弹丸所作的功；W_L 为二次能量损失。

火药释放的能量可以用火药潜能 E_p 描述，它是单位质量火药的内能，在数值上等于燃气定容比热容与定容燃烧温度的乘积，即

$$E_p = c_V T \tag{3.65}$$

式中，c_V 是燃气的定容比热容。考虑到 $c_V = R_g/(k-1)$，其中 k 为比热容比，若记 $\theta = k-1$，且火药力 $f = R_g T_1$，则有 $E_p = f/\theta$。因此，燃烧质量为 $\omega\psi$ 的火药释放的能量为：

$$Q = \omega\psi\frac{f}{\theta} \tag{3.66}$$

气体的内能是气体分子内动能和内势能之和。对于高温、高压的火药燃气，可以忽略分子间的引力作用项，即只需考虑分子的内动能，比内能为 $e = c_V T$。对于质量为 $\omega\psi$ 的火药，燃烧后产生燃气的内能为：

$$E = \omega\psi c_V T \tag{3.67}$$

而弹丸前进的平动功 W_1 可表示为：

$$W_1 = \frac{1}{2}mv^2 \tag{3.68}$$

在内弹道学中，弹丸平动功又称为主要功。需要说明的是，推动弹丸所作的功还包括弹丸旋转运动功以及克服摩擦阻力所作的功。这里沿用传统的处理方法，仅考虑平动功一项，而将其他项均归入损失的能量项内。

能量损失主要考虑弹丸旋转运动的能量、克服膛壁阻力损失的能量、火药气体和未燃火药的动能、身管及其他部件后坐运动的动能等。一般采用减小火药潜能的办法加以修正。在经典内弹道学中，将上面所列的能量损失称为次要功，分别将它们记为 W_2、W_3、W_4、W_5，则有：

$$W_L = \sum_{i=2}^{5} W_i \tag{3.69}$$

表 3.4 是一门中等口径火炮的一种典型能量分配。可以看出，作用在弹丸上的全部功为 34.31%，消耗于火炮系统后坐的能量仅占一小部分。

表 3.4　一门中等口径火炮的能量分配

分配项	被吸收的能量占 全部能量的百分比/%
弹丸平动	32.0
弹丸转动	0.14
摩擦损失	2.17
推进气体平移运动	3.14
后坐部分的平移运动	0.12
散给火炮与弹丸的热量损失	20.17
气体中显热与潜热损失	42.26
全部发射药能量	100.0

深入研究结果表明，各次要功项与主要功均成一定的比例关系，即

$$W_i = K_i \frac{1}{2}mv^2, i = 2,3,4,5 \tag{3.70}$$

其中，$K_2 \sim K_5$ 均为比例系数，若再令比例系数 $K_1 = 1$，则能量平衡方程（3.64）可写成：

$$Q = E + W_1 \sum_{i=1}^{5} K_i \tag{3.71}$$

令次要功系数 $\varphi = \sum_{i=1}^{5} K_i$，结合式（3.66）和式（3.67），式（3.71）可写成：

$$\frac{\omega\psi f}{\theta} = \frac{\omega\psi R_g T}{\theta} + \frac{\varphi}{2}mv^2 \tag{3.72}$$

或

$$\omega\psi R_g T = f\omega\psi - \frac{\theta}{2}\varphi mv^2 \tag{3.73}$$

这就是能量平衡方程，是热力学第一定律在内弹道循环中的具体表达式。

2. 内弹道学基本方程

能量平衡方程（3.73）表达了射击过程中参量 ψ、v、T 之间的函数关系。在实践过程中，炮身强度计算和弹丸强度计算都是以膛内最大压力值为依据，因此掌握压力变化规律更为重要。需要将式（3.73）中以温度为变量的函数关系变成以压力为变量的函数关系，代入状态方程（3.35）有：

$$Sp(l + l_\psi) = f\omega\psi - \frac{\theta}{2}\varphi mv^2 \tag{3.74}$$

这就是内弹道学基本方程。内弹道基本方程（3.74）是在平衡态热力学基础上推得的，它集中体现了内弹道循环中各种能量转化和平衡的关系。方程中的压力 p 是一个平均热力学参量，从内弹道均相流气动力方程组出发，也可以推得与它形式完全相同的公式。其推导结果可以看到经典内弹道学中平均压力的意义：一是经典的内弹道基本方程导出时，虽然没有提到拉格朗日假设，实际上是隐含了密度均匀分布的假设；二是方程中的压力就是弹后空间压力的积分平均值；三是经典模型即内弹道零维模型是内弹道气动力模型的特殊情况。详细的推导过程参见《枪炮内弹道学》等教程。

3. 弹丸极限速度和火炮系统效率

在火药燃烧结束（$\psi = 1$）后，能量方程（3.73）变为：

$$\frac{\varphi}{2}mv^2 = \frac{f\omega}{\theta}\left(1 - \frac{T}{T_1}\right) \tag{3.75}$$

它表示了火药燃完后膛内温度随弹丸速度的增加而下降的规律。弹丸速度愈高，膛内燃气温度愈低。设想在无限长的身管中，如果膛内燃气充分膨胀，$T/T_1 \approx 0$，这时弹丸速度可达到理论上的最大值，即

$$v_j = \sqrt{\frac{2f\omega}{\theta\varphi m}} \tag{3.76}$$

式中，v_j 称为弹丸极限速度。可以看出，在射击过程中，即使在火药的潜能全部被用来做功的理想化条件下，弹丸的极限速度也不可能达到。

描述火炮系统效率的物理量有弹道效率和有效弹道效率。弹道效率定义为弹丸到膛口瞬间，火药燃气所完成的总功（含次要功）与火药燃气总能量的比值，即

$$\gamma'_g = \frac{\dfrac{\varphi}{2}mv_g^2}{\dfrac{f\omega}{\theta}} \tag{3.77}$$

式中，v_g 为弹丸膛口速度，它是弹丸射出膛口瞬间所具有的相对速度。有效弹道效率 γ_g 则是弹丸膛口平动动能与火药燃气总能量的比值，即

$$\gamma_g = \frac{\dfrac{1}{2}mv_g^2}{\dfrac{f\omega}{\theta}} \tag{3.78}$$

3.4 内弹道解法及实践

3.4.1 内弹道零维模型

1. 物理模型

零维模型——空间平均参数方程组是内弹道学中采用的一种最经典的模型，其基本假设如下：

（1）采用空间平均的热力参数来描述火药的燃烧和弹丸的运动，不考虑

燃气的空间分布，因此称为"零维"；

（2）火药燃烧服从几何燃烧定律；

（3）火药燃速符合正比式燃速 – 压强关系；

（4）火药燃气状态方程服从诺贝尔 – 阿贝尔方程；

（5）火药燃烧生成物的成分不变，与成分相关的特征量均为常量；

（6）次要功与主要功成比例，且次要功系数 φ 为定值；

（7）认为弹带是瞬时挤进的，不考虑挤进功；

（8）膛壁热损失忽略不计，采用减小火药潜能的办法加以修正；

（9）用一个拉格朗日问题的特解来表示平均压力与弹底压力的关系。

2. 数学模型

零维模型方程组包括如下几个方程：

形状函数

$$\psi = \chi z + \chi \lambda z^2 \tag{3.79}$$

正比燃速公式 $\bar{u}_1 p = \mathrm{d}e / \mathrm{d}t = e_1 \mathrm{d}z / \mathrm{d}t$，若令 $I_k = e_1 / \bar{u}_1$，则有：

$$\frac{\mathrm{d}z}{\mathrm{d}t} = \frac{p}{I_k} \tag{3.80}$$

在正比燃速规律下，I_k 即为压力全冲量。

弹丸运动方程

$$Sp = \varphi m \frac{\mathrm{d}v}{\mathrm{d}t} \tag{3.81}$$

速度公式

$$v = \frac{\mathrm{d}l}{\mathrm{d}t} \tag{3.82}$$

内弹道学基本方程

$$Sp(l + l_\psi) = f\omega\psi - \frac{\theta}{2}\varphi m v^2 \tag{3.83}$$

在式（3.79）～式（3.83）构成的方程组中，一共出现 ψ、z、p、v、l 和 t 六个参量。任意选定某个变量作为自变量，则其余五个变量都可以表示为它的函数。通过具体的解法，就可以把这些函数关系求出来。比如，求解 v 随 l 的变化关系得到弹丸加速规律，求解 p 随 l 的变化规律得到压力分布曲线等。

3. 膛内射击过程的三个阶段

通常依据火药燃烧的过程将火炮膛内射击过程分成三个阶段：

（1）前期

根据物理模型的假设（7），弹丸是瞬时挤进膛线的，并在压力达到挤进压力 p_0 时才开始运动。在这一时期的火药为定容燃烧，这一阶段称为前期，此时 $l=0$，$v=0$。

（2）第一时期

第一时期指从弹丸启动到全部火药燃完阶段。这一时期是射击过程中最复杂的阶段，其特点是火药燃烧和弹丸运动同时进行，膛压经历了从小到大、达到峰值后又下降的过程。

（3）第二时期

从火药燃完到弹丸离开炮口的阶段称为第二时期，该阶段火药燃气继续膨胀作功。实际上，在炮管/枪管很短的特殊情况下，可能火药尚未燃完弹丸就已到达膛口，这时射击过程就不经历第二时期。为了最经济地利用火药能量，在内弹道设计的实践中应尽量避免这种情况。

3.4.2 内弹道解法

1. 内弹道解法概念

内弹道解法是从理论和实践出发确定射击过程中膛内各变量的变化规律及其影响因素的计算方法。通常较多采用的内弹道解法有以下几种：

（1）分析解法

分析解法是对内弹道学方程采用解析的方法，直接解出各参量的函数关系式。由于方程是常微分方程与代数方程的组合，一般解析解都是作了适当简化而求得的。

（2）图表解法

图表解法是在一定的条件下，预先将内弹道解编成数值表或作成曲线，应用时只要查表、查图，再经过简单运算就可求得内弹道解。如著名的 ΓAy 表、英国的自弹道表都属于此类解法的工具。由于这种解法比较简便，在工程中被普遍采用。

（3）数值解法

数值解法是对内弹道数学模型采用数值计算的方法求解。由于电子计算机的普及与技术的发展，这种方法现在在内弹道领域越来越多地被采用。

2. 梅逸尔 – 哈特简化解法

本节将通过一种简化的分析解法，即梅逸尔 – 哈特简化解法，来介绍整个分析解法的过程及步骤。

梅逸尔 – 哈特解法作如下补充的简化假设：

（1）启动压力为零，即火药一开始燃烧，弹丸便开始运动；

（2）燃气余容与单位质量装药的初始体积相等，即 $\alpha = 1/\rho_p$；

（3）燃烧过程中燃烧面积为常数，故 $\psi = z$。

基于假设（1），不需要考虑前期，直接从第一时期开始求解。在以上补充的简化假设基础上，方程式可表达为：

$$\psi = z \tag{3.84}$$

$$\frac{\mathrm{d}z}{\mathrm{d}t} = \frac{p}{I_k} \tag{3.85}$$

$$Sp = \varphi m \frac{\mathrm{d}v}{\mathrm{d}t} \tag{3.86}$$

$$\frac{\mathrm{d}l}{\mathrm{d}t} = v \tag{3.87}$$

$$Sp(l + l_1) = f\omega\psi - \frac{\theta}{2}\varphi m v^2 \tag{3.88}$$

其中：

$$l_1 = l_0(1 - \alpha\Delta) \tag{3.89}$$

在第一时期解法过程中，取 ψ 为自变量。由式（3.85）、式（3.86）两式消去 p、$\mathrm{d}t$ 项，并考虑到 $\mathrm{d}\psi = \mathrm{d}z$，则有：

$$\mathrm{d}v = \frac{SI_k}{\varphi m}\mathrm{d}\psi \tag{3.90}$$

以 $v = 0$，$\psi = 0$ 为初始条件，积分上式得：

$$v = \frac{SI_k}{\varphi m}\psi \tag{3.91}$$

由式（3.86）、式（3.87）两式可以得到：

$$Spdl = \varphi m v dv \tag{3.92}$$

上式与式（3.88）相比得：

$$\frac{\mathrm{d}l}{l + l_1} = \frac{\varphi m v dv}{f\omega\left(\psi - \frac{\theta\varphi m}{2f\omega}v^2\right)} \tag{3.93}$$

将式（3.91）代入，并令

$$B = \frac{S^2 I_k^2}{f\omega\varphi m} \qquad (3.94)$$

则有：

$$\frac{\mathrm{d}l}{l+l_1} = B\,\frac{\mathrm{d}\psi}{1-\frac{B\theta}{2}\psi} \qquad (3.95)$$

积分上式整理后可得到：

$$l = l_1\left[\frac{1}{\left(1-\frac{B\theta}{2}\psi\right)^{\frac{2}{\theta}}} - 1\right] \qquad (3.96)$$

参量 B 是一个无量纲数，称为装填参量。对于指数燃速公式的情况，装填参量应写成：

$$B = \frac{S^2\delta_1^2}{f\omega\varphi m\bar{u}_1^2}(f\Delta)^{2(1-n)} \qquad (3.97)$$

将式（3.91）、式（3.96）代入式（3.88）整理后可得：

$$p = \frac{f\omega}{Sl_1}\psi\left(1-\frac{B\theta}{2}\psi\right)^{1+\frac{2}{\theta}} \qquad (3.98)$$

若令

$$p_1 = \frac{f\omega}{Sl_1} = \frac{f\omega}{V_0-\alpha\omega} \qquad (3.99)$$

则有：

$$p = p_1\left(\psi-\frac{B\theta}{2}\psi^2\right)\left(1-\frac{B\theta}{2}\psi\right)^{\frac{2}{\theta}} \qquad (3.100)$$

式（3.91）、式（3.96）和式（3.98）三式给出了第一时期参量 v、l、p 随 ψ 的变化规律的关系式。如果三式中消去 ψ，并令 $y=l/l_1$，则可导得 v、p 与 y 的关系式：

$$v = \frac{2f\omega}{\theta SI_k}\left[1-\frac{1}{(1+y)^{\frac{\theta}{2}}}\right] \qquad (3.101)$$

$$p = p_1\frac{2}{B\theta}\left(1-\frac{1}{(1+y)^{\frac{\theta}{2}}}\right)\frac{1}{(1+y)^{\frac{\theta}{2}+1}} \qquad (3.102)$$

最大膛压点的位置与数值应是第一时期解的重要结果。利用式（3.102）

对 l 微分，并令 $\mathrm{d}p/\mathrm{d}l = 0$，可得：

$$l_m = l_1 \left(\frac{1+\theta}{1+\theta/2} \right)^{\frac{\theta}{2}} - l_1 \tag{3.103}$$

$$p_m = \frac{p_1}{B} \left(\frac{1+\theta/2}{1+\theta} \right)^{\frac{2+\theta}{\theta}} \frac{1}{1+\theta} \tag{3.104}$$

可以看出，最大膛压值仅与 p_1、B、θ 三个参数有关。

令 $\psi = 1$，则可得燃烧结束点速度、行程和膛压值，分别为：

$$v_k = \frac{SI_k}{\varphi m} \tag{3.105}$$

$$l_k = l_1 \left(\frac{1}{\left(1 - \frac{B\theta}{2} \right)^{\frac{2}{\theta}}} - 1 \right) \tag{3.106}$$

$$p_k = p_1 \left(1 - \frac{B\theta}{2} \right)^{1+\frac{2}{\theta}} \tag{3.107}$$

这里用下角标 k 来标志燃烧结束点的参考量值。

第二时期是火药燃气继续绝热膨胀、推动弹丸做功的时期。下面从基本方程式出发，推导弹丸速度随行程变化的关系。由式（3.81）和式（3.82）可以将运动方程写成 l 的函数：

$$Sp = \varphi m v \frac{\mathrm{d}v}{\mathrm{d}l} \tag{3.108}$$

将式（3.108）结合式（3.76）代入式（3.83），并取 $\psi = 1$，则有：

$$v \frac{\mathrm{d}v}{\mathrm{d}l} (l + l_\psi) = \frac{\theta}{2} (v_j^2 - v^2) \tag{3.109}$$

以燃烧结束点为起点，对上式积分，得：

$$v^2 = v_j^2 - (v_j^2 - v_k^2) \left(\frac{l_k + l_1}{l + l_1} \right)^\theta \tag{3.110}$$

又根据式（3.94）和式（3.105）计算得到以 v_j 表示的燃烧结束点速度：

$$v_k = \sqrt{\frac{B\theta}{2}} v_j \tag{3.111}$$

将式（3.111）代入式（3.110），推得弹丸速度随行程变化的关系式：

$$v = v_j \sqrt{1 - \left(\frac{l_1 + l_k}{l_1 + l} \right)^\theta \left(1 - \frac{B\theta}{2} \right)} \tag{3.112}$$

式中，v_j 为式（3.76）定义的弹丸极限速度。而压力关系式为：

$$p = \frac{f\omega}{S} \frac{1 - \left(\dfrac{v}{v_j}\right)^2}{l + l_1} \tag{3.113}$$

利用式（3.112）和式（3.113），还可以求得膛口点的弹丸速度和膛内压力值，即行程 l 等于弹丸全行程长 l_g 时的数值。

3. 数值解法

对于一般形式的内弹道方程组，微分方程是非线性的，只能通过数值方法求解，求解的过程如下：

（1）求解前期诸元

在前期，火药在药室容积 V_0 中燃烧，火药点火时膛内压力为 p_B，压力升高到启动压力 p_0 时弹丸开始运动，相应的火药形状尺寸诸元为 ψ_0、σ_0 及 z_0，这些量既是这一时期的最终条件，又是第一时期的起始条件。所以这一时期解法的目的，实际上就是根据启动压力求解得到 ψ_0、σ_0 及 z_0 这几个前期诸元。

首先根据定容状态方程（3.28）解出 $p_\psi = p_0 - p_B$ 时对应的 ψ_0 为：

$$\psi_0 = \frac{\dfrac{1}{\Delta} - \dfrac{1}{\rho_p}}{\dfrac{f}{p_0 - p_B} + \alpha - \dfrac{1}{\rho_p}} \approx \frac{\dfrac{1}{\Delta} - \dfrac{1}{\rho_p}}{\dfrac{f}{p_0} + \alpha - \dfrac{1}{\rho_p}} \tag{3.114}$$

需要说明的是，对于火炮而言 p_0 可以取 30 MPa。对于步兵武器而言，根据不同的弹型，p_0 在 40 ~ 50 MPa 变化。点火药压力一般为 2 ~ 2.5 MPa，点火压力对 ψ_0 的影响很小，可以忽略。结合式（3.46）和式（3.47）有 $\psi = \chi(\sigma^2 - 1)/4\lambda$，因此可依据 ψ_0 分别求得：

$$\sigma_0 = \sqrt{1 + 4\frac{\lambda}{\chi}\psi_0} \tag{3.115}$$

$$z_0 = \frac{\sigma_0 - 1}{2\lambda} = \frac{2\psi_0}{\chi(1 + \sigma_0)} \tag{3.116}$$

自此，ψ_0、σ_0 及 z_0 这三个前期诸元求解完毕。

（2）求解第一及第二时期诸元

数值求解可以适应相对复杂的情况，如采用多孔火药的形状函数和指数式燃速公式：

$$\psi = \begin{cases} \chi z(1 + \lambda v + \mu z^2) & (z < 1) \\ \chi \dfrac{z}{z_k}(1 + \lambda_s \dfrac{z}{z_k}) & (1 \leqslant z < z_k) \\ 1 & (z \geqslant z_k) \end{cases}$$

$$\dfrac{\mathrm{d}z}{\mathrm{d}t} = \begin{cases} \dfrac{\bar{u}_1}{e_1} p^n & (z < z_k) \\ 0 & (z \geqslant z_k) \end{cases}$$

$$\dfrac{\mathrm{d}l}{\mathrm{d}t} = v \qquad\qquad\qquad\qquad\qquad (3.117)$$

$$\varphi m \dfrac{\mathrm{d}v}{\mathrm{d}t} = Sp$$

$$Sp(l + l_\psi) = f\omega\psi - \dfrac{\theta}{2}\varphi m v^2$$

$$l_\psi = l_0 \left[1 - \dfrac{\Delta}{\rho_p} - \Delta\left(\alpha - \dfrac{1}{\rho_p}\right)\psi \right]$$

式中，$\Delta = \dfrac{\omega}{V_0}$，$l_0 = \dfrac{V_0}{S}$，$\lambda_s = \dfrac{1 - \chi_s}{\chi_s}$，$\chi_s = \dfrac{\psi_s - \xi_s}{\xi_s - \xi_s^2}$，$\psi_s = \chi(1 + \lambda + \mu)$，$z_k = \dfrac{e_1 + \rho}{e_1}$，$\xi_s = \dfrac{e_1}{e_1 + \rho}$。

式（3.117）为 ψ、z、l、v、p 和 l_ψ 关于 t 的一阶微分方程组，采用龙格 - 库塔方法进行求解。一般地，对于一阶微分方程组：

$$\begin{cases} \dfrac{\mathrm{d}y_i}{\mathrm{d}x} = f_i(x, y_1, y_2, \cdots, y_n) \\ y_i(x_0) = y_{i0} \end{cases} \qquad i = 1, 2, \cdots, n \qquad (3.118)$$

四阶龙格 - 库塔公式可以写成：

$$y_{i,k+1} = y_{i,k} + \dfrac{h}{6}(K_{i1} + 2K_{i2} + 2K_{i3} + K_{i4}), i = 1, 2, \cdots, n \qquad (3.119)$$

其中，步长 $h = x_{k+1} - x_k$。

$$\begin{cases} K_{i1} = f_i(x_k, y_{1k}, y_{2k}, \cdots, y_{nk}) \\ K_{i2} = f_i\left(x_k + \dfrac{h}{2}, y_{1k} + \dfrac{hK_{i1}}{2}, \cdots, y_{nk} + \dfrac{hK_{i1}}{2}\right) \\ K_{i3} = f_i\left(x_k + \dfrac{h}{2}, y_{1k} + \dfrac{hK_{i2}}{2}, \cdots, y_{nk} + \dfrac{hK_{i2}}{2}\right) \\ K_{i4} = f_i(x_k + h, y_{1k} + hK_{i3}, \cdots, y_{nk} + hK_{i3}) \end{cases} \qquad (3.120)$$

为了吻合式（3.118）的形式，将内弹道基本方程简单变换为：

$$p = \frac{f\omega\psi - \frac{\theta}{2}\varphi mv^2}{S(l+l_\psi)}$$ （3.121）

求全导数得到：

$$\frac{\mathrm{d}p}{\mathrm{d}t} = \frac{\partial p}{\partial \psi}\frac{\mathrm{d}\psi}{\mathrm{d}t} + \frac{\partial p}{\partial v}\frac{\mathrm{d}v}{\mathrm{d}t} + \frac{\partial p}{\partial l}\frac{\mathrm{d}l}{\mathrm{d}t} + \frac{\partial p}{\partial l_\psi}\frac{\mathrm{d}l_\psi}{\mathrm{d}t}$$

$$= \frac{\frac{f\omega}{S}\frac{\mathrm{d}\psi}{\mathrm{d}t} - \frac{\theta\psi mv}{S}\frac{\mathrm{d}v}{\mathrm{d}t} - p\left(\frac{\mathrm{d}l}{\mathrm{d}t} + \frac{\mathrm{d}l_\psi}{\mathrm{d}t}\right)}{l+l_\psi}$$ （3.122）

对 l_ψ 求导后，将式（3.117）写成微分方程组，并对求解顺序作调整，则有：

$$\begin{cases}
\frac{\mathrm{d}z}{\mathrm{d}t} = \begin{cases} \frac{u_1}{e_1}p^n & (z<z_k) \\ 0 & (z \geq z_k) \end{cases} \\[4mm]
\frac{\mathrm{d}v}{\mathrm{d}t} = \frac{\varphi m}{Sp} \\[3mm]
\frac{\mathrm{d}l}{\mathrm{d}t} = v \\[3mm]
\frac{\mathrm{d}\psi}{\mathrm{d}t} = \begin{cases} \chi(1+2\lambda v+3\mu z)\frac{dz}{dt} & (z<1) \\ \frac{\chi_s}{z_k}\left(1+2\lambda_s\frac{z}{z_k}\right)\frac{dz}{dt} & (1 \leq z < z_k) \\ 0 & (z \geq z_k) \end{cases} \\[4mm]
\frac{\mathrm{d}l_\psi}{\mathrm{d}t} = -l_0\left(\alpha - \frac{1}{\rho}\right)\Delta\frac{\mathrm{d}\psi}{\mathrm{d}t} \\[3mm]
\frac{\mathrm{d}p}{\mathrm{d}t} = \frac{\frac{f\omega}{S}\frac{\mathrm{d}\psi}{\mathrm{d}t} - \frac{\theta\psi mv}{S}\frac{\mathrm{d}v}{\mathrm{d}t} - p\left(\frac{\mathrm{d}l}{\mathrm{d}t} + \frac{\mathrm{d}l_\psi}{\mathrm{d}t}\right)}{l+l_\psi}
\end{cases}$$ （3.123）

将式（3.123）代入式（3.120）和式（3.119），即可以顺序求解诸元随时间的变化关系。最后根据计算结果搜索最大压力等特征点，并输出需要的结果。

思考题

1. 请简述火炮射击阶段的三个过程以及射击过程中膛内压力的变化规律。

2. 请简述火药装药点火的四个阶段。

3. 影响火焰在火药装药中传播的因素有哪些?

4. 常规内弹道模型包含哪几个方程?

5. 何为药室的自由容积? 简述火药在密闭爆发器燃烧过程中的大致变化规律。

6. 什么是装填密度和火药力? 其物理意义是什么?

7. 几何燃烧规律的基本假设条件是什么?

8. 试推导圆柱形多孔火药的增面燃烧阶段的形状函数。

9. 发射药采用多孔火药的原因是什么?

10. 火药射击过程中的热损失指什么? 火药燃气对外做功有哪几种?

11. 试由能量平衡方程和膛内火药燃气变容状态方程推导内弹道学基本方程。

12. 什么是梅逸尔 – 哈特简化解法的假设条件? 据此推导第一时期即火药燃烧结束时的弹道参量 v、l、p 和膛压的最大值。

13. 请说明内弹道设计中增加最大压力的优点和缺点。

14. 已知某火炮口径 $d = 57$ mm,药室容积 $V_0 = 1.51$ L,身管长度 $l_g = 3.624$ m,火药力 $f = 950$ kJ/kg,余容 $\alpha = 0.001$,装药量 $W = 1.16$ kg,弹重 $m = 2.8$ kg,装药密度 $\rho_p = 1\,600$ kg/m^3,药粒直径 $d = 0.55$ mm,药粒厚度 $e_1 = 0.275$ mm,燃速系数 $u_1 = 0.00264$ m$/[s \cdot (MPa)^n]$,$n = 0.755$,形状参数 $\chi = 0.75$,$\lambda = 0.12$,$\mu = -0.02$,$\chi_s = 1.26$,$\lambda_s = 0.313$,次要功系数 $\varphi = 1.168$,绝热指数 $\theta = 0.2$,启动压力 $p_0 = 30$ MPa。编程计算该火炮的内弹道过程。

第 4 章　自动武器构造学

　　自动武器是以火药燃气的能量为能源或直接利用外界能源，完成装弹、退壳和连发射击动作的身管射击武器。自动武器构造学主要讲述自动武器实现射击动作的基本结构原理。从已装填入膛的弹药击发开始到次发弹药击发为止，这一过程称作射击循环。除首发弹需要有人参与外，其余所有动作均自动完成的，称作自动循环。

　　射击循环通常包括以下动作：

　　（1）击发。通过机械、电、光的方式引燃点火药，发射药从而燃烧。

　　（2）后坐运动。在火药燃气压力的作用下，火炮与自动武器的后坐部分，按照与弹丸运动相反的方向运动。有的武器以后坐运动的主要构件为基础构件，带动其他机构完成一定动作，以实现某种功能。

　　（3）复进运动。使后坐部分恢复到待发位置的运动。有的武器也利用复进运动的主要构件，带动其他机构完成一定动作，以实现某种功能；有的武器还利用复进时的动能，抵消部分后坐动能。

　　（4）开闩。当发射过程完成后，把炮闩或枪栓打开，以便抽壳（筒）、排（抛）壳和下一发弹药的装模。

　　（5）抽壳（筒）与排（抛）壳。闭锁机构打开后，专门机构将弹壳或药筒（含半可燃药筒的不可燃部分）从药室中抽离并排（抛）出，采用药包、全可燃药筒、无壳弹等弹药的枪炮，则无此环节。

　　（6）弹药传输。把弹药从存储位置转移到输送（装填）位置的过程，也称供弹（药）过程。对整装式炮弹，只需用一个通道；对分装式炮弹，一般需要用两个通道，即弹丸和装药（药筒、药包）分别传输。

　　（7）弹药装填，也称输弹（药）或进弹。把处于装填位置的弹药输送入膛，使之处于待击发位置的过程。整装式和分装式炮弹所需的通道数与弹药传输相同。

　　（8）关闩和闭锁。使闩体（枪机）到位并实现药室（弹膛）可靠闭锁。

（9）待击发。解脱保险，完成击发准备。

在上述各个环节中，后坐运动与复进运动是通过反后坐装置来控制和实现的；弹药传输、弹药装填既可以人工完成，也可以由专门的装置完成；其余环节必须由相应的专门的装置或机构完成。

4.1 身管装置

4.1.1 身管内膛结构

身管是自动武器发射时赋予弹丸初速、转速和射向的管状件，其内部称炮（内）膛，由药室、坡膛和导向部组成，如图 4.1 所示。身管的外形多为圆柱形或者圆柱、圆锥形的组合，其结构尺寸主要根据内弹道确定的膛内压力曲线的变化规律计算出的强度确定，同时还需考虑其刚度、散热等。药室是发射药放置的空间，其径向尺寸大于导向部，其结构形状随不同类型的炮弹而异；导向部是发射弹丸过程中导引弹丸运动的管状空间，如果发射的弹丸靠高速旋转运动在空气中保持稳定的飞行，在其上制有膛线，如果发射靠尾翼稳定飞行的弹丸，则为光滑圆柱面。药室过渡到导向部或是弹膛过渡到线膛的部分称为坡膛。在发射前，坡膛卡住弹丸限定弹带的初始位置，确定药室或弹膛容积；点火后，坡膛诱导弹头正确地嵌入膛线，或引导弹丸进入导向部。

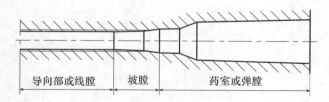

导向部或线膛 　坡膛 　药室或弹膛

图 4.1　自动武器内膛结构

身管的分类方法有两种。一种是根据内膛结构来分，主要分为滑膛和线膛两种。现代枪炮大多为线膛身管，滑膛身管主要用在迫击炮，一些无后坐力炮、坦克炮、反坦克炮等火炮上。另一种是根据身管结构来分，可分为单筒身管、增强身管、可分解身管等。

4.1.2 身管强度

本书以单筒身管为例介绍身管强度理论。单筒身管是由单一材料制成的整体身管。通常假设身管由许多段理想的厚壁圆筒组成，内壁表面有均匀分布的压力，如图 4.2 所示。

由于压力及结构本身的对称性，剪切应力 $\tau_{r\theta}=0$，位移分量 $u=u(r)$ 及应力分量 σ_θ、σ_r 都与方向无关。忽略厚度位移分量，以位移分量 u 为基本未知量，根据圆筒受力分析及第二强度理论，并引入半径比 $W=b/a$，得到身管能承受的理论最大压力 p_l 为：

$$p_l = \frac{3}{2}\sigma_y \frac{W^2-1}{2W^2+1} \tag{4.1}$$

式中，σ_y 为材料的屈服应力。当外径 b 趋向无穷时，上式的极限值为：

$$\underset{W\to\infty}{p_l} = \frac{3}{4}\sigma_y \tag{4.2}$$

由此可见，壁厚的增加只在一定范围内对弹性强度极限的增加有贡献，当半径比 W 超过 3 后，弹性强度极限对壁厚的增加就不敏感了，如图 4.3 所示。因此在设计身管时，壁厚一般都不大于一倍口径，即 $W \leqslant 3$。

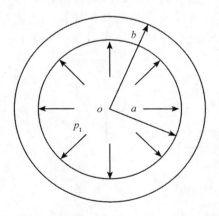

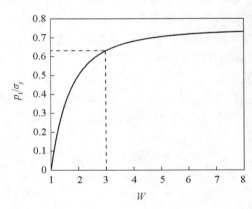

图 4.2　身管受力分析简图　　　　图 4.3　身管厚度对炮管承压的影响

由于身管实际工况与基本假设有一定的差别，身管强度分析计算公式中所用的压力与实际压力不完全一致，以及身管材料的不均质等诸多因素，身管强度设计理论公式的计算结果与射击时身管的实际情况有一定的差别。另外，由于身管发热，材料机械性能下降，为了使设计可靠，常采用安全系数。

设经过内弹道计算得到身管承受的膛压为 p，身管能承受的理论最大压力为 p_1，则身管的安全系数 n 为

$$n = \frac{p_1}{p} \tag{4.3}$$

一般 $n > 1$，确定安全系数时，应考虑身管各个部位发射时的力学特点。在使用药筒时，药筒可以分担部分膛压的作用，药室的轴向力比身管其他部分的力大。膛线容易造成应力集中，存在弹带径向作用力和其他附加作用力，因此需要较大的安全系数。膛口部的壁一般较薄，导致射击时升温较快，热软化效应明显，因此，药室部的安全系数较小，炮口部的安全系数较大，膛线部的安全系数在这两者之间。注意，药室部的膛压要远大于膛线部的膛压，所以实际药室部的外径要大于线膛部身管的外径。

为了提高身管强度，在制造过程中，可以采用一些特殊的工艺措施，如筒紧、丝紧和自紧等，使身管内壁产生受压、外壁产生受拉的有利预应力，以改善发射时管壁的应力分布，提高身管的承载能力和寿命。

4.1.3 膛线

膛线又称来复线，是指在身管内表面上制出的与身管轴线具有一定倾斜角的螺旋形凸起和凹陷的螺旋槽。膛线的作用是赋予弹头一定的旋转速度，使其出膛之后，通过较大的角动量在空中稳定飞行。膛线对炮膛轴线的倾斜角称为缠角（α），膛线绕炮膛轴线旋转一周，在轴向移动的长度用口径的倍数表示，称为膛线的缠度（η）。根据膛线对炮膛轴线倾斜角沿轴线变化规律的不同，膛线可分为等齐膛线、渐速膛线和混合膛线三种。等齐膛线的缠角为常数；渐速膛线的缠角为变数，缠角在膛线起始部很小，在炮口部最大；混合膛线一般是在起始部采用渐速膛线，在炮口部采用等齐膛线。

典型膛线的内膛横剖面如图 4.4 所示。旋槽凸起的部分称为阳线，其宽度为 a，凹下的槽部称为阴线，其宽度为 b，阳线和阴线顶面的圆弧与内膛横剖面共圆心 O。为增加弹丸上铜质弹带的强度，一般阴线比阳线宽，$b = (1.5 \sim 2.9)a$。阴线和阳线在半径方向上的差值称为膛线深，以 t 表示。为减小膛线

根部的应力集中，便于射击后擦拭内膛，在阴线和阳线的交接处均采取倒圆角。阳线有一侧面与弹带相应处紧贴，赋予弹丸一定的旋转力，此侧面称为膛线的导转侧，相对一侧为惰侧。膛线有左右之分：从起点至膛口顺时针方向旋绕称为右旋；逆时针旋绕称为左旋。现代火炮均为右旋膛线。图 4.4 为从身管尾端看去的剖面。对右旋膛线，其阳线的右侧即为导转侧，左侧为惰侧。

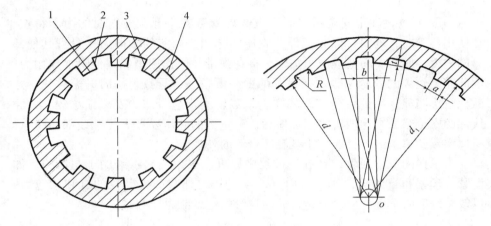

1—阳线；2—导转侧；3—惰侧；4—阴线。

图 4.4　膛线剖面

4.1.4　火药燃气对炮膛的热损失与烧蚀

火药装药燃烧产物的温度很高，而弹筒和炮膛都是良好的热导体，火炮身管在射击过程中会被迅速加热。炮管加热带来的老化是武器使用寿命受到限制的主要原因。另外，在高射速情况下，身管温度的升高容易造成发射装药温度升高甚至自燃，从而引发事故。

射击过程中的热损失主要有热对流、热传导和热辐射三种传热方式。膛内的火药气体流动情况复杂，并且在射击过程中火药气体和膛壁的温度都是不断变化的，因此，难以对这一过程进行直接的精确计算，一般采用修正的方法间接考虑，例如，引入热散失系数，或对某些参量加以经验修正等。工程上可以采用降低火药力 f 或增大 θ 值的方法计及燃气对膛壁的传热作用，其具体取值根据实验标定。一般而言，武器的热损失随武器口径的增加而减小，例如，152 mm 加农炮的热损失占火药全部能量的 1% 左右，而 76 mm 加农炮对应的值为 6% ~ 8%。

火药燃气对炮膛的烧蚀作用是射击过程中伴随发生的有害现象。烧蚀是指在火炮使用时膛内金属表面逐渐生成裂纹、膛线磨损、药室扩大的现象。烧蚀会导致膛压下降、弹丸初速降低、射弹散布面增大，使武器丧失应有的战斗性能，甚至使用寿命终止。

一般线膛火炮的烧蚀现象表现为膛内金属表面形成硬化薄层，并出现裂纹。随着射击次数的增加，裂纹变多、变长、变深，扩展形成烧蚀网；硬脆的薄层则形成小块局部崩落。

烧蚀的程度在身管的不同部位是不相同的。药室有药筒保护的部分基本不烧蚀，无药筒的部分易产生烧蚀。烧蚀最严重的区域在膛线起始部至最大膛压处的一段距离上。经过最大膛压处后烧蚀逐渐降低，在离炮口约一倍口径处又略有增大。身管寿命终了时烧蚀裂纹的深度可达几毫米，药室增长几十甚至几百毫米。滑膛火炮烧蚀后的膛内金属表面会出现斑点。

关于烧蚀的机理，较一致的看法是：炮膛烧蚀是多种因素综合作用的结果，包括热的、机械的和化学的因素。此外，还与装药条件、火炮构造、炮钢材料的性质以及火炮加工工艺等因素有关。火药燃气的热作用对炮膛烧蚀具有决定性影响。

烧蚀的热作用机理可解释为射击时高温、高压的火药气体强烈地加热金属表面，同时弹丸运动时弹带对膛壁摩擦产生的热也使膛壁表面升至高温。当弹丸飞出炮口后，周围的冷空气及身管自身的热传导又使膛壁金属表面迅速冷却，如热处理中的淬火现象，使金属表面形成一层硬薄层。忽冷忽热使金属表面相应地收缩与膨胀，当其应力超过弹性限度时，就产生裂纹。火药气流对烧蚀也起很大作用。例如，因弹丸与膛壁之间密封不严，射击时高温、高速流动的火药气体可从缝隙中猛烈冲刷金属表面，加强了对金属表面的热作用。另外，高速弹丸对膛壁有冲击、挤压和磨损等机械作用，特别是处在高温条件下，金属材料的强度变低，其作用效果更为明显。

事实上，上述各种因素是错综复杂、互相影响的。热促使生成硬皮和裂纹，裂纹又扩大了化学反应的面积；气流的冲刷、弹丸的冲击也使裂纹扩大并促使硬皮崩落。膛线的磨损使弹丸起动和旋转条件变劣，又加重了机械磨损作用。显然，热作用是烧蚀的起因，也为加速其他各种作用提供了条件，因此，热作用是烧蚀现象中最重要的因素。

很多事实说明，火药的热量（即爆热）愈高，对炮膛的烧蚀愈严重。例如，对 76 mm 加农炮进行寿命射击，用爆热为 5230 kJ/kg 的火药射击了 180 发，而用爆热为 3340 kJ/kg 的火药却射击了 3000 发，两次射击热量相差 1890 kJ/kg，寿命相差约 17 倍。

对于热量相同而成分不同的火药，其中含高能量成分愈多者所引起的烧蚀越严重。如用 76 mm 加农炮进行寿命射击，用爆热为 3568 kJ/kg 的硝化甘油火药只射击 500 发，而用同样热量的硝化棉火药却射击了 1500 发。硝基胍发射药比等热量的非硝基胍发射药的烧蚀要小。

火炮装药量愈大，烧蚀也愈严重。这是因为高温燃气量增多，热作用增强，且装药量提高会使膛压上升、弹丸初速加快，化学作用、气流作用和机械作用也随之增强。针对产生炮膛烧蚀的原因，减少烧蚀显然应从如下几方面入手：

（1）降低膛表温度；

（2）发展低火焰温度和低烧蚀发射药；

（3）完善弹带和膛线设计，并采用惰性弹带材料以减小挤进应力，这样既能给弹丸提供必需的旋转且挤进应力较小，又能有效地密闭气体；

（4）采用改进的身管材料或在炮管中采用镀覆或衬层。

4.1.5 身管寿命

身管寿命是指火炮按规范条件射击，身管在弹道指标降低到允许值或疲劳破坏前，当量全装药的射弹总数。通俗地说，即身管在丧失战术技术所要求的弹道性能以前所能发射的弹数。身管的工作条件比其他零件要恶劣得多，特别是高膛压、高射速和高初速武器，身管常常是武器主要零件中最易破坏、寿命最短的一个。通常用身管的寿命来衡量武器的寿命。在确定武器等级时，也是以内膛技术状况为主要标准。身管寿命可分为内膛烧蚀磨损寿命（烧蚀寿命）和射击循环疲劳寿命（疲劳寿命）。在正常情况下，身管疲劳寿命大于身管烧蚀寿命。

身管烧蚀寿命又称弹道寿命。高温、高压、高速火药燃气及弹丸导引部对内膛反复作用，使武器弹道性能不能满足战术、技术要求，达到判定标准时，身管报废。身管寿命有一定限制，不是由于身管强度不够，而是由于内膛烧蚀与磨损的破坏。内膛烧蚀造成内层金属组织改变，材料性能下降。内膛磨损则造成膛线起始部分向膛口方向前移，使弹头或弹丸在膛内起始位置亦随之前移，药室容积增大，装填条件改变，从而影响弹头的内弹道性能。内膛的烧蚀和磨损还引起膛线的结构尺寸及形状发生改变，破坏弹头或弹丸的导转条件，改变其旋转角速度，影响其飞行稳定性。

身管疲劳寿命是膛壁随着射击循环的增加导致裂纹向壁内扩展，直至突然破裂时的当量全装药枪/炮弹总发数。身管材料疲劳发展是一个复杂过程，包括裂纹起始、扩展和疲劳裂纹达到临界尺寸时身管最终破裂三个阶段。身管经过最初的实弹射击，在内膛即产生细小的裂纹，在以后的重复射击中，裂纹沿管壁径向不断扩展，某部分管壁裂纹深度达到一定程度时就会断裂。20 世纪 60 年代以后，随着高膛压、大威力火炮和自动武器的出现，高强度合金钢引起的身管突然脆性断裂的事故时有发生。如 1966 年 4 月，美军某 175mm 加农炮射击到 373 发时发生膛炸，身管断裂成 29 块。在试验方面，一般是在射击一定数量的枪/炮弹后，采用液压循环模拟试验法来取得身管疲劳的有关数据。

随着射弹数的增多，枪炮的弹道性能下降，身管能否继续使用，主要以能否完成战斗性能指标为标准。初速下降会缩短枪炮射程，降低射击密集度，缩短直射距离和减小穿甲厚度。膛压的下降可能造成引信在膛内不能解除保险，而引起弹丸瞎火。弹丸膛内运动条件恶化，还会引起初速误差增大、弹丸出炮口的旋转角增大，使落点散布面积加大。对线膛武器，膛内导转不良，可能使弹丸到达膛口时，达不到飞行稳定所要求的旋转角速度，导致弹丸飞行失稳，引起引信早炸、瞎火以及近弹等。发射长杆形次口径弹的高膛压滑膛炮，由于射弹在膛内运动不良，可能出现弹杆的变形、折断现象。因此，身管寿命的一般标准为：

（1）射弹的距离散布表征值 B_x 与射程 X 之比增大到 1.5%；

（2）射出弹丸的弹带被削光；

（3）引信连续两发以上瞎火或弹丸在弹道上早炸；

（4）初速下降量超过规定的指标；

（5）立靶散布 $B_x \times B_z$ 为战术技术指标的 2.5 倍（枪械），或距离散布 $B_x \times B_y$ 为战术指标的 8 倍（火炮），或横弹达到 50%（横弹是指弹丸纸靶穿孔的椭圆长短轴之比超过 30%）。

对于以脱壳穿甲弹为主弹种的高膛压滑膛炮，出现以下指标之一即判定身管达到寿命标准：

（1）初速下降量达到3%～5%；

（2）膛内弹带定位部磨损到弹带的主直径；

（3）立靶散布为战术指标的8倍；

（4）发射榴弹时，引信连续两发以上瞎火或弹丸在弹道上早炸。

影响身管寿命的因素较多，与发射药、内弹道参量、弹丸导转部材料的特性、身管设计和制造工艺、射击条件和维护保养状况等因素都有关。新工艺、新材料的使用可提高身管寿命。如在发射药方面，在装药中加入有机和无机的添加剂（护膛剂），如滑石粉等能够起到降低膛内烧蚀、提高身管寿命的作用。在身管设计方面，合理的内膛结构可提高身管寿命。实践证明，在武器上采用无药筒装药结构、渐速膛线、小锥度坡膛，增加膛线数，皆有利于减小烧蚀磨损；改进弹带结构，提高对燃气的密封性及减小弹、膛间隙，也都有利于提高身管寿命。制造工艺方面，内膛镀铬或者膛内氮化处理均可提高身管寿命。

4.2 自动机

自从1884年马克沁机枪问世以来，武器根据战术需要，实现了弹药自动装填，出现了各种自动武器。自动武器中，参与和完成自动动作，以实现连发射击的各机构的总称叫作自动机。自动机可大大提高射速，大幅度提高火力密度及对目标的命中和毁伤概率，广泛应用于枪械和中、小口径的自动火炮中，是自动武器的核心部分。自动机包括闭锁机构、供弹机构、击发机构、发射机构、退壳机构、后坐复进装置等。

根据自动机工作能源以及工作能源利用方式的不同，可以将自动机分为内能源自动机和外能源自动机。内能源自动机包括后坐式自动机、导气式自动机、混合式自动机（三种方式中任两种组合的自动机）、转膛式自动机和内能源转管式自动机，外能源自动机包括外能源转管式自动机和链式自动机。下面介绍几种主要的自动机。

4.2.1 后坐式自动机

后坐式自动武器自动机的共同作用原理是利用后坐动能使自动机各机构

运动。采用后坐式自动方式的火炮自动机，根据利用后坐动能的不同方法，分为炮身后坐式和炮闩后坐式两种。

根据炮身后坐行程不同，炮身后坐式自动机也可分为炮身长后坐式自动机和炮身短后坐式自动机两种。炮身长后坐式自动机的缺点是炮身行程太长，完成一次工作循环的时间太长，因而射速较低。这里仅以炮身短后坐式自动炮为例进行介绍。炮身短后坐式自动炮自动原理如图 4.5 所示，λ_{st} 为炮闩后坐总长度，λ_{pt}（λ_{st} 的 1/3 ~ 2/3）为炮身后坐长度。炮身为主动构件，带动各机构工作，身管和炮尾在炮箱或摇架内后坐与复进。击发后，炮身与炮闩在闭锁状态下一起后坐一短行程 λ_{pt}，此后，身管复进，炮闩继续后坐，开闩机构完成开锁、开闩和抽筒动作。

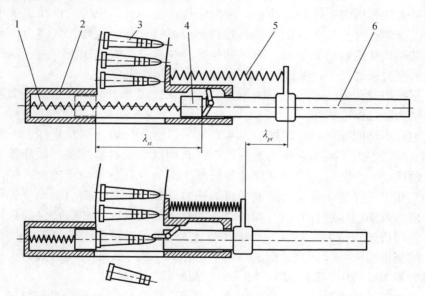

1—炮闩复进簧；2—炮箱；3—炮弹；4—炮闩；5—炮身复进簧；6—炮管。

图 4.5　炮身短后坐式自动炮自动原理

炮身短后坐式火炮的后坐力小，循环时间短，理论射速高。在自动炮中，炮身短后坐式自动机得到广泛应用。几乎各种中、小口径的火炮自动机都有采用炮身短后坐原理的例子。比如瑞士"苏罗通 – 20""苏 – 23"，我国 65 式 37 mm、59 式 57 mm 等自动炮。

炮闩后坐式自动机的身管和炮箱刚性连接，炮闩是主动构件，在炮箱中后坐和复进，并带动各机构工作。这类自动机在抽筒时膛内压力较大，炮闩比较笨重，在现代自动炮中已很少应用。但是类似原理的自由枪机后座结构在药量较小的枪械中应用较多，如54式7.62 mm冲锋枪、59式9 mm手枪、64式7.62 mm微声冲锋枪等。

4.2.2　导气式自动机

虽然炮身短后坐式自动机相对炮身长后坐式自动机射速提高了不少，但从现代战争角度来看仍然射速过低。将火药燃气作用于活塞带动炮闩或直接作用于炮闩可以缩短循环时间，从而提高射速。利用由膛内导出的火药燃气的能量来使各机构工作的自动机，称为导气式自动机。导气式自动机采用在身管上开侧孔（导气孔）的方法将膛内部分高压火药燃气导入气室，推动自动机基础构件进行后坐运动。后坐到位后，在复进装置作用下复进。基础构件在后坐复进过程中，通过机构传动，完成自动循环。

根据炮身和炮闩运动关系的不同，可将导气式自动炮分为炮身不动与炮身运动两种具体形式。

炮身不动的导气式自动炮如图4.6所示，炮身与炮闩刚性连接，不能产生相对运动。为了减小后坐力，炮箱与摇架间通常设有缓冲簧，缓冲整个自动机的运动。击发后，当弹丸经过身管壁上的导气孔后，高压的火药燃气通过导气孔进入气室，推动活塞及导杆，使自动机活动部分向后运动。先行开锁，而后带动闩体进行开闩、抽筒、压缩复进簧等动作，并驱使供弹机构工作。炮闩后坐到位后（图4.6中虚线位置），在复进簧作用下复进并推弹入膛、闭锁炮膛，再行击发，完成一个射击循环。属于此类自动方式的火炮自动机有英MK-20、苏Ь-20、ВЯ-23、AM-23等自动炮。

炮身运动的导气式自动炮如图4.7所示，炮身可沿炮箱后坐与复进，炮箱与摇架之间为刚性连接。其工作情况与炮身短后坐式自动炮有些类似。不过，带动炮闩进行开锁、开闩，并使供弹机构工作的能量来自导气装置。其供弹台是不动的，因此，对供弹没有不利影响。与炮身不动的导气式自动炮相比，炮身运动的导气式自动炮理论射速较低，机构也相对复杂，因此导气式自动炮应用相对较少。法"哈其开斯-25"、37式自动机属于这种形式，其供弹方式为弹匣供弹，即供弹利用外界能量。如果供弹机构不依靠外界能量而由炮身运动来带动，则自动机工作既利用导出气体的能量，又利用后坐

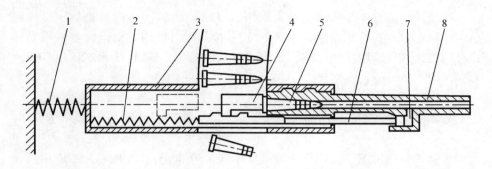

1—缓冲簧；2—炮闩复进簧；3—炮箱；4—炮闩；5—炮弹；6—导杆；7—气室；8—炮管。

图 4.6　炮身不动的导气式自动炮

能量，这样的自动机称为混合式自动机，德 41 式 50mm、43 式 37mm 自动炮的自动机即是混合式自动机。

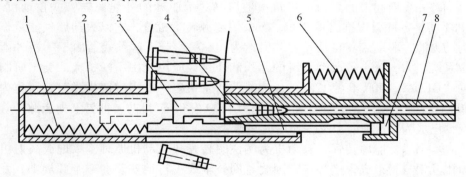

1—炮闩复进簧；2—炮箱；3—炮闩；4—炮弹；5—导杆；6—炮身复进簧；7—气室；8—炮管。

图 4.7　炮身运动的导气式自动炮

　　导气式和混合式火炮自动机还可以采用复进击发（前冲式、浮动式）原理来减小后坐力，提高理论射速和改善射击密集度。

　　导气式自动方式活动部分质量较小，通过调节导气孔的大小，可以大幅度改变火药燃气对活塞作用冲量的大小。因此，导气式自动方式的理论射速较高，且自动机机构也比较简单。这些优点使其在现代自动武器中得到广泛应用。但是，由于火药燃气对活塞的作用时间较短，活动部分必须在很短的时间内获得所需后坐动能，因此，活动部分运动初期的速度和加速度比身管短后坐式大得多，而且容易产生剧烈撞击，这是导气式自动方式的缺点。

导气式自动方式在火炮中通常应用于口径小于 37 mm 的自动炮，口径越小，这种自动方式的优越性越显著。现代 20 mm 口径的自动炮大多采用导气式自动机，并且应用浮动原理，如德国 MK20Rh202、瑞士 H. S. 820 和 GDF－003 型双管 35 mm 自动炮等。

4.2.3 转管式自动机

转管式自动机源于加特林转管机枪原理，20 世纪 40 年代后期，应用到航炮上，发展了各种形式的转管炮。转管炮是多根身管（3～7 根）与炮箍结合组成一个可旋转的身管组，各身管在同一个空间位置上轮流击发。由于各个身管射击循环动作的重叠，可以达到很高的射速。按驱动身管组旋转的能源分为外能源和内（自身）能源两种转管式自动机。

首先发展起来的是由电动机或液压马达等驱动的外能源转管式自动机。1981 年，苏联首次推出 4 管 12.7 mm 内能源转管机枪，它以火药燃气能量作为动力源，驱动武器自动发射，射速为 4000 发/分。这种武器由于不用外能源系统，大大减小了武器系统的体积和质量，应用范围不断扩大。美国研制的 "GECAL－50" 6 管 12.7 mm 内能源转管机枪，采用弹链供弹时，射速为 4000 发/分，采用无链供弹时，射速为 8000 发/分。目前，世界上内能源转管武器已成为陆、海、空三军通用的武器装备。

本书以外能源转管式自动机为例说明转管式自动机原理。火炮或高射机枪由几根身管组成，这些身管围绕着同一轴线平行地安装在一个圆周上，发射时，各身管围绕着这一轴线旋转，一次只有一根身管发射，其余身管则分别进行装填、闭锁和抽筒等动作。图 4.8 所示为一款 6 管式转管自动机，6 根炮管共用一个供弹系统和一个发射系统，并采用同样的炮闩。6 个炮闩由一条凸轮环带依次带动。自动机的驱动动力来源于电动机。发射时，装填、闭锁、击发和抽筒等动作时间重叠，因此提高了射速。

外能源转管式自动方式理论射速很高，且可以根据不同情况加以改变。采用外部能源相比利用火药燃气能量，其设计的限制小，可以选择适当方案实现很高的理论射速。如美伏尔肯 20 mm 6 管航空炮的理论射速可以达到 6000 发/分。若改变传动装置的速比，可以方便地改变理论射速。美伏尔肯 20 mm 6 管牵引高射炮对空射击时理论射速为 3000 发/分，对地射击时为 1000 发/分，并且自动机的工作与炮弹发火情况无关，因而可消除一般自动机

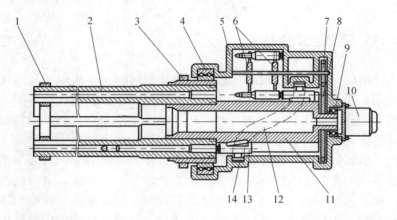

1—炮管箍；2—身管；3—炮尾箍；4—前轴承；5—炮箱；6—拨弹轮；7—拨弹齿轮；
8—传动齿轮；9—后轴承；10—外能源驱动装置；11—炮尾齿轮；12—凸轮槽；
13—炮闩；14—炮闩滚轮。

图 4.8　转管式自动机工作原理

由于炮弹不发火而引起的故障，提高武器的可靠性。外能源转管式自动机射速高、可靠性好、寿命长、可维修性好、可变射速，因而得到广泛应用。但外能源转管式自动机相对同类型的内能源自动机来讲，安装空间大、装卸不方便，要求安装载体提供相应的外部能源，限制了其使用范围。

内能源转管式自动机的核心问题是怎样利用火药燃气的能量，通过某种机构转换为身管组的旋转运动。利用火药燃气驱动身管组旋转的技术途径主要有两种：一种为叶轮式，即从身管内导出部分火药燃气驱动叶轮旋转，通过传动机构带动身管组转动；另一种为活塞式，即通过火药燃气驱动活塞作往复式运动，再通过传动机构（空间凸轮机构或曲柄连杆伞齿轮机构等）转换为枪管的旋转运动。内能源转管式自动机射速高、寿命长、后坐力小，成功地解决了三者之间的矛盾。由于每根身管的射速不高，其使用寿命较长；每根身管按照顺序轮流发射，后坐力不大；结构简单，体积小，减小了转管武器系统的质量，有利于提高射速，通常可比同口径外能源转管自动机的射速提高 25% 左右。内能源转管式自动机的缺点是直接受火药燃气作用的构件不易擦拭，射速较难调整。

4.2.4　链式自动机

链式自动机与其他自动机在结构上有明显的区别，在火炮和高射速机枪上都有应用。图4.9所示为链式自动机工作原理图。它利用外能源驱动链条进行工作，使自动机完成自动循环，即通过链条带动闭锁机构。一根封闭的双排滚柱链条与4个链轮组成矩形传动滑道，链轮之一由电动机驱动。直流电机通过一组螺旋圆锥齿轮带动装于炮箱或机匣前方的立轴，直接驱动主动链轮。链条的主链节上固定一垂直短轴，其上装有T形滑块，滑块能在机体或炮闩支架下部T形滑槽内运动。当链条移动时，滑块随链条按矩形轨迹运动。滑块左右方向移动时，只在T形槽内滑动，枪机组件或炮闩系统即停在前方或后方位置上。停在前方时为击发短暂停留时间，在后方时为供弹停留时间。滑块前后方向运动时，枪机组件或炮闩系统同时被带动在纵向滑轨上作向前或向后运动。向后运动时，完成输弹、闭锁、击发动作；向前运动时，完成开锁开闩、抽壳退壳等动作。电动机同时驱动供弹系统，能及时将枪/炮弹送至进弹口，待枪机组件或炮闩系统复进时送弹入膛。

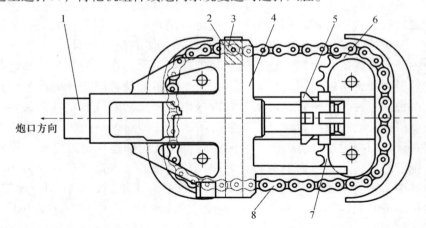

1—纵向滑轨；2—炮闩滑块；3—主链节；4—炮闩支架；5—炮闩；

6—惰轮；7—主动链轮；8—链条。

图4.9　链式自动机工作原理

链条轨道的长度和宽度可根据枪/炮弹的长度和循环时间的关系确定，射手可在最大射速范围内，根据需要由直流电机调整射速。

链式自动机的主要特点如下：

（1）链式自动机无须设置输弹机、炮闩缓冲器、防反跳等机构，但增加了供弹系统的动力传动机构和控制协调机构。

（2）枪机或炮闩通过枪炮尾直接与身管连接，机匣或炮箱不受力，能简化结构，延长寿命，同时便于加工。

（3）链条驱动枪机或炮闩在复进、击发、开锁开闩、抽壳退壳、供弹等过程中，运动平稳，撞击小，有助于延长自动机零部件的寿命，并提高射击密集度。

4.3　供弹机构

供弹机构的作用是将容弹具中的枪炮弹依次及时而平稳可靠地送入弹膛。它是自动武器重新装填的主要机构，也是结构比较复杂而且容易出现故障的机构，其动作的可靠性直接影响自动武器的使用性能。

供弹机构主要包括容弹具、输弹机构、进弹机构三部分。容弹具用以承装枪/炮弹，如弹匣体、弹盘体、弹链、弹链盒、弹链箱等。容弹具的形状尺寸等及安装方式对武器的机动性、维修性和射击精度均有很大影响。输弹机构将枪/炮弹由容弹具中送到进弹口或取弹口。进弹机构将进弹口或取弹口的枪/炮弹送入弹膛或药室。

根据容弹具结构特点的不同，一般将供弹机构分为弹仓式供弹机构和弹链式供弹机构、无链供弹机构三大类。目前，手枪、步枪、37mm 以上的小口径自动炮等广泛采用弹仓供弹方式；重机枪、高射机枪、航空自动武器、舰用自动武器、37mm 以下的自动炮等广泛采用弹链供弹方式。

4.3.1　弹仓供弹机构

弹仓供弹机构是通过弹仓簧或托弹簧和托弹板等完成输弹动作；通过弹力和弹仓的装弹口把枪/炮弹规正在预备进膛的位置；由枪机的推弹凸榫完成进弹动作。如图 4.10 为两种典型的弹仓供弹机构。

弹仓供弹机构的优点是：向进弹口输弹时，一般不利用火药气体的能量，因而武器结构简单紧凑，更换容弹具也较方便。但弹仓的容弹量有限，更换容弹具需要一定的时间，降低了武器的实际射速。

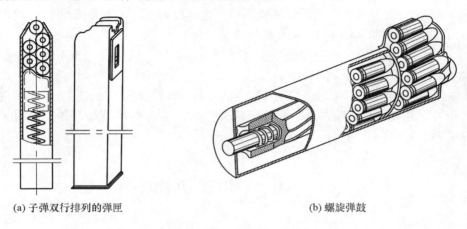

(a) 子弹双行排列的弹匣   (b) 螺旋弹鼓

图 4.10 典型的弹仓供弹机构

4.3.2 弹链供弹机构

弹链供弹机构是利用火药燃气的能量，通过输弹机构拨动弹链将枪/炮弹送到进弹口或取弹口，并将其规正在预备进膛或取弹的位置上；由枪机或炮闩上的推弹机构完成进弹动作。弹链供弹机构的主要特点是：结构复杂，容易出故障；弹链过长时不便于操作。但弹链供弹机构容弹量大，能获得很高的实际射速。

如图 4.11 为典型的弹链供弹机构。供弹时，输弹机构先将枪/炮弹输送至枪/炮膛轴线上方。枪机或炮闩后坐时先将枪/炮弹从弹链内抽出，并通过压弹器向枪/炮膛轴线移近。复进时再推弹入膛。枪/炮弹移近枪/炮膛轴线的运动可以是在枪机或炮闩复进时，也可以是在后坐时进行。

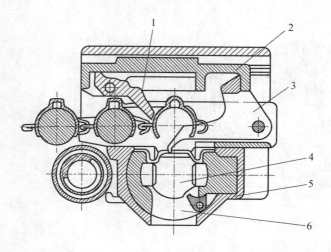

1—拨弹齿；2—拨弹滑板；3—压弹器；4—炮闩；5—炮箱；6—炮身。

图 4.11   典型的弹链供弹机构

4.3.3   无链供弹机构

随着自动武器射速的进一步提高，传统的弹链供弹已不适应高速传动，在这种形势下专用的无链供弹机构应运而生。

按照储存器的形状不同，无链供弹机构可分为鼓形和箱形。一种典型的鼓形双向无链供弹机构如图 4.12 所示，主要由外鼓、装填机构、输出装置、传送机构、供弹用转动内鼓、动力机构及传动机构等部分构成。输出装置将弹从转鼓传递给传送机构。传送机构的主要部件为传送带，对于双向无链供弹来讲，传送带既将弹传送给自动机，又将射击完抽出的弹壳收回鼓中，而单向无链供弹则没有收回弹壳的功能。无链供弹机构通常是用电动机或液压马达驱动，在设计时必须保证无链供弹系统的动作与自动机射击的动作相协调。

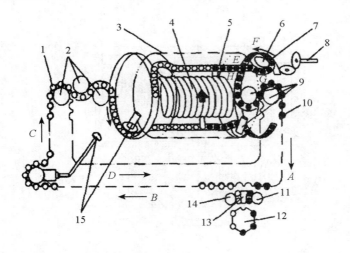

1—弹壳；2—导向轮；3—弹仓；4—内鼓螺旋；5—外鼓隔层；6—驱动导向轮；
7—螺旋导槽；8—弹仓驱动器；9—输弹驱动导向轮；10—弹；11—拨弹轮；
12—转管自动机；13—双向导引；14—拨轮；15—退弹驱动组合。

图 4.12 鼓形双向无链供弹机构

无链供弹机构是将弹一发接一发地准确地送至自动机供弹接口，与弹链供弹机构相比，其传动阻力更小，无须完成除链、排链等动作，适应高射速的需要。在现代高射速自动机，特别是外能源转管自动机中普遍采用了无链供弹系统。

4.4 炮闩与炮尾

炮闩是用以发射时闭锁炮膛、完成击发动作、发射后抽出药筒、重新装填下一发炮弹的火力系统部件，一般由闭锁、击发、开闩、抽筒、保险等机构或装置组成。炮尾是联结炮闩和身管并容纳部分炮闩机构、射击时承受和传递炮闩所受作用力的部件，其作用有三点：一是容纳闩体，射击时闭锁炮膛；二是固定反后坐装置；三是增大后座部分的重量和固定起落部分的重心位置。

炮闩按闭锁原理可分为楔式炮闩和螺式炮闩，按机构动作原理则分为自动炮闩、半自动炮闩和非自动炮闩。炮尾的结构形式取决于闩体的结构形式，可分为楔式炮尾与螺式炮尾。

楔式炮闩的闩体为楔形,垂直于炮膛轴线作直线运动,以完成闭锁、开锁等动作。闩体水平运动的叫横楔,垂直运动的叫立楔。如图 4.13 是一种普通半自动立楔式炮闩。

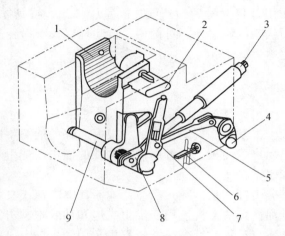

1—闩体;2—闩体挡板;3—支筒;4—曲柄;5—拉杆;6—抽筒子杠杆;
7—开闩手柄;8—关闩杠杆;9—曲臂轴。

图 4.13   普通半自动立楔式炮闩

4.4.1   闭锁机构

闭锁机构在射击时关闭并锁住弹膛,顶住弹壳,以防止弹壳断裂和火药气体向后泄出,保证射击威力和发射安全可靠。楔式炮闩的闭锁机构主要由闩体、曲臂、曲臂轴、闩柄和闩体挡板等组成。闩体是一个楔形体,内部各孔装有击发装置,上端有输弹槽、提把孔,前面有抽筒子挂臂及镜面直接抵住药筒,右侧有供曲臂滑轮运动的定形槽。手动开闩时,向前转动闩柄,则曲臂轴带动曲臂滑轮闩体槽子迫使闩体下降而开闩。在半自动炮闩和自动炮闩中,需要设置独立的关闩和开闩机构。关闩机构多采取弹簧式,开闩时压缩弹簧而储存能量,关闩时靠弹簧伸张推动闩体完成闭锁。

普通楔式炮闩是靠药筒变形后紧贴炮膛密闭膛内火药燃气的。闭气式楔形炮闩是利用密闭件封闭炮膛的,一般用在采取药包分装弹药或使用全可燃药筒的火炮上。

4.4.2　抽筒机构

抽筒机构的作用是将发射后的药筒从药室中抽出，将其抛到炮箱外部，并保持闩体在开闩状态以便输弹。对枪械、自动炮以及小口径高射炮等武器而言，抽筒机构也称为退壳机构。

4.4.3　击发机构

击发机构一般由击发机和发射机组成。根据燃烧的能源不同，击发装置可分为机械式和电燃烧式两种。前者用机械构件的撞击动能引燃底火，后者用电流加热金属丝引燃底火。

机械式击发机分击针式、击锤式和撞针式。其中击针式又可细分为惯性式和拉火式。击针惯性式击发机适用于反坦克炮和加农炮，击针拉火式击发机常用于榴弹炮和大口径火炮。击锤式击发机常用于大、中口径迫击炮及药包装填的海军炮。撞针式击发机则广泛用于小口径迫击炮。

楔式炮闩上多采用击针惯性式击发机，如图4.14所示。该类击发机一般由击针、击针簧、拨动子、拨动子轴、拨动子驻栓、驻栓弹簧等组成。左拨动子和右拨动子轴用来在开闩时拨回击针。开闩时，曲臂向下转动，曲臂齿压右拨动子轴的杠杆，右拨动子轴带动拨动子转动，将击针拨回，并压缩击针弹簧，拨动子驻栓在弹簧作用下向左移动（从炮尾向前看），浅槽控制拨动子呈待发状态。关闩后，发射机经炮尾内的推杆推动拨动子驻栓向右，使深槽对正拨动子下端，解除对拨动子的约束，击针在弹簧作用下向前击发。

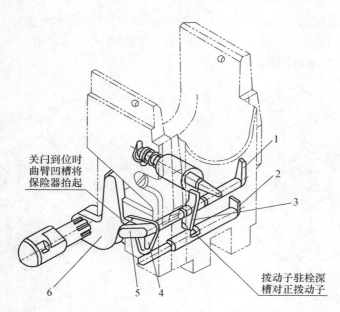

关闩到位时
曲臂凹槽将
保险器抬起

拨动子驻栓深
槽对正拨动子

1—左拨动子轴；2—拨动子驻栓；3—拨动子；4—保险器；5—右拨动子轴；6—曲臂。

图 4.14　击针惯性式击发机

4.4.4　保险机构

保险机构又称炮闩保险器，是射击时控制击发条件和时机、保证火炮机构和人员安全的炮闩装置。通常以下几种情况应设保险机构：

（1）闩体未到位，闭锁不确实，不得击发。

（2）迟发火或瞎火时，人力用普通动作不能开闩。

（3）炮身、反后坐装置、摇架相互连接不正确时，不得击发。

（4）炮身复进不到位时，不能继续发射等。

4.4.5　炮尾

楔式炮尾与楔式炮闩相配合共同闭锁炮膛，多用于中、小口径半自动火炮。楔式炮尾一般为尺寸较大的长方体，比较笨重，根据闩体在闩室内运动方向不同分为立楔式和横楔式。

立楔式炮尾闩室为垂直孔，开/关闩时，闩体在闩室内作上下运动。其结构如图 4.15 所示。立楔式炮尾应用较多，如 85 mm 加农炮、37 mm 高炮、PL1996 式 122 mm 榴弹炮等。

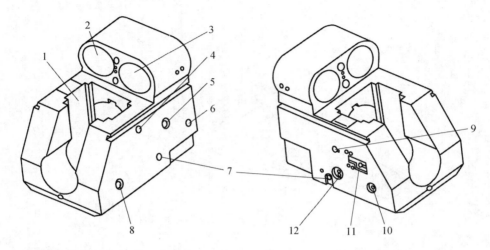

1—闩室；2—复进机连接孔；3—制退机连接孔；4—闩体挡杆室；5—曲柄轴；
6—凸榫孔；7—抽筒子轴孔；8—曲臂轴孔；9—复拨器轴孔；10—曲臂轴孔；
11—挡弹板推杆室；12—推杆孔。
图 4.15 立楔式炮尾

横楔式炮尾闩室为水平横孔，开关闩时，闩体在闩室内作左右横向运动。应用横楔式炮尾的有 130 mm 加农炮、152 mm 加农炮等。

4.5 反后坐装置

火炮与自动武器发射时，由于高温、高压火药燃气的瞬时作用，其架体要承受强冲击载荷。随着火炮与自动武器的威力越来越大，发射时对架体的作用载荷也越来越大，中小口径枪械的后坐力在 500 ~ 1800 kg，大口径机枪约 6000 kg，火炮则通常为几十吨、几百吨甚至上千吨。由此造成的后果是：增加武器的质量，从而直接影响武器的机动性；增大武器在发射时的振动和跳动幅度，从而直接影响武器的射击密集度。因此，必须对火炮与自动武器在发射时的作用载荷进行有效的控制。

4.5.1　刚性炮架与弹性炮架

150 年以前的火炮没有反后坐装置。火炮炮身通过其上的耳轴与炮架直接刚性连接，炮身只能绕耳轴作俯仰转动，与炮架间无相对移动。发射时，全部后坐力均通过耳轴直接作用于炮架上，这种火炮炮架称为刚性炮架。

随着威力的增大，刚性炮架火炮威力与速射性、机动性的矛盾显得非常突出。解决这一矛盾的办法就是在炮身与炮架之间增加一个特制的缓冲装置，即反后坐装置，通过它将炮身与炮架弹性地连接起来。射击时，炮身在膛底合力的作用下可以相对于炮架作后坐运动，而反后坐装置提供后坐阻力，在后坐行程中阻力作功，将大部分后坐动能直接消耗掉，仅储存小部分用于使炮身恢复原位。后坐停止后，储存的小部分能量立即使炮身复进。在后坐复进行程中，炮架基本不动，这种带有反后坐装置的炮架称作弹性炮架，如图 4.16 所示。

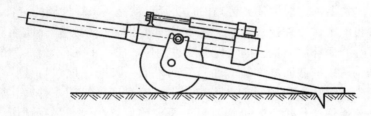

图 4.16　弹性炮架

由于弹性炮架火炮在发射时炮身可以相对于炮架后坐，炮架受力相对于炮身受力大为减小。一般地，炮架受力仅为炮身受力的 1/30 ~ 1/15。可见，采用弹性炮架容易保证火炮射击时的稳定性和静止性，使火炮质量大为减小，在很大程度上解决了威力与机动性的矛盾，从而大大提高了火炮的机动性和发射速度。同时可以利用炮身的后坐和复进动能为射击的半自动化或自动化提供能源。因此，弹性炮架的出现是火炮发展史上一次巨大的变革。

反后坐装置需要完成以下任务：首先，消耗后坐部分的后坐能量，将后坐运动限制在一定行程上，此任务主要由后坐制动器完成；其次，在后坐结束时，立即使后坐部分自动恢复到射前位置，并在任何射角下保持这一位置，以待继续射击，此任务主要由复进机完成；最后，完成后坐部分的复进运动，使复进平稳无冲击,此任务主要由复进制动器或复进缓冲器完成。从以上任务可知,反后坐装置是后坐制动器、复进机和复进缓冲器三者的联合部件。后坐制动器与复进制动器组合成一个部件,称为制退机或驻退机。

4.5.2 复进机

根据工作介质的不同,复进机可以分为弹簧式、液体气压式、气压式及火药燃气式等结构类型。其中以弹簧式和液体气压式应用最多,前者多见于中小口径自动炮,后者常用于各种口径地面火炮。复进机需完成以下三项任务:

(1) 发射时,储存部分后坐能量,以便在后坐结束时使炮身复进到射前位置,保证下一个射击循环顺利进行。

(2) 平时保持炮身于待发位置。在射角大于零时,若无外力作用,使炮身不致自行下滑。

(3) 部分火炮的复进机还需为自动机或半自动机提供工作能量。

从复进机所需完成的任务可知,它实际上就是一个弹性储能装置。

复进机的工作原理比较简单,即在炮身后坐时压缩弹性介质而储能,在复进时弹性介质释放能量,推动炮身复进到位。图 4.17 所示为典型的弹簧式复进机结构。矩形截面复进簧套在身管的外面,其前端顶在与身管连接的螺环上,后端支撑在摇架颈筒和环形肩部上。炮身后坐时压缩弹簧,后坐停止瞬间,在储能弹簧作用下,推炮身复进至射前位置。因弹簧有预压力,可以克服炮身在大射角时下滑分力的作用,平时使炮身始终保持在待发位置上。

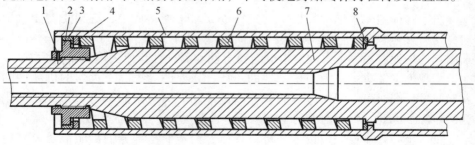

1—定位螺钉;2—螺环;3—衬筒;4、8—垫环;5—摇架;6—复进簧;7—身管。

图 4.17 弹簧式复进机结构

4.5.3 制退机

制退机又称驻退机。在火炮发射过程中，制退机产生一定的阻力用于消耗后坐能量，将后坐运动限制在规定的长度内，并控制后坐和复进运动的规律。现代火炮的制退机大多采用以液体作为介质的液压式制退机，如图 4.18 所示。

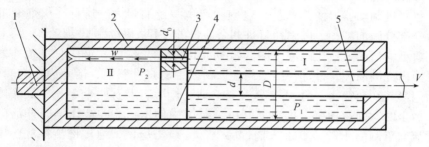

1—与摇架连接部分；2—制退筒；3—流液孔；4—活塞；5—制退杆。

图 4.18 液压式制退机

图 4.18 中，假定筒内充满理想液体（即密度不变、不可压缩、无黏滞性而连续流动）。发射时，制退杆随后坐部分以速度 V 向后运动，活塞压迫工作腔 I 内的液体经由流液孔以高速射流喷入非工作腔 II 内，产生涡流。作用在制退杆活塞上压力的合力称为制退机液压阻力。制推机中活塞的有效工作面积远大于流液孔面积，通常面积比为 50 ~ 150，当炮身最大后坐 V_{max} = 8 ~ 15 m/s 时，经小孔的流液速度 ω 可高达 1000 m/s 左右。要使静止的流体在极短的时间（如 0.1s）内达到如此高速，其加速度可达重力加速度 g 的 1000 倍以上。活塞必须对液体提供足够的压力来克服液体的惯性力。当然，液体对活塞也施加一个大小相等、方向相反的反作用力。此外，活塞要移动，必须克服各种摩擦力。制退机即是利用流体经小孔高速流动形成的上述液压阻力作功，消耗后坐能量，起到缓冲作用。

就能量转换的过程而言，制退机与复进机不同，制退机没有储能介质，只是将后坐部分的动能转化为液体的动能，以高速射流冲击筒壁和流体而产生涡流，转化为热能。同时，运动期间的摩擦功也转变为热能使制退液温度升高，最终散发至空气中，这种能量转换是不可逆的。

4.5.4　复进制动器

火炮后坐结束后，在复进机的作用下，后坐部分复进到待发位置。在复进过程中，射角不同，所需能量不同，因此，复进机的储能不是常数。此外，为使后坐部分有较大的复进速度，以提高火炮的理论射速，要求复进机有较多的储能。为了消耗上述剩余能量以确保火炮平稳无撞击地复进，火炮工程常设置复进制动器，使其在复进过程中产生一定的阻力。这种在火炮复进中对后坐部分施加制动力以消耗复进剩余能量的过程，称为复进制动。

典型的活门式液压复进缓冲器如图 4.19 所示。活门式液压复进缓冲器的节制筒内充满液体，外部与摇架固连，活塞上有多个斜孔，活塞内装有套筒，外活门套装在套筒上，并可在套筒上滑动。外活门上有两个小孔，供液体流过。后坐时，弹簧伸张，推活塞杆由节制筒中伸出，Ⅱ腔液体推开外活门经斜孔流向节制筒Ⅰ腔。复进末期，后坐部分撞击炮尾，炮尾推活塞杆，压缩弹簧，Ⅰ腔液压升高，推动外活门封闭活塞斜孔，Ⅰ腔液体只能经外活门上的两小孔，以及内活门液压向右端后的孔流入Ⅱ腔。两股液流经过两个活门，形成较大的液压阻力作功，起到缓冲作用。

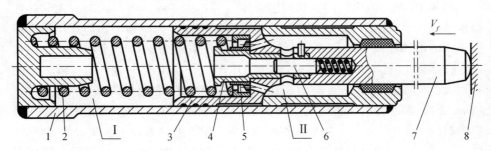

1—节制筒；2—弹簧；3—活塞头；4—套筒；5—外活门；6—内活门；
7—活塞杆；8—炮尾。

图 4.19　活门式液压复进缓冲器

4.5.5　可压缩液体反后坐装置

前述各种反后坐装置中，液体被认为是不可压缩的，它只作为传递能量或密封气体的介质，不能用来储能。可压缩液体可以储存能量。可压缩液体反后坐装置可利用制退液的可压缩性和筒壁弹性变形，储存部分后坐能量供复进使用。

可压缩液体反后坐装置在保证火炮后坐部分后坐和复进动作可靠的前提下，可省去复进机，使结构简单紧凑，动作可靠。在对流液孔不作精心调整的情况下可获得平缓的后坐阻力曲线，一定程度上减小了后坐阻力。

可压缩液体有多种，其可压缩性差异较大。本节所述的可压缩液体是一种具有良好压缩性和稳定性的硅油。其可压缩性一般以体积弹性模量 β 表示。目前较好的可压缩液体是道氏细粒 200（10Cs）硅油。在压力 $0 \sim 35$ MPa 下，体积弹性模量 β 与压力 P 呈线性关系。

图 4.20 为最简单的可压缩液体制退复进机的结构。该机由制退筒和制退杆组成，膛内充满硅油液。制退杆由粗端直径 d_2、细端直径 d_1 和制退活塞 D 三段构成，制退活塞与制退筒内径 D_1 构成流液孔。制退杆以速度 V_h 后坐，细端直径 d_1 逐渐从腔内抽出，粗端直径 d_2 则逐渐伸入腔内，腔内体积不断减小，液体受压缩以储存部分后坐能量，供复进使用。同时，Ⅰ 腔液体还受制退活塞的压缩，经流液孔流入 Ⅱ 腔，该股液体形成阻力而作功，消耗另一部分后坐能量。在后坐过程中，Ⅰ 腔液体压力 P_1 始终大于 Ⅱ 腔液体压力 P_2。后坐结束时，$P_1 = P_2$。

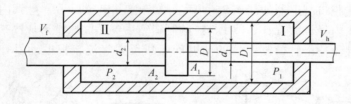

图 4.20　可压缩液体制退复进机结构

后坐结束时，由于制退活塞两端工作面积不等，$A_1 > A_2$，而活塞两端压力相等，其合力作用使制退杆复进。制退杆细端伸入腔内，粗端从腔内抽出，Ⅱ 腔液体受制退活塞压缩，经流液孔流回 Ⅰ 腔。在复进过程中始终有 $P_2 > P_1$，直到复进到位后才使 $P_2 = P_1$。这种制退复进机结构简单紧凑，省去了浮动活塞和高压氮气的臃肿结构。

4.6　膛口装置

膛口装置是安装在自动武器膛口上，利用弹头或弹丸离开膛口后，膛内火药气体向外喷射对其产生作用而达到一定效果的特殊机械装置。根据作用不同，膛口装置分为制退器、助退器、减跳器、消焰器和消声器等多种类型。本节仅介绍制退器、消焰器和消声器。

4.6.1　膛口制退器

膛口制退器是一种安装在武器口部，控制后效期火药气体流量、气流方向和气流速度的排气装置，其作用是：利用后效期火药燃气的作用，对炮身提供一个制退力，以减小枪炮的后坐能量；有助于实现统一炮架，即在同一种炮架上安装威力不同的炮身，只要采用不同效率的膛口制退器，就能使得后坐能量基本相等。

膛口制退器的结构可以分为三类：冲击式膛口制退器、反作用式膛口制退器以及介于两者之间的冲击－反作用式膛口制退器。

冲击式膛口制退器如图 4.21 所示。弹头弹丸出膛口后，身管内的高压火药燃气流入内径较大（$D_K/d > 1.3$）的制退室后突然膨胀，形成高速气流，其中大部分气流冲击膛口制退器的前壁而形成反射气流，根据动量守恒原理形

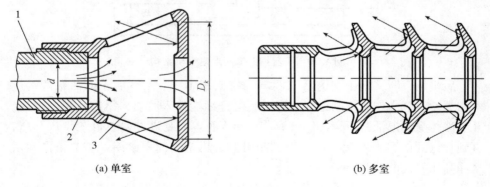

(a) 单室　　　　　　　　　　　　　(b) 多室

1—身管；2—膛口制退器；3—制退室。

图 4.21　冲击式膛口制退器

成制退力，然后经侧孔排出。小部分气流经中央弹孔喷出。冲击式膛口制退器的效率一般较高。

　　武器上设置膛口制退器后，减小了其后坐力，也给武器使用带来多种缺陷。主要表现在由于改变了膛口火药燃气流出的方向，相当一部分火药燃气流向侧后方，使得膛口冲击波场的分布向后方加强，加深了膛口冲击波及膛口噪声对膛口后方人员和设备的伤害程度。另外，在侧方产生大面积的炮口焰，增加了暴露己方阵地的概率，并影响炮手直接瞄准目标。

4.6.2　膛口消焰器

　　消焰器又称为防火帽或灭火罩，是用于减少膛口焰的膛口装置。火炮与自动武器发射时在膛口会出现膛口焰，在夜间或连射时火焰尤为明显，容易暴露射击位置，并且影响射手瞄准目标，因此需要消焰。常用的消焰器有圆锥形、叉形和圆柱形等类型，如图 4.22 所示。小口径火炮常用圆锥形消焰器，现代枪械中广泛采用叉形和圆柱形消焰器。

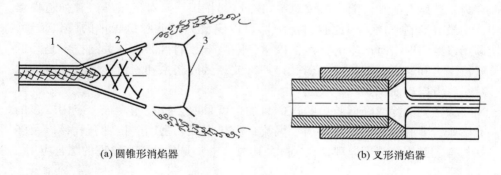

(a) 圆锥形消焰器　　　　　　　　　　　　　　　(b) 叉形消焰器

1—初次焰；2—膛口辉光；3—激波瓶。

图 4.22　典型的膛口消焰器

　　膛口消焰器自侧向屏蔽了由前期焰及一次焰产生的火光，自膛口喷出的火药燃气在膛口消焰器中膨胀而降温，使得气流流出消焰器时的温度低于点火温度，因此失去了产生火焰的条件，热辐射也降低了；自膛口喷出的火药燃气流入消焰器内，一部分未燃尽的火药微粒可在消焰器内得到燃烧，因此减少了一次焰，膛口辉光区也减小了；自膛口喷出的火药燃气射流在消焰器内已得到膨胀，气体流出装置时的压力已很低，这样气体出膛口消焰器后的膨胀度较小，膨胀后产生的正激波强度亦较低，气体通过马赫盘后的压力回升也较小，由此避免了中间焰及二次焰的产生。

4.6.3 膛口消声器

弹丸飞出膛口后，膛内高压火药燃气喷出膛口、膨胀并与大气混合，形成剧烈的摩擦、涡流和激波，使周围空气发生强烈的振动而产生膛口噪声。膛口噪声会暴露发射阵地、损伤射手听觉和妨碍通信。尤其是舰载火炮弹丸出炮口后，高压火药气体高速喷出，在炮口周围会产生一个近似球形、不断向外传播的炮口冲击波和一个相对稳定在炮口的超声速射流。火炮工程实践表明，炮口冲击波是危及炮手安全、损坏周边设备的主要因素，因此，降低炮口制退器的侧向冲击波是实现炮口制退器上舰的基本前提。

膛口消声器就是减小膛口气流噪声的装置。装有膛口消声器的枪械，用于隐蔽射击，执行特种任务。

膛口噪声的主要来源是膛口冲击波以及射流中的激波瓶系和紊流区。迄今为止，所有的膛口消声器仅对膛口噪声起作用，而对机械噪声和弹道噪声几乎没有抑制作用，因此膛口消声器可以定义为降低膛口噪声的膛口装置，即用以减弱射击时产生的噪声，以达到隐蔽歼敌的目的。其关键技术是降低气流压力和速度，破坏或削弱膛口冲击波、激波瓶系和紊流区，并尽可能地减小气流出口面积。

为达到消除或降低膛口噪声的目的，可采取多种技术途径，应用较多的有膨胀、多腔隔声、膨胀反射、涡流、吸热损耗、密闭、枪管开孔，以及多孔材料、弹簧等消声原理，在实际采用时，常常是几种消声原理的综合应用。

4.7 火炮四架、三机与运动体

4.7.1 火炮四架

摇架、上架、下架和大架构成火炮整个架体。火炮架体是支撑炮身、赋予火炮不同使用状态的各种机构的总称。其作用是：支撑炮身、赋予炮身一定的射向、承受射击时的作用力和保证射击稳定性，并作为射击和运动时全炮的支架。其上还安装有各种机构和装置，如半自动机构、瞄准具、行军缓冲器、减振器和刹车装置等。

4.7.2　瞄准机（方向机和高低机）

瞄准即操作火炮、赋予身管轴线正确的空间位置，使弹丸的平均弹道通过预定目标。火炮在发射前必须进行瞄准。瞄准机就是完成瞄准的操作装置，其按照瞄准具或指挥仪所解算出的弹道诸元，赋予身管一定的高低射角和水平方位角。

瞄准机分为方向机和高低机。方向机用来赋予身管轴线的水平射向，高低机用来赋予身管轴线的高低射向。瞄准机通常由手轮、传动链、自锁器、空回调整器及有关的辅助装置等组成，在有外能源驱动的情况下，还设有手动与机动转换装置及变速装置等。

方向机安装在回转部分与下架之间。其传动链末端与上架相连，另一端固定在下架上。根据传动链末端驱动回转部分的构件不同，方向机一般分为螺杆式方向机、齿弧式方向机和齿圈式方向机三种。

高低机安装在起落部分与上架之间。其传动链末端与摇架相连，另一端固定在上架中。根据传动链末端驱动起落部分的构件不同，高低机可分为齿弧式高低机、螺母丝杠式高低机和液压式高低机三种。

4.7.3　平衡机

平衡机是用来产生一个平衡力和形成一个对耳轴的力矩以均衡起落部分重力对耳轴的力矩，使操作炮身俯仰或动力传动时平稳轻便的机构。

现代火炮威力日益提高，炮身不断增长。为保证火炮射击稳定性，减小后坐阻力，需要尽量降低火线高，增大后坐长。同时为避免大射角时炮尾后坐碰地，以及便于装填炮弹和安装其他机构等，需将炮耳轴向炮尾靠近，从而引起重心前移。起落部分重力 Q_q 对炮耳轴形成一个重力矩 $M_q = Q_q l_q \cos\varphi$，如图 4.23 所示，其中 l_q 是射角 $\varphi = 0°$ 时的重力 Q_q 至耳轴的距离，这时起落部分自然下垂。为克服下垂力，必须传给高低机齿弧以相当大的力 F_g，形成力矩 $F_g\rho$（ρ 为耳轴至齿弧节圆的半径），这时增加炮身射角十分费力，以至人力不能胜任。而当减小射角时，重力矩 M_q 会在高低机齿轮、齿弧间产生猛烈的冲击和跳动。

为避免上述情况，在耳轴前方或后方对起落部分外加一个推力或拉力 F_p，形成对耳轴的平衡力矩 $M_p = F_p S$，其方向与重力矩相反，使 $M_q = M_p$，或者两力矩虽不能完全相等，但差值 ΔM（$\Delta M = M_q - M_p$）在允许的范围，从而使 F_g 足够小，以保证操作高低机时平稳轻便。

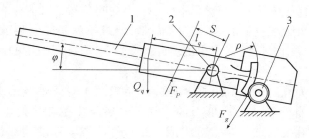

1—起落部分；2—炮耳轴；3—高低机齿轮。
图 4.23　起落部分受力情况

提供平衡力一般有配重平衡和平衡机平衡两种方式。配重平衡是在炮耳轴后方，炮尾或摇架上附加适量的金属配重，使火炮前后达到平衡。配重平衡可灌铅或者用数块铅板。这种方法简单，易于实现完全平衡。火炮安装在车、船上时，车、船的颠簸、摇摆不影响平衡效果，转动高低机所施的手轮力也不致变化。因此，配重平衡被广泛用在坦克炮、自行炮和舰炮中。其缺点是增加起落部分质量。

平衡机平衡以专门设计的平衡装置所产生的拉力或推力来提供平衡力矩。这种方式与配重平衡相比，平衡机结构紧凑、质量小，其缺点是结构较复杂。平衡机的位置在摇架与上架之间，一端铰接于上架或托架上，另一端直接或通过挠性件（如链条、钢缆等）与起落部分连接。射角发生变化时，平衡机作用在起落部分平衡力的大小及方向应接近重力矩的变化规律。

4.7.4　运行体

火炮运行部分（运动体）是牵引炮或自行炮运行机构和承载机构的总称。牵引式高射炮的运行部分称为炮车，自行炮和车载炮的运行部分称为车体或底盘，牵引式地面火炮的运行部分常称为运动体。运动体主要由车轮、车轴、行军缓冲器、减振器、刹车装置等部件组成，自行炮还包括辅助推进装置。这些部件与火炮的下架、大架连接，与牵引车配合拉运全炮。其具体结构由火炮种类、口径大小来确定。

思考题

1. 论述自动武器身管的类型及其特点。

2. 设某炮钢的屈服应力为 800MPa，计算内径 122mm、壁厚 20mm 的炮管能承受的最大理论膛压。

3. 常用的自动武器自动方式有哪几种？各有什么特点？

4. 简述身管后坐式和导气式自动武器的工作原理。

5. 简要说明闭锁机构及其作用。

6. 简述弹仓供弹机构的种类及其特点。

7. 弹链有哪些组合形式？各有什么特点？

8. 楔式炮闩系统的作用是什么？由哪几部分组成？

9. 反后坐装置的作用是什么？

10. 反后坐装置一般由哪几部分组成？按结构组成形式，反后坐装置可分为哪几种？

11. 复进机有哪几种典型结构？举例阐述其工作原理。

12. 制退机有哪几种典型结构？试比较常后坐节制杆式制退机和变后坐节制杆式制退机的异同点。

13. 火炮组成中的三机、四架具体指什么？简述其各自的作用。

14. 火炮上为什么需要平衡机？

第 5 章　火箭推进原理

5.1　火箭发动机概述

5.1.1　喷气发动机

推进是改变物体运动的一种作用，这种作用可以使静止的物体产生运动，也可以使运动着的物体改变速度或克服物体在介质中运动时的阻力。

喷气推进是依靠高速喷射物质的动量传递给物体的反作用力来推动物体运动的方法。在航空航天领域中，绝大多数飞行器的有控运动都是利用了喷气推进的原理，而直接利用喷气原理推动物体运动的动力装置称为喷气发动机。喷气发动机目前已广泛应用于飞机、航天飞机、火箭、导弹等各种类型的飞行器中，是航空航天领域的核心动力装置。喷气发动机可分为空气喷气发动机和火箭发动机两大类。

空气喷气发动机是指自身只携带燃烧剂并利用周围大气作为氧化剂的喷气发动机，也称为航空发动机。因此，这类发动机只能在大气层内工作，不能在大气层以外的太空中工作。常见的喷气发动机包括涡轮喷气发动机、涡轮风扇喷气发动机和冲压喷气发动机等。

火箭发动机是指自身既携带燃烧剂又携带氧化剂的喷气发动机，通常也称为火箭推进装置。这类发动机不需要周围大气做氧化剂就能工作，因此火箭发动机既可在大气层内工作，也可在大气层以外的太空中工作。火箭发动机按照工作时所使用的初始能源类型不同，可分为化学能火箭发动机、太阳能火箭发动机、电能火箭发动机、核能火箭发动机等，如图 5.1 所示。其中，化学能火箭发动机是依靠推进剂的化学能作为能源，通过在推进剂燃烧室内进行化学反应释放的能量将工质加热到很高的温度（2500～4000 K），然后在喷管中膨胀加速到很高的速度（2000～4700 m/s）后喷出，从而产生反作用力推动飞行器运动的火箭发动机。这种火箭发动机是目前技术最为成熟、应用最为广泛的火箭发动机类型，本书将进行重点介绍。根据所携带推进剂物理状态的不同，化学能火箭发动机又可分为液体火箭发动机、固体火箭发动机和固液混合火箭发动机三种类型。

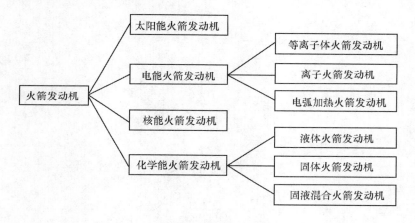

图 5.1　火箭发动机分类图

1. 液体火箭发动机

液体火箭发动机是使用液体推进剂作为能源和工质的化学能火箭发动机，主要由推力室（由喷注器、燃烧室和喷管组成）、推进剂供应系统、推进剂储箱和各种调节器等组成。

双组元推进剂（即氧化剂组元和燃烧剂组元）是液体火箭发动机经常使用的推进剂组合形式。这种发动机工作时，供应系统将分别储存于各自储箱中的两组元分别经输送管道运送至发动机头部，由喷注器喷入燃烧室中燃烧并生成高温、高压气体，燃气经喷管膨胀加速后高速排出产生强大推力。

推进剂供应系统是在设定的压力下，以规定的流量和混合比，将储存的推进剂各组元输送至推力室的系统总称。推进剂供应系统包括储存或挤压气体的装置，将推进剂输送到推力室中的输送管路和增压装置，各种自动阀门、流量和压力调节装置等。根据推进剂输送系统的输送方式不同，液体火箭发动机又可分为挤压式液体火箭发动机和泵压式液体火箭发动机，系统简图分别如图5.2和图5.3所示。在挤压式供应系统中，高压气体经减压器分别流入氧化剂储箱和燃烧剂储箱，并将氧化剂和燃烧剂经输送管路挤压到推力室中。挤压式供应系统多应用于小推力火箭发动机，主要用于实现航天器和卫星的小规模空间机动、姿态控制、轨道修正和保持等功能。泵压式液体火箭发动机依靠机械涡轮泵实现对推进剂的增压和运输，能够为飞行器提供更大的速度增量和推力，主要装备于运载火箭和大型导弹的主发动机。

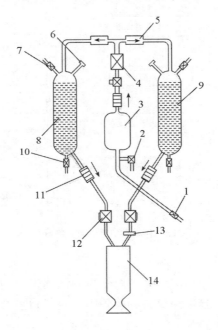

1—充气阀；2—排气阀；3—高压气瓶；4—减压器；5—单向阀；6—加注口；
7—储箱排气阀；8—氧化剂储箱；9—燃烧剂储箱；10—泄液阀；11—过滤器；
12—推进剂阀；13—限流孔；14—推力室。

图5.2 挤压式液体火箭发动机系统

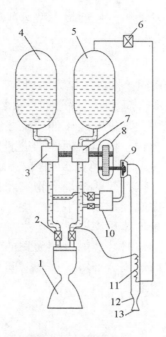

1—推力室；2—阀门；3—燃料泵；4—燃烧剂储箱；5—氧化剂储箱；6—储箱加压阀；
7—氧化剂泵；8—齿轮箱；9—涡轮；10—燃气发生器；11—热交换器；
12—排气管道；13—涡轮排气喷管。

图 5.3　泵压式液体火箭发动机系统

　　液体火箭发动机分类方式有很多，除按推进剂供应系统的类型进行分类外，还可按多种方式方类：按推进剂组元数目分为单组元液体火箭发动机、双组元液体火箭发动机和三组元液体火箭发动机；按推进剂类型分为可储存推进剂液体火箭发动机、自燃和非自燃推进剂液体火箭发动机、低温推进剂液体火箭发动机；按完成的任务形式分为芯级液体火箭发动机、助推级液体火箭发动机、上面级液体火箭发动机和空间用液体火箭发动机；按推力大小分为大推力液体火箭发动机和小推力液体火箭发动机；按发动机的功能分为用于发射有效载荷并使有效载荷的速度显著增加的主推进液体火箭发动机和用于轨道修正和姿态控制的辅助推进液体火箭发动机。

　　液体火箭发动机具有性能高、推力大、适应性强、技术成熟、工作可靠的特点，是弹道导弹、运载火箭及航天器的主要动力装置。第一代战略导弹武器中均采用了液体火箭发动机，且近代大型运载火箭和航天飞机也多以液体火箭发动机作为主要动力装置。

2. 固体火箭发动机

固体火箭发动机是使用固体推进剂作为能源和工质的化学能火箭发动机，主要由燃烧室壳体、固体推进剂装药、喷管和点火装置等组成，结构如图5.4所示。在固体火箭发动机中，推进剂经压伸或浇注制成所需的装药形状，直接装于燃烧室或发动机壳体内。因此，固体推进剂也称为药柱，是氧化剂和燃烧剂的混合物，其含有完全燃烧所需要的所有化学元素。发动机工作时，通过点火装置点燃点火药，点火药的燃烧产物流经药柱表面，将推进剂的裸露表面迅速加热并点燃，按照预定速率平稳燃烧，从而使推进剂的化学能转变成燃烧产物的热能，膨胀加速后高速排出产生推力。固体火箭发动机的推力变化趋势取决于发动机工作时装药燃烧表面积的变化：增面燃烧装药可获得随时间增大的推力；减面燃烧装药可获得随时间减小的推力；恒面燃烧装药可获得随时间基本不变的推力。

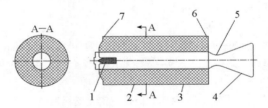

1—点火装置；2—固体推进剂装药；3—燃烧室壳体；4—喷管；
5—喉衬；6—后连接裙；7—前连接裙。

图 5.4　固体火箭发动机

相对于液体火箭发动机，固体火箭发动机没有推进剂输送系统和控制调节装置，因此结构通常更加简单，所需的零部件更少，且一般没有运动件，这些特点使得固体火箭发动机在可靠性、维护和操作方面更具优势。

固体推进剂装药在燃烧室内的安装方式主要有两种：贴壁浇注式和自由装填式。前者是指将燃烧室壳体作为模具，推进剂直接浇注于壳体内，并与壳体或壳体绝热层黏结；后者是指药柱的制备在壳体外进行，然后装入壳体中。贴壁浇注式和自由装填式通常均采用分段式装药。相比较而言，贴壁浇注式装药呈现出更好的综合性能，容积装填系数较高，目前几乎所有的大型固体火箭发动机和许多战术导弹发动机都采用贴壁浇注式装药；自由装填式药柱多应用于小型战术导弹或中等规模的发动机上，也常用在大型导弹的分离火箭和弹射动力装置中，一般成本较低，易于检查。

固体火箭发动机广泛应用于各类导弹，尤其适用于小型、机动性强、隐蔽性好的导弹，能有效提高其生存能力，因此在各类战术、战略导弹的动力装置中推进剂固体化的趋势愈发明显。固体火箭发动机还广泛应用于各种航天器和运载工具上，可作为大型运载火箭的助推发动机、航天器的近地点和远地点加速发动机、变轨发动机和返回航天器的制动发动机。

3. 固液混合火箭发动机

固液混合火箭发动机是同时使用固体推进剂和液体推进剂作为能源和工质的化学能火箭发动机，一般把燃烧剂为固体、氧化剂为液体的推进剂组合称为正混合，反之称为逆混合。图 5.5 所示为一种典型的正混合火箭发动机简图。发动机启动时，高压气瓶中的高压气体通过减压器调节至所需的压强进入氧化剂储箱；受挤压的液体氧化剂经阀门进入燃烧室，而后由燃烧室头部的喷注器喷入燃烧剂药柱的内孔通道中；药柱点燃后，药柱内孔表面生成的可燃气体与通道内的液体氧化剂射流互相混合并燃烧，通过从喷管排出的高温、高压燃气而产生推力。

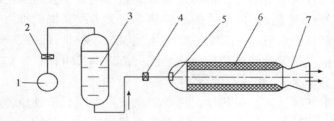

1—高压气瓶；2—减压器；3—液体氧化剂；4—阀门；5—喷注器；
6—固体燃烧剂；7—喷管。

图 5.5　固液混合火箭发动机

目前，固液混合火箭发动机多数为正混合发动机，主要原因有三个：一是正混合发动机可以提高推进剂的平均密度比冲；二是燃烧剂的体积通常都小于氧化剂的体积，故正混合发动机具有燃烧室尺寸小、成本低的优点；三是固体氧化剂一般为粉末状，制成具有一定形状和机械强度的药柱比较困难，而固体燃烧剂一般都选用贫氧推进剂，更有利于工艺成型以及点火和燃烧。

5.1.2 化学能火箭发动机的特点及应用

1. 化学能火箭发动机的特点

（1）化学能火箭发动机与空气喷气发动机的比较

一是化学能火箭发动机与空气喷气发动机虽然都属于喷气发动机，但两者所使用的推进剂组元存在明显差异。采用空气喷气发动机的飞行器上仅携带单组元推进剂，即燃烧剂，而对于燃烧所必需的氧化剂组元（氧气）则需要从周围空气中获得。因此，空气喷气发动机的工作状态受飞行高度的影响。一般来说，当飞行高度超过 40 km 时，由于空气稀薄，空气喷气发动机将无法正常工作。采用化学能火箭发动机的飞行器自身不仅携带了燃烧剂，还携带了氧化剂，因此无论在大气层中或是在大气层外，都能够正常工作而不受周围环境的制约。

二是化学能火箭发动机与空气喷气发动机的工作状态受飞行速度的影响不同。空气喷气发动机在大气层中工作时，发动机的推力变化不仅与飞行速度增加时所产生的气动力现象有关，还与喷射的气流速度和飞行速度的相对值有关。当飞行速度为 0 时，推力达到最大值；随着飞行速度的增加，推力会逐渐减小。化学能火箭发动机的推进功率定义为发动机的推力与飞行速度的乘积，而且其推力与飞行速度无关，因此火箭发动机可保持高速飞行。

三是与空气喷气发动机相比，化学能火箭发动机可以在结构简单、质量和尺寸较小的情况下获得更大的推力。

四是与空气喷气发动机相比，化学能火箭发动机经济性较差。在获得相同推进功率的情况下，空气喷气发动机所消耗的燃料质量约为化学能火箭发动机推进剂消耗量的 1/50。

五是与空气喷气发动机相比，化学能火箭发动机连续工作时间较短，可靠性较低。

（2）液体火箭发动机与固体火箭发动机的比较

液体火箭发动机和固体火箭发动机是化学能火箭发动机中最基本、应用最广泛的两种发动机类型。液体火箭发动机的推进剂需要储存在特定储箱中，工作时推进剂通过管道系统由储箱持续输送至发动机，而固体火箭发动机的推进剂以一定形状的药柱装填在燃烧室中。液体火箭发动机和固体火箭发动机凭借各自优势，在实际应用中均发挥着重要作用，但二者在结构和性能等方面也存在诸多不同。

一是结构不同。液体火箭发动机的存储装置、控制和调节系统较多，导致零部件数量多，结构复杂；固体火箭发动机不需要专用的推进剂储箱和推进剂输运调节系统，因此零部件很少，几乎没有活动或转动的机件，结构简单。

二是可控性不同。液体火箭发动机的启动、停止和推力大小的控制可通过活动阀门的开启、关闭和调节开度来实现，调节灵活，可控性好；固体火箭发动机一旦点燃，就必须按照预定的推力方案工作，直至推进剂燃烧结束，因此整个过程难以实现发动机的重复启停或临时调节干预推力大小，可控性差。

三是可靠性不同。系统的可靠性等于系统内部各串联零部件可靠性的乘积。若单个零部件的可靠性均相同，则系统内零部件数量越少，整个系统的可靠性越高。相比液体火箭发动机，固体火箭发动机结构简单，零部件较少，且单个零部件的可靠性较高，因而其可靠性相对更高。

四是使用性不同。液体推进剂的消耗量大且性质不稳定，不易在储箱中长期存储，采用液体火箭发动机的飞行器通常需要在发射前临时加注推进剂，涉及很多检查、维护、加注和泄放等勤务处理工作，发射准备工作时间较长，维护使用不便。固体火箭发动机所使用的固体推进剂装药在运输和使用时比液体推进剂安全得多，毒性也小，可直接长期存放于发动机中，随时处于待发状态，因此固体火箭发动机的维护和使用更加方便。

五是工作时间不同。固体推进剂以药柱形式全部储存在发动机燃烧室内，发动机长期处于高温、高压气流的作用下，使得发动机的热防护变得非常困难；另外，燃烧室尺寸也限制了发动机的工作时间。因此，固体火箭发动机的工作时间较短，一般仅能工作几分钟。相反，液体火箭发动机在小推力条件下也可使飞行器达到一定的飞行速度，从而减小因加速度引起的过载负荷，延长工作时间。

六是质量比不同。固体推进剂的密度较大，可有效缩小固体火箭发动机的体积；同时，壳体黏结技术和高比强度材料的应用，可显著降低发动机的壳体质量，从而提高发动机的质量比和整体性能。而液体推进剂受到燃料密度的限制，提高质量比的效果较为有限。

七是成本不同。固体火箭发动机结构简单、质量轻、体积小、勤务处理方便，且制造成本低、研制周期短，特别适用于小型、近程、旋转稳定飞行的军用火箭的大批量生产。然而，液体火箭发动机无论是推进剂成本还是发动机造价，都明显高于固体火箭发动机。

八是环境适应性不同。相比液体推进剂，固体推进剂的燃烧特性受装药初温等外界环境温度的影响较大，从而影响到火箭发动机的性能，如燃烧室压强、推力方案、药柱力学性能等。目前，已成功研制出燃速对初温敏感系数很小的固体推进剂，使固体火箭发动机的这一缺陷在较大程度上得到克服。

九是比冲不同。比冲是衡量推进剂单位能量的主要指标。固体推进剂的比冲为 2000 ~ 3000 N·s/kg（200 ~ 300 s），而液体推进剂的比冲为 2500 ~ 4600 N·s/kg（250 ~ 460 s），因此液体推进剂的单位能量一般高于固体推进剂。努力寻求提高固体推进剂比冲的新技术，是固体火箭发动机的主要发展方向之一。

2. 化学能火箭发动机的应用

目前，很多飞行器都采用了化学能火箭发动机作为动力装置，例如，各种不可回收的运载火箭、航天飞机、导弹、卫星、飞船等。对于它们来说，化学能火箭发动机可以起到两方面的作用。

一方面，产生飞行器运行所必需的推力。这项功能一般由保证飞行器正常起飞和在主动段加速的主推进发动机及辅助推进发动机来实现。主推进发动机通常采用液体火箭发动机或固体火箭发动机；辅助推进发动机多数情况下采用固体火箭发动机。发动机可以采用单管形式，也可以多台并联，产生的推力较大，少则几十吨，多则几百吨，甚至可达上千吨。

另一方面，产生操控飞行器和使其定向及稳定所必需的力或力矩。这项功能由辅助发动机来完成。辅助推进发动机的种类繁多，大多采用液体火箭发动机，少数采用固体火箭发动机。辅助推进发动机的推力一般较小，最小的仅有几克，通常称为小型或微型推力发动机。

辅助推进发动机可分为操纵发动机、修正发动机、制动发动机等几种。操纵发动机起舵机作用，按照设定的程序控制飞行轨道，或按一定的指令保证飞行器稳定。修正发动机是飞行器在宇宙空间运动过程中，用于改变飞行器的速度和方向，保证飞行器能随时改变运动姿态和各种机动飞行。制动发动机是在飞行器降落时，起到制动作用，例如，当飞行器需要变换轨道或在特定的停靠点停靠时，或用于多级火箭的分离制动。

5.1.3　发展简史

相比液体火箭发动机，固体火箭发动机的发展历史更加悠久。作为固体火箭发动机的发源地，我国早在 7 世纪的唐代就有了黑火药的配方，这也是世界上最早的固体火箭推进剂。10 世纪的宋朝出现了用火药做动力的火箭，并在战争中开始使用"霹雳炮""震天雷"等原始火箭武器。13 世纪，元军西征将中国火箭技术经阿拉伯人传入欧洲，随后又传入印度。到了明代，火箭技术又有了进一步的发展，出现了"神火飞鸦"等具有一定发射方向和发射角度的火箭武器，其中"火龙出水"火箭也是现代二级火箭的雏形。此后，我国的火箭技术并没有得到足够重视，发展缓慢，逐渐落后于欧洲。

19 世纪前后，军事战争极大推进了火箭技术的发展。19 世纪初期，印军在对英战争中使用了火箭；19 世纪中期，英军在进攻丹麦时大规模使用火箭，之后丹麦和俄国也相继将火箭应用于军事战争。此后，火炮技术的发展使火炮的射程和精度远优于火箭弹，从而被大规模应用，导致火箭武器的发展停滞不前。

此后，人们尝试进一步提高火箭发动机的性能并应用于更加广泛的领域。世界上一些探索宇宙奥秘的先驱者提出，火箭发动机是实现宇宙航行的唯一运载工具。鉴于当时的固体火箭发动机提供的能量不能满足宇宙航行的要求，俄国的齐奥尔科夫斯基和美国的戈达德相继提出使用液体火箭发动机的设想。1926 年 3 月 16 日，戈达德在美国成功研制并发射了世界上第一枚采用液氧/煤油作为推进剂的液体火箭，被公认为现代"火箭之父"。第二次世界大战期间，德国研制出以液氧/酒精做推进剂的 V2 导弹，并将其应用于战争，成为现代导弹的先驱。从此以后，液体火箭发动机被广泛应用于各种类型的火箭和导弹中，以美国和苏联的发展最为迅速。

在液体火箭发动机飞速发展的时期，固体推进剂的研究也在不断进行着，但发展较为缓慢。直到 20 世纪 40 年代，复合推进剂的出现使固体火箭发动机的发展又开始了一个新的阶段。20 世纪 50 年代以来，由于能量较高、机械性能和燃烧性能较好的固体复合推进剂的研制成功，以及轻质发动机壳体和组件的应用，固体火箭发动机有了很大改进。这些改进显著提高了固体火箭发动机的比冲，使固体火箭发动机向大尺寸、长时间工作的方向发展，极大提高了固体火箭发动机的性能，扩大了其应用范围。固体火箭发动机已广泛应用于各种近、远程导弹和航天飞行任务，使其在实现军事战略目标和完成宇航任务方面能与液体火箭发动机相竞争，并越来越处于优势地位。例如，在世界各国约160种导弹中，有137种采用了固体火箭发动机，占比85%以上；美国1990年和1994年投入使用的"飞马座"和"金牛座"小型航天运载器分别采用了三级和四级固体火箭发动机；欧洲航天局1996年投入使用的"阿里安五号"运载火箭采用了直径约3 m的固体火箭助推器；我国研制的"长征一号"运载火箭的第三级采用了直径为0.766 m的固体火箭发动机。目前，固体火箭发动机的推力可实现2 N～1 MN，直径可达2.5 cm～6.6 m，已成为应用最广泛的火箭推进系统。用于战略导弹与航天运载器的固体火箭发动机正朝着大型化、大推力、高效能、长工作时间的方向发展，而用于航天器的固体火箭发动机则朝着小型化、可多次启动、脉冲式工作的趋势发展。

中华人民共和国成立以后，中国航天事业始终坚持自力更生、自主创新的发展道路，在较短的时间里，迸发出中华民族的伟大创造力，取得了以"两弹一星"和载人航天为代表的辉煌成就，令国人自豪、世界瞩目。1956年10月8日，中国第一个火箭导弹研究机构——国防部第五研究院正式成立，标志着中国航天事业从此拉开序幕。在中国航天事业的发展历程中，有四大里程碑：1970年4月24日，"长征一号"运载火箭在甘肃酒泉卫星发射中心成功地发射了中国第一颗人造地球卫星——"东方红一号"，迈出了我国发展航天技术的第一步；2003年10月15日，"神舟五号"载人飞船顺利升空，标志着我国成为世界上第三个掌握载人航天技术的国家；2007年10月24日，"嫦娥一号"探月卫星成功发射，拉开了我国探月工程的序幕；2011年11月3日，"天宫一号"与"神舟八号"首次顺利交会对接，标志着中国成为世界上第三个掌握空间交会对接技术的国家。

近几年，我国的航天事业同样取得了显著成绩。2013年，中国第一个无人登月探测器"嫦娥三号"在月球表面成功实施软着陆，成为继美国和苏联之后全球第三个实现月球软着陆的国家。2019年6月5日，"长征十一号"新一代固体运载火箭首次完成海上发射，填补了中国运载火箭海上发射的空白，标志着中国成为世界上第三个掌握海射技术的国家。2020年7月23日，中国首次火星探测任务"天问一号"发射升空，迈出了中国自主开展行星探测的第一步。2020年11月24日，中国"长征五号"运载火箭搭载着"嫦娥五号"月球探测器在海南文昌航天发射场成功发射升空，这是我国首次月球采样返回任务，也是首次外天体采样任务。2021年6月17日，3名中国航天员顺利升空并成功进入"天宫号"空间站，标志着中国又向太空跨出了崭新的一步。

在 60 多年来的航天事业发展中，在实现航天梦、中国梦的过程中，我们的航天事业者积累了宝贵的精神财富，正是这些财富引领我们航空事业的飞速发展。

5.2　火箭发动机的工作原理

5.2.1　火箭发动机的工作过程和基本组成

火箭发动机的特点是自身携带推进所需的全部能源和工质，靠高速排出的工质产生的反作用力进行工作。因此，火箭发动机也是一种热力机械，它必须在能源和工质二者均具备的条件下才能工作。火箭发动机的能源是推进剂所蕴含的化学能，火箭发动机的工质则是推进剂燃烧后的产物，它是热能和动能的载体。

1. 火箭发动机的工作过程

火箭发动机的工作过程，实质上就是把推进剂的化学能转变为燃烧产物的动能，进而转变为火箭飞行动能的一种能量转换过程。

火箭发动机系统所携带的推进剂由氧化剂和燃烧剂组成，它们在燃烧室中被点燃而进入燃烧过程。燃烧是一种剧烈而复杂的化学反应，通过燃烧，推进剂中蕴藏的部分化学能就转变为燃烧产物的热能，表现为火箭推进剂在燃烧室内变成了高温（2500 ~ 4000 K）、高压（4 ~ 20 MPa）的燃烧产物（主要是双原子和三原子的气相成分，有时也会有少量凝相成分）。燃烧产物的热能包含内能和势能两项，用状态参数焓来表征。

作为工质的燃烧产物从燃烧室流入喷管。喷管是具有先收缩后扩张的管道，燃烧产物在这种喷管内得以膨胀、加速，最后以比声速高数倍的速度从喷管出口喷出。此时，喷管入口处燃烧产物的热能又部分地转变为喷管出口处高速喷射的燃烧产物的动能，对火箭发动机产生反作用力（即发动机的推力）推动火箭运动，最后转化为火箭飞行的动能。火箭发动机的能量转换过程如图 5.6 所示。

图 5.6　火箭发动机的能量转换过程示意图

2. 火箭发动机的基本组成

由上述分析可知，火箭发动机的能量转换过程实际上包含了燃烧室内推进剂的燃烧过程和喷管内燃烧产物的流动过程两大部分。为了保证这一转换过程的实现，火箭发动机必须具有以下 4 个基本组成部件：推进剂，为上述转换提供能源和工质；燃烧室，为燃烧过程提供场所；喷管，为流动和膨胀过程提供场所；点火装置，为推进剂的正常点燃提供条件。

（1）推进剂

对于固体火箭发动机来说，推进剂是预先放置在燃烧室内的固体装药，装药可以是壳体黏结式的（如图 5.4 所示），也可以是自由装填式的。如果是后者，则还可能需要挡药板和药柱支撑装置等附件。有的固体火箭发动机还需要有推力向量控制装置，以及推力终止、推力反向等装置。为了与弹体连接，在燃烧室筒体的前、后端有时还设置有连接裙。

对于液体火箭发动机来说，推进剂则是分别储存在燃烧室以外的氧化剂和燃烧剂的储箱内。为了将它们送入燃烧室内燃烧，还必须有一套输送系统（挤压式或涡轮泵式，前者如图 5.2 所示），包括各种活门、减压器和管道等。为了发动机能够固定和长时间工作，还需要有固定各零部件的发动机架以及发动机的冷却系统等。对于采用自燃型推进剂的液体火箭发动机，有时可不需要专门的点火装置。

（2）喷管

喷管是火箭发动机推力室的一部分，火箭发动机推力室通常由燃烧室（包括喷注器）和喷管组成。火箭发动机喷管通常由收敛段、喉部和扩张段三部分组成。喷管的作用如下：

①能量转换装置。喷管能够使燃气流膨胀加速，从而使高温燃气获得很高的喷射速度，把燃烧产物压力能转换为产生推力的动能，产生反作用推力。没有喷管对燃气的加速作用，燃烧室中燃气产生的推力很小。

②化学火箭推进装置的重要组成部分。化学火箭推进通常是利用气体热

力学膨胀产生高速喷射物质而产生推进力。事实上，任何利用气体热力学膨胀产生高速喷射物质而产生推力的推进装置都必须有喷管。

③维持推进剂正常燃烧所需的燃烧室压力，使之不受外界影响。

④燃烧室压力一定时，保持推力室的流量。

⑤能够改变推力矢量方向，为航天器提供姿态控制力与力矩。

不同类型喷管主要差别在于超声速流动的扩张段。按扩张段的造型不同可分为锥形喷管、特型或钟形喷管、塞式喷管、膨胀 – 偏转喷管、环形喷管等，如图 5.7 所示。

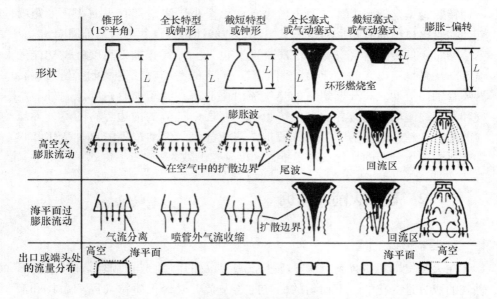

图 5.7　几种喷管构型及气体流动状态简图

锥形喷管是最简单、制造比较容易的喷管构型，但其效率较低，目前只有小型火箭发动机采用。特型喷管或钟形喷管是最大推力喷管构型，目前液体火箭发动机多采用钟形喷管。钟形喷管是在紧接喷管喉部之后有一大角度的膨胀段（20°～50°），随后喷管型面的斜率逐渐减小，最终使喷管出口处扩张角很小，其扩张半角通常小于 10°。在钟形喷管喉部之后采用大角度的膨胀段是可行的，虽然该区域相对压力较高、压力梯度很大、工质膨胀迅速，但不会引起气流分离而造成流动损失，除非喷管型面不连续。因此，超声速气流在钟形喷管中膨胀加速比同样面积比和长度的简单锥形喷管更有效。绝大多数钟形喷管的长度（喷管喉部截面与出口截面间距离）比同样面积比的15°扩张段半锥角的最好锥形喷管短20%。印度科学家劳（Rao）在1958年提出最大推力喷管塑面能够用一条抛物线很好近似，他用变分法得到了解最大推力喷管问题的一组欧拉方程，再运用气体动力学中的特征线方法，就能够求出最大推力喷管的型面。

塞式喷管是一种具有推力高度补偿功能的气动边界喷管。塞式喷管有一个环形燃烧室与一个环形缝隙喷管。它没有锥形喷管和钟形喷管那样的外壁，在喷管扩张段中燃气与周围空气之间存在分界面，称为气动外边界。目前有一种特殊构型是把多个独立的小燃烧室（每个小燃烧室都有小面积比的短喷管，喷管出口型面有矩形和圆形）呈环形或线性排列在共用的塞锥周围。

膨胀－偏转喷管（又称 E－D 喷管）也是一种具有推力高度补偿功能的喷管。从燃烧室出来的气流沿径向流向一扩张的特型喷管壁面上，然后偏转沿喷管轴向流动。离开燃烧室的热气流沿中心塞在特型喷管内膨胀，外界空气和气流之间的气动分界面形成了喷管扩张段中气流的内边界。随着外界压力的降低，越来越多的喷管扩张段被热气流充满。流动边界的这种变化和喷管壁所受内压分布的变化实现了推力高度补偿的效果。

5.2.2　理想火箭发动机

1. 基本假设

在火箭发动机的实际工作过程中，所涉及的问题是非常复杂的，例如，燃气的成分是变化的、不均匀的，有的还夹杂着凝聚相微粒（固相微粒和液相微粒）；发动机的气流参数（速度、压力、温度、密度等）会随着空间和时间的变化而变化；燃气与发动机壁面之间存在着热交换与摩擦。对于这样一个复杂过程，要抓住主要矛盾，突出主要因素，忽略一些次要因素，揭示火箭发动机工作过程的本质和主流因素，把实际火箭发动机抽象为理想火箭发动机。为此，作以下简化假设：

（1）认为在整个火箭发动机的燃烧室和喷管中，燃气的成分是均匀的、不变的，且其比热容不随压力和温度的变化而改变。

（2）燃气是理想气体，遵循理想气体定律。

（3）燃气在发动机内流动时，假设为一元定型流动，即所有气体参数只考虑沿发动机轴向变化（一元），且与时间无关（定型或定常）。

（4）燃烧室是绝热的，燃气在喷管中的流动过程是理想绝热的，即是等熵过程。由此可知，暂时忽略了散热损失和摩擦损失。一般来说，散热损失通常小于总能量的 2%，是可以忽略的。

在液体火箭发动机中，理想化地假定喷射系统使燃烧剂与氧化剂完全混合，会产生均匀的工质，一个优良的发动机喷雾器可能很接近于这种状况。对于固体火箭发动机来说，假定它具有匀质的药柱，并具有均匀而稳定的燃烧速率。至于核能火箭发动机、太阳能火箭发动机或电弧加热能火箭发动机，则假定它们的热气流温度均匀、流量稳定。

因为燃烧室内的温度很高，燃气组分均处于饱和状态条件之上，所以，它们都近乎遵循理想气体定律。若假定流动为无摩擦的并且无热量传给壁面的稳态流动，则在发动机喷管内就可以应用等熵膨胀方程，从而热能最大限度地转变为排气动能，这就意味着喷管流动为可逆热力学过程。

根据以上假设，就可以利用已学过的工程热力学、气体动力学知识对火箭发动机的性能进行理论计算。虽然理想火箭发动机在客观上是不存在的，但其理论计算结果与实际火箭发动机的实验结果十分近似，这证明上述假设抓住了火箭发动机实际工作过程的本质。理想火箭发动机的计算结果在设计实践中有很高的实用价值，可以作为火箭发动机的定量估算结果。

2. 理想火箭发动机的热力循环

从工程热力学可知，工质经历一系列状态变化又重新恢复到原来状态的全部过程称为热力循环。每一种热动力装置都对应有各自的热力循环，火箭发动机也有自己的热力循环。

火箭发动机中工质的重复膨胀做功是通过下述方式实现的，即工质膨胀后离开热机（发动机），依靠不断换入与初始状态相同的等量新工质，重复地膨胀做功。这种循环是将热转换为功的正向循环，因而也称为动力循环。

以下根据热力学的基本原理，将理想火箭发动机的工作过程用热力循环的概念加以说明。图 5.8 是借助热力学中的 $p-v$ 图（又称压容图、示功图）和 $T-s$ 图（又称温熵图、示热图）来描述火箭发动机工作过程的示意图。

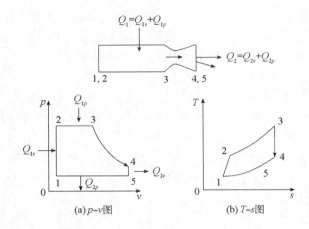

图 5.8　火箭发动机的理想热力循环示意图

在火箭发动机内，取单位质量的推进剂作为工质，将其所经历的一系列过程加以简化，可将整个工作循环分成 5 个过程。

（1）定容压缩过程

当常温、常压下的推进剂在燃烧室内被瞬时点燃后，产生高温、高压的燃烧产物，压强迅速上升，直至达到燃烧室内的额定平衡压强。在这一过程（见图 5.8（a）中的 1—2 过程）中，由于固态或液态推进剂的比容远小于燃烧产物的比容（两者的比值不大于 0.5%），而且它们实际上是不可压缩的，因而压缩功等于零。反映在 $p-v$ 图上 1—2 线垂直向上，并近似与 p 轴重合，在 $T-s$ 图上温度和熵值均增加（点火产生的热量相当于外界加给系统的热量 Q_{1v}）。

（2）定压加热过程

在这一过程（见图 5.8（a）中的 2—3 过程）中，推进剂在定压环境下持续燃烧，相当于将推进剂的定压爆热 Q_{1p}，几乎全部施加给工质，固态或液态推进剂不断变为气态燃烧产物，因而比容增加，工质的温度继续有所升高。

（3）等熵膨胀过程

在这一过程（见图 5.8（a）中的 3—4 过程）中，燃烧室内的高温、高压工质在喷管内作等熵膨胀，工质的压强、温度不断降低，比容增大，速度增大，最后从喷管出口排出。此工作过程反映在图上是一条平行于 T 轴的直线。此时喷管出口处工质的温度仍远高于周围介质的温度，喷管出口处的压强通常也略高于周围介质的压强。因此，工质接着向"冷体"（周围介质）

放热，假设放热过程分为两个阶段：第一阶段即图中的 4—5，第二阶段为图中的 5—1。

（4）定容放热过程

在这一过程（见图 5.8（a）中的 4—5 过程）中，喷管出口处的压强迅速降低至周围介质的压强，假设这一过程是一个定容放热过程，因而工质的比容不变，而压强、温度和熵均减小（相当于从系统中抽走热量 Q_{2v}）。

（5）定压放热过程

在这一过程（见图 5.8（a）中的 5—1 过程）中，工质在与周围介质相同的压强下放热、冷却并凝结，直至最后恢复到循环的初始状态（放走的热量为 Q_{2p}）。

5.2.3 喷管理论及其基本关系式

在计算火箭发动机性能及确定设计函数时，需要知道火箭发动机燃烧室内部热力学理论关系式。这些关系式作为评价与比较各类火箭发动机性能的手段是十分有用的，并且对于任何给定的性能要求，还可以用这些关系式预估火箭发动机的工作性能并确定出必要的设计参数，如喷管尺寸和形状。这些理论及关系式可应用于化学能火箭发动机（液体火箭发动机及固体火箭发动机）、核能火箭发动机、太阳能火箭发动机和电弧火箭发动机，以及任何以将气体膨胀从而高速喷出作为推进机理的火箭发动机。本节内容将推导出这些关系式，并加以解释。通过对这些关系式的推导，了解发动机内部的燃气特性和膨胀所涉及的热力学过程。

1. 一维定常等熵流动的基本方程

如前所述，火箭发动机中工质的流动过程可简化为一维定常等熵管流，表征这一流动过程特点的有以下 4 个基本方程（或称控制方程）。

（1）连续方程

$$\mathrm{d}\dot{m} = \mathrm{d}(\rho u A) = 0 \tag{5.1}$$

或

$$\dot{m} = \rho u A = \mathrm{const} \tag{5.2}$$

式中，$\dot{m}$ 为气体的质量流量，kg/s；A 为气体流经管道某处的截面积，m^2；ρ 为气体在截面积 A 处的密度，kg/m^3；u 为气体在截面积 A 处的流速，m/s。

由连续方程可看出，通过流道各截面处的质量、流量均相等，它实际上是质量守恒定律的一种表达形式。

（2）动量方程

$$d(\dot{m}u) = -Adp \qquad (5.3)$$

若 $\dot{m}$ 为常数，则式（5.3）可改为

$$\dot{m}du = -Adp \qquad (5.4)$$

或

$$\rho u du + dp = 0 \qquad (5.5)$$

式中，p 为气体在截面积 A 处的压强，Pa。

可见，作用在所取控制体内气体上的力应等于单位时间内气体沿力的方向上动量的变化。式（5.3）等号右侧的负号表示动量的增量与力的增量正好相反。动量方程实际上是牛顿第二定律的一种表达形式。

（3）能量方程

$$d\left(\frac{u^2}{2} + h\right) = 0 \qquad (5.6)$$

或

$$\frac{u^2}{2} + h = \text{const} \qquad (5.7)$$

式中，h 为单位质量气体的焓，称为比焓，J/kg；$u^2/2$ 为单位质量气体的动能，m^2/s^2。

在不计气体质量力的条件下，单位质量气体的焓和动能之和在流道内处处相等。因此，能量方程实际上是能量守恒定律的一种表达形式。

（4）状态方程

$$pV = nR_0T \qquad (5.8)$$

或

$$p = \rho \frac{R_0}{\mu}T \qquad (5.9)$$

式中，n 为物质的量，mol；R_0 为通用气体常数，$R_0 = 8.314$ J/（mol·K）；μ 为气体的摩尔质量，其数值等于该气体的分子质量，kg/mol。

只有理想气体才能完全符合上述方程，因而式（5.8）和式（5.9）为理想气体的状态方程。

2. 热力学与气体动力学的基本关系式

（1）比热比

气体的比定压热容 c_p 与比定容热容 c_v 之比称为该气体的比热比，用符号 k 表示，即

$$k = \frac{c_p}{c_v} \tag{5.10}$$

比热比 k 是一个无量纲量，也是一个很重要的热力学参数。理想气体比定压热容与比定容热容之间的关系可表示为

$$c_p - c_v = R \tag{5.11}$$

$$c_v = \frac{1}{k-1}R \tag{5.12}$$

$$c_p = \frac{k}{k-1}R \tag{5.13}$$

根据分子运动学说的比热理论，理想气体的比热容与温度无关。对于一定的气体，其比热容是一个定值，因此其比热比也是一个定值，称为定值比热比。

但是，实验表明，气体的比热容是随着气体分子结构的复杂程度（分子中原子的数目）和气体温度的升高而增大的，这是因为用理论推算出的 c_p 值并没有考虑分子内部振动所产生的影响。根据比热容的量子理论，可以获得理想气体的比热容与温度的复杂关系式。通常，在一定的温度范围内，这种关系可以近似地用一些经验公式来表达。例如

$$c_p = \alpha_0 + \alpha_1 T + \alpha_2 T^2 + \alpha_3 T^3 + \cdots \tag{5.14}$$

$$c_v = \alpha_0' + \alpha_1 T + \alpha_2 T^2 + \alpha_3 T^3 + \cdots \tag{5.15}$$

式中，α_0 和 α_0' 为常数，α_1，α_2，α_3 等为各阶温度系数；对于不同的气体，它们各自有不同的值。

由于比热容随温度和气体成分的变化而变化，因而其比热比也随温度和气体成分的变化而变化，称为变值比热比。对于理想气体，其比热比就等于等熵指数。

对于火箭发动机喷管中的流动工质来说，其为多组分有化学反应的混合气体（若有凝相组分存在，情况则更为复杂），不同于上述单组分气体。如果讨论的是流动过程中组分不变而温度改变的等熵流动，在简化计算时，其比热比的数值通常就采用喷管入口处的定值比热比；在精确计算时，则应按组

分不变、温度改变时的变值比热比情况进行计算。如果讨论的是不仅温度改变，气体组分也同时改变的等熵流动，则在精确计算时，比热比的数值应按照组分和温度均改变时的变值比热比情况计算，其数值比只考虑温度改变的变值比热比略小。

（2）等熵过程方程式

对于理想气体的等熵过程，根据热力学第一定律可以导出：

$$\frac{p}{\rho^k} = \text{const} \tag{5.16}$$

或

$$\frac{p_2}{p_1} = \left(\frac{\rho_2}{\rho_1}\right)^k \tag{5.17}$$

式中，p 为工质的压强，下标 1 和 2 分别表示过程的初态和终态；k 为等熵指数。

在式（5.16）的导出过程中，将 k 值视为常数。在近似计算中，对于单原子气体可取 $k = 1.66$；对于双原子气体取 $k = 1.4$；对于多原子气体取 $k = 1.29$。但在精确计算时，要考虑 k 值随温度和气体成分的变化。此时式（5.16）中的 k 值应采用平均比热比 $\bar{k}$。$\bar{k}$ 可以有不同的算法，例如采用过程的积分平均值或采用过程初态和终态的算术平均值等。

根据上述等熵过程方程式和理想气体状态方程式，可以方便地导出其他两个状态参数方程为

$$\frac{T}{\rho^{k-1}} = \text{const} \tag{5.18}$$

或

$$\frac{T_2}{T_1} = \left(\frac{\rho_2}{\rho_1}\right)^{k-1} \tag{5.19}$$

和

$$\frac{T}{p^{k-1}} = \text{const} \tag{5.20}$$

或

$$\frac{T_2}{T_1} = \left(\frac{p_2}{p_1}\right)^{\frac{k-1}{k}} \tag{5.21}$$

（3）滞止参数

气体从任意状态经可逆、绝热过程将速度减小到零的状态，称为等熵滞止状态，简称滞止状态。处于滞止状态下的气流参数称为滞止参数（有时也称总参数），用下标 0 表示。

单位质量滞止焓的表达式为

$$h_0 = h + \frac{u^2}{2} \tag{5.22}$$

滞止温度的表达式为

$$T_0 = T + \frac{u^2}{2\,c_p} \tag{5.23}$$

式中，c_p 取为常数。若将式（5.13）代入式（5.23），则得

$$T_0 = T + \frac{k-1}{k} \cdot \frac{u^2}{2R} \tag{5.24}$$

滞止压强的表达式为

$$p_0 = p\left(\frac{T_0}{T}\right)^{\frac{k}{k-1}} \tag{5.25}$$

（4）声速、马赫数和速度系数

①声速。对于符合等熵过程的理想气体，声速 c 可表示为

$$c = \sqrt{\left(\frac{\mathrm{d}p}{\mathrm{d}\rho}\right)_s} = \sqrt{kRT} \tag{5.26}$$

由于气流中各点的状态参数不同，因而各点处的声速也不同，常用"当地声速"来表征其不同。当 $T = T_0$ 时的声速，称为滞止声速，并表示为

$$c_0 = \sqrt{kRT_0} \tag{5.27}$$

②马赫数。某点处气流的速度与当地声速之比称为该点气流的马赫数，用符号表示为

$$Ma = \frac{u}{c} \tag{5.28}$$

将式（5.26）代入得

$$Ma = \frac{u}{\sqrt{kRT}} \tag{5.29}$$

可以看出，因为当地声速不是常数，故 Ma 与 u 不成正比关系。

当 $Ma = 1$ 时的声速称为临界声速，用符号 c_* 表示。显然 $c_* = c = u$，则

$$c_* = \sqrt{\frac{2}{k+1}} c_0 \tag{5.30}$$

可见，c_* 不随气流速度而变化。

③速度系数。某点处的气流速度与临界声速之比称为该点气流的速度系数，用符号 λ 表示为

$$\lambda = \frac{u}{c_*} \tag{5.31}$$

因为对于给定的火箭发动机工质，可以认为 c_* 不变，故 λ 与 u 成正比，因此用来计算火箭发动机内部流动问题比较方便。

（5）用马赫数表示的无量纲状态参数

$$\begin{cases} \dfrac{c_0}{c} = \left[1 + \dfrac{k-1}{2}(Ma)^2 \right]^{\frac{1}{2}} \\[2mm] \dfrac{T_0}{T} = 1 + \dfrac{k-1}{2}(Ma)^2 \\[2mm] \dfrac{\rho_0}{\rho} = \left[1 + \dfrac{k-1}{2}(Ma)^2 \right]^{\frac{1}{k-1}} \\[2mm] \dfrac{p_0}{p} = \left[1 + \dfrac{k-1}{2}(Ma)^2 \right]^{\frac{k}{k-1}} \end{cases} \tag{5.32}$$

（6）用速度系数表达的无量纲状态参数

$$\begin{cases} \dfrac{c}{c_0} = \left(1 - \dfrac{k-1}{k+1}\lambda^2 \right)^{\frac{1}{2}} = \alpha(\lambda) \\[2mm] \dfrac{T}{T_0} = 1 - \dfrac{k-1}{k+1}\lambda^2 = \tau(\lambda) \\[2mm] \dfrac{\rho}{\rho_0} = \left(1 - \dfrac{k-1}{k+1}\lambda^2 \right)^{\frac{1}{k-1}} = \varepsilon(\lambda) \\[2mm] \dfrac{p}{p_0} = \left(1 - \dfrac{k-1}{k+1}\lambda^2 \right)^{\frac{k}{k-1}} = \pi(\lambda) \end{cases} \tag{5.33}$$

在气体动力学中，除上述参数可表达为 Ma 或 λ 的函数外，还有其他一些物理量（如流量、动量、动压等）也可表达成 Ma 或 λ 的函数，它们统称为气体动力学函数。

3. 通过喷管的等熵流动

（1）喷管形状对流动的影响

据式（5.2），即 $\rho u A = \text{const}$，对此式取对数，再微分，得

$$\frac{\mathrm{d}\rho}{\rho} + \frac{\mathrm{d}u}{u} + \frac{\mathrm{d}A}{A} = 0 \qquad (5.34)$$

又据式（5.5），即 $\rho u \mathrm{d}u + \mathrm{d}p = 0$，则该式可改写为

$$\frac{\mathrm{d}p}{\mathrm{d}\rho} \cdot \frac{\mathrm{d}\rho}{\rho} + u^2 \cdot \frac{\mathrm{d}u}{u} = 0 \qquad (5.35)$$

即

$$\frac{\mathrm{d}\rho}{\rho} + (Ma)^2 \frac{\mathrm{d}u}{u} = 0 \qquad (5.36)$$

将式（5.36）代入式（5.34）得

$$\left[1 - (Ma)^2\right] \frac{\mathrm{d}u}{u} + \frac{\mathrm{d}A}{A} = 0 \qquad (5.37)$$

由式（5.37）可看出：

①当 $Ma < 1$ 时，即亚声速流动时，$\mathrm{d}u$ 与 $\mathrm{d}A$ 异号，说明欲使气流加速（$\mathrm{d}u > 0$），须 $\mathrm{d}A < 0$，即喷管流动截面积要逐渐减小（收缩型）。

②当 $Ma > 1$ 时，即超声速流动时，$\mathrm{d}u$ 与 $\mathrm{d}A$ 同号，说明欲使气流加速（$\mathrm{d}u > 0$），须 $\mathrm{d}A > 0$，即喷管流动截面积要逐渐增大（扩大型）。

③当 $Ma = 1$ 时，即声速流动时，$\mathrm{d}A = 0$。由上面分析可知，此时的喷管流动截面积必为喷管的最小截面积，称为临界截面，或喷管喉部截面。

综上所述，欲使气流在喷管中由亚声速流加速到超声速流，喷管的形状必须先收缩后扩张，常把具有这一形状的喷管称为"拉瓦尔喷管"，如图 5.9 所示。

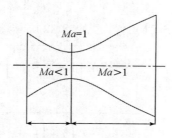

图 5.9 拉瓦尔喷管

（2）临界参数

当 $Ma=1$ 时的流动状态称为临界流动状态，处于临界流动状态条件下的气流参数称为临界参数，在喷管中则表示临界截面处的参数，用下标 $*$ 来表示。显然，根据式（5.32）可得

$$\begin{cases} \dfrac{p_*}{p_0} = \left(\dfrac{2}{k+1}\right)^{\frac{k}{k-1}} \\[2mm] \dfrac{T_*}{T_0} = \dfrac{2}{k+1} \\[2mm] \dfrac{\rho_*}{\rho_0} = \left(\dfrac{2}{k+1}\right)^{\frac{1}{k-1}} \end{cases} \tag{5.38}$$

（3）喷管排气速度

①排气速度的计算公式。根据能量守恒，燃烧室内具有的总能量应等于喷管出口处气体具有的总能量，则有

$$h_c + \frac{u_c^2}{2} = h_e + \frac{u_e^2}{2} \tag{5.39}$$

式中，符号的下标 c 和 e 分别表示燃烧室和喷管出口。

因为

$$h = c_p T \tag{5.40}$$

所以式（5.39）可写成为

$$c_p T_c + \frac{u_c^2}{2} = c_p T_e + \frac{u_e^2}{2} \tag{5.41}$$

假设 $u_c = 0$，则有

$$u_e = \sqrt{2\,c_p(T_c - T_e)} = \sqrt{2\,c_p T_c\left(1 - \frac{T_e}{T_c}\right)} \tag{5.42}$$

将式（5.13）和式（5.21）代入式（5.42），得排气速度的计算式为

$$u_e = \sqrt{\frac{2k}{k-1} R\, T_c\left[1 - \left(\frac{p_e}{p_c}\right)^{\frac{k-1}{k}}\right]} \tag{5.43}$$

或

$$u_e = \sqrt{\frac{2k}{k-1} \cdot \frac{R_0}{\mu} T_c\left[1 - \left(\frac{p_e}{p_c}\right)^{\frac{k-1}{k}}\right]} \tag{5.44}$$

②排气速度的影响因素。若要增大排气速度，应该：

一是采用相对分子质量小的高能推进剂。这可使 R 和 T_c 增加，从而使 u_e 增大；但 T_c 过高会使发动机壳体受热严重。

二是减小压强比 p_e/p_c。这可使气体膨胀得更充分，从而也能使 u_e 增大；但在喷管喉部截面积一定时，必须增大喷管的出口尺寸才能使 p_e/p_c 减小，这将受到发动机结构的限制。

三是减小比热比 k。k 值的减小使得式（5.43）根号内的第一项增大而使根号内方括号中的值减小，其综合效果会使 u_e 略微增大。k 值的大小同样与推进剂的组分和燃烧温度有关。

③极限排气速度。当气体条件不变而 $p_e=0$ 时，排气速度将达最大值，即

$$u_1 = \sqrt{\frac{2k}{k-1}R\,T_c} \tag{5.45}$$

式中，u_1 为极限排气速度。

由此可见

$$u_e = u_1\sqrt{1-\left(\frac{p_e}{p_c}\right)^{\frac{k-1}{k}}} = u_1\eta^{0.5} \tag{5.46}$$

式中

$$\eta = 1-\left(\frac{p_e}{p_c}\right)^{\frac{k-1}{k}} \tag{5.47}$$

η 是定压发动机工作循环的理想循环效率。η 与 p_e/p_c 及 k 的关系如图 5.10 所示。

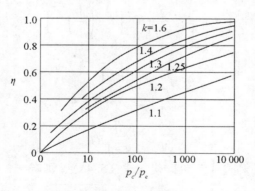

图 5.10　η 随 p_c/p_e 及 k 的变化关系

例 5 - 1 设有一台火箭发动机，其燃烧室工作压强 $p_c = 2.0260$ MPa，燃烧室温度 $T_c = 2222$ K，燃气比热比 $k = 1.3$，气体常数 $R = 345.7$ J／（kg · K），喷管出口压强 $p_e = 0.1013$ MPa，求该发动机的排气速度、极限排气速度和理想循环效率。

解： 先根据式（5.45）求出极限排气速度，有

$$u_1 = \sqrt{\frac{2 \times 1.3}{1.3 - 1} \times 345.7 \times 2222} = 2580 (\text{m／s})$$

由式（5.47）计算理想循环效率，有

$$\eta = 1 - \left(\frac{0.1013}{2.0260}\right)^{\frac{1.3 - 1}{1.3}} = 1 - \left(\frac{1}{20}\right)^{\frac{0.3}{1.3}} = 0.50$$

最后由式（5.46）求出发动机的排气速度为

$$u_e = 2580 \times (0.50)^{0.5} = 1824 \ (\text{m／s})$$

（4）喷管的质量流量

①质量流量的计算公式。由式（5.2）可知

$$\dot{m} = \rho u A = \rho_t u_t A_t \tag{5.48}$$

式中，下标 t 表示喷管喉部；ρ_t 和 u_t 的表达式可分别由式（5.38）和式（5.43）写为

$$\rho_t = \rho_c \left(\frac{2}{k + 1}\right)^{\frac{1}{k - 1}} \tag{5.49}$$

及

$$u_t = \sqrt{\frac{2k}{k - 1} R T_c \left[1 - \left(\frac{p_t}{p_c}\right)^{\frac{k - 1}{k}} \right]} \tag{5.50}$$

又因为

$$\frac{p_t}{p_c} = \left(\frac{2}{k + 1}\right)^{\frac{k}{k - 1}} \tag{5.51}$$

所以

$$u_t = \sqrt{\frac{2k}{k + 1} R T_c} \tag{5.52}$$

将式（5.49）和式（5.52）代入式（5.48），则有

$$\dot{m} = \rho_c \left(\frac{2}{k + 1}\right)^{\frac{1}{k - 1}} \sqrt{\frac{2k}{k + 1} R T_c} A_t \tag{5.53}$$

式中的 ρ_c 可表示为

$$\rho_c = \frac{p_c}{RT_c} \tag{5.54}$$

这样式（5.53）可改写成

$$\dot{m} = \frac{p_c}{RT_c}\left(\frac{2}{k+1}\right)^{\frac{1}{k-1}}\sqrt{k}\ \sqrt{RT_c}A_t\ \sqrt{\frac{2}{k-1}} = p_c\frac{1}{\sqrt{RT_c}}\sqrt{k}\left(\frac{2}{k+1}\right)^{\frac{k+1}{2(k-1)}}A_t \tag{5.55}$$

令

$$\Gamma = \sqrt{k}\left(\frac{2}{k+1}\right)^{\frac{k+1}{2(k-1)}} \tag{5.56}$$

Γ 是一个只与比热比 k 有关的单值函数，其与 k 的数值关系查表可得。由此可得

$$\dot{m} = \frac{\Gamma}{\sqrt{RT_c}}p_c A_t \tag{5.57}$$

定义

$$C_D = \frac{\Gamma}{\sqrt{RT_c}} \tag{5.58}$$

称 C_D 为流量系数。喷管的质量流量公式可写为

$$\dot{m} = C_D p_c A_t \tag{5.59}$$

注意：只有在喷管喉部达到临界状态时，式（5.59）才成立。

②影响质量流量的因素。由式（5.57）可看出，喷管的质量流量与 p_c 及 A_t 成正比，但与燃烧产物的 RT_c 的二次方根成反比。k 值对质量流量的影响较小，当其他条件不变时，随着 k 值的增加，流量有所增加。

例 5 - 2　设例 5 - 1 中的火箭发动机喷喉直径为 10 m，求喷管的质量流量。

解：由表查得 $k = 1.3$ 时，$\Gamma = 0.6674$。将各已知参数代入式（5.57）得

$$\dot{m} = \frac{0.6674}{\sqrt{345.7 \times 2222}} \times 2.0260 \times \frac{\pi}{4} \times 10^2 = 0.123 \ （\text{kg/s}）$$

（5）喷管扩张比与膨胀比的关系

喷管扩张段内任一截面积与喉部截面积之比 A/A_t，称为喷管的当地扩张比（有时也称为当地面积比）；喷管扩张段内任一截面积压强与燃烧室压强之比 p/p_c，称为喷管的当地膨胀比（有时也称为当地压强比）；喷管的出口截面积与喉部截面积之比 A_e/A_t，常简称为喷管的扩张比或面积比，用符号 ε_A 表示；喷管的出口压强与燃烧室压强之比 p_e/p_c，常简称为喷管的膨胀比或压强

比，用符号 ε_p 表示。

①计算公式。由式（5.2）和式（5.57）得

$$\frac{A}{A_t} = \frac{\Gamma}{\sqrt{RT_c}} \cdot \frac{p_c}{\rho u} \tag{5.60}$$

将式（5.43）中的喷管出口条件换成喷管内任一截面积条件，并代入上式得

$$\frac{A}{A_t} = \frac{\Gamma}{\rho \dfrac{RT_c}{p_c} \sqrt{\dfrac{2}{k-1} \left[1 - \left(\dfrac{p}{p_c} \right)^{\frac{k-1}{k}} \right]}} \tag{5.61}$$

利用状态方程和等熵方程

$$\begin{cases} p_c = \rho_c RT_c \\ \rho = \rho_c \left(\dfrac{p}{p_c} \right)^{\frac{1}{k}} \end{cases} \tag{5.62}$$

最后可得

$$\frac{A}{A_t} = \frac{\Gamma}{\left(\dfrac{p}{p_c} \right)^{\frac{1}{k}} \sqrt{\dfrac{2k}{k-1} \left[1 - \left(\dfrac{p}{p_c} \right)^{\frac{k-1}{k}} \right]}} = f\left(k, \frac{p}{p_c} \right) \tag{5.63}$$

对于出口条件，式（5.63）也可表示为

$$\varepsilon_A = \frac{\Gamma}{\left(\dfrac{p_e}{p_c} \right)^{\frac{1}{k}} \sqrt{\dfrac{2k}{k-1} \left[1 - \left(\dfrac{p_e}{p_c} \right)^{\frac{k-1}{k}} \right]}} = f\left(k, \frac{p_e}{p_c} \right) \tag{5.64}$$

若将式（5.64）中的 ε_A 用出口的马赫数 Ma 表示，可得

$$\varepsilon_A = (Ma)^{-1} \left(\frac{k+1}{2} \right)^{\frac{k+1}{2(k-1)}} \left[1 + \frac{k-1}{2} (Ma)^2 \right]^{\frac{k+1}{2(k-1)}} \tag{5.65}$$

若将 ε_A 用出口速度系数 λ_e 表示，可得

$$\varepsilon_A = \lambda_e^{-1} \left(\frac{k+1}{2} \right)^{-\frac{1}{k-1}} \left(1 - \frac{k-1}{k+1} \lambda_e^2 \right)^{-\frac{1}{k-1}} = \frac{1}{q(\lambda_e)} \tag{5.66}$$

从式（5.63）～式（5.66）的推导过程可知，它们对亚声速流和超声速流均适用。图 5.11 所示为某一 k 值下 A/A_t 与 p/p_c 之间的函数关系。

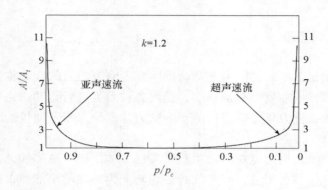

图 5.11　A/A_t 与 p/p_c 的关系曲线

②影响因素。由式（5.63）和图 5.11 可以看出，A/A_t 是 p/p_c 和 k 的函数，其中 k 的影响较小，但应注意的是，A/A_t 是 p/p_c 的单值函数，而 p/p_c 则是 A/A_t 的双值函数。其中，p/p_c 的较大值对应的是亚声速情况，p/p_c 的较小值对应的是超声速情况。当 $A/A_t = (A/A_t)_{\min} = 1$ 时，p/p_c 只有一个值，即 p_t/p_c。从变化趋势看，当 p/p_c 减小时，在喷管亚声速段的 A/A_t 是减小的，而在超声速段的 A/A_t 则是增大的。

5.3　火箭发动机的主要性能参数

　　火箭发动机作为导弹的核心动力装置，其任务是使导弹获得一定的速度，进而使导弹飞行一定的距离或爬升一定的高度，最终实现对目标的打击。为了完成这一任务，导弹需要满足一系列的战术技术要求，如性能参数、工作条件及外形尺寸等。战术技术要求是火箭发动机设计的原始依据。推力、总冲和比冲是火箭发动机的主要性能参数，通常又称为总体参数。除此之外，品质系数和效率也是评价发动机性能的参数。

　　推力是导弹飞行的基本动力，也是对发动机最基本的性能要求，通常由导弹总体设计部门给出其变化范围。对于火箭发动机来说，在它全部工作时间内，推力一直存在，所以发动机的总冲就是推力与工作时间的乘积。一般情况下，推力是随时间变化的，总冲就是推力对时间的积分。

5.3.1 推力

火箭发动机工作时，作用于发动机所有表面上的力的合力称为火箭发动机的推力。导弹依靠发动机的推力，克服各种阻力进行运动，完成预定的飞行任务。因此，推力是导弹飞行的基本动力，也是火箭发动机的主要性能参数之一。

推进剂在发动机内燃烧时产生高温高压气体，经过膨胀加速，在喷管尾部形成高速气流喷射出去，使燃气的热能转变为燃气的动能。根据牛顿第三定律，燃气脱离发动机时，对发动机产生一个反作用力，这个喷气反作用力就是推力。火箭发动机产生推力需要满足两个条件：必须有一定的喷射物质，即燃气工质；发动机必须具有特定的结构，能够实现燃气的膨胀和加速。

1. 推力的基本公式

推力是喷气的反作用力，这一结论是有条件的：如果火箭发动机在大气层以外或真空中工作，这一结论是正确的；如果火箭发动机在大气层中工作，这一结论则是片面的，因为作用在发动机壳体上的力除喷气反作用力以外，还有大气压强的作用。一般地说，大气层中火箭发动机的推力应等于喷气反作用力和大气压强的代数和，而真空中火箭发动机的推力可认为是上述的一种特殊情况，即大气压强的合力等于零时的推力。本节就对喷气反作用力和大气压强的合力分别进行讨论。

（1）喷气的反作用力

发动机内壁对喷气的作用力与喷气对发动机的反作用力是相互对立的两个方面，二者大小相等、方向相反。因此，通过发动机内壁对喷气的作用力，就能获得喷气的反作用力。

发动机单位时间内喷射出一定质量的高速气流，也就是说单位时间所喷出的气体获得了一定的动量。为计算整个发动机内壁对气体的作用力，取某瞬时充满整个发动机的气流（以下简称"所取气流"）作为研究对象，并规定坐标轴正方向与喷气方向相反，如图 5.12 所示。假定发动机内的气流为一元定常流（只考虑气流参数沿发动机的轴向发生变化），并且由于发动机是轴对称结构，发动机内壁对所取气流的作用力仅存在轴向力。因此，仅需研究所取气流在 x 轴上的动量变化和所受外力即可。

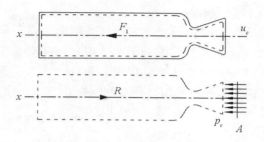

图 5.12　喷气反作用力示意图

对所取气流采用动量方程可得 $p_x = \dot{m}(u_{2x} - u_{1x})$，其中 $\dot{m}$ 表示喷管的质量流量，u_{1x} 和 u_{2x} 分别表示燃烧室头部和尾部的气流速度。当不考虑摩擦时，作用于所取气流上的力为 $p_x = (-R) + p_e A_e$，式中，R 表示发动机内壁对所取气流的作用力，负号则表示与 x 轴正方向相反，而与喷气方向一致；$p_e A_e$ 为喷管出口截面上的气体对所取气流的作用力，此力阻碍气流流出，其中 A_e 为喷管出口截面积，p_e 为喷管处压强。对于所取气流来说 $u_{2x} = -u_e$，其中 u_e 为喷气速度，负号表示喷气方向与 x 轴正方向相反。考虑到燃烧室头部的气流速度为零，即 $u_{1x} = 0$，因此，所取气流的动量方程可表示为

$$-R + p_e A_e = \dot{m}(-u_e) \tag{5.67}$$

或

$$R = \dot{m} u_e + p_e A_e \tag{5.68}$$

气流对发动机内壁的作用力 F_1 与发动机内壁对气流的作用力 R 大小相等、方向相反。由此得到 F_1 的大小为

$$F_1 = \dot{m} u_e + p_e A_e \tag{5.69}$$

F_1 的方向与 x 轴正方向相同。

由以上推导可知，$\dot{m} u_e$ 为所取气流单位时间内在外力作用下（主要是发动机内壁的作用力）的动量增量，也就是单位时间内喷出的气体所获得的动量。根据牛顿第三定律，发动机单位时间喷出的气体也必定给发动机一个反作用力，即喷气反作用力，因此式（5.69）中的 F_1 通常称为喷气反作用力。

由式（5.69）可以看出，喷气反作用力由两项组成：第一项 $\dot{m} u_e$ 表示喷气动量的变化，喷气速度 u_e 越大，喷气反作用力 F_1 也就越大，说明燃气的热焓向喷气动能的转化越充分；第二项 $p_e A_e$ 表明喷气反作用力与喷管出口处的压强及横截面积呈正相关。

（2）大气压强的合力

实际上，外界大气压强沿导弹或发动机外壁的分布规律是很复杂的，受到导弹飞行速度和气动外形等因素的影响。但在理想状态下，作用在导弹或发动机外壁上的大气压强可以认为是均匀分布的，且等于未受扰动的周围大气压强p_a。发动机内、外壁上的压强分布如图 5.13 所示。

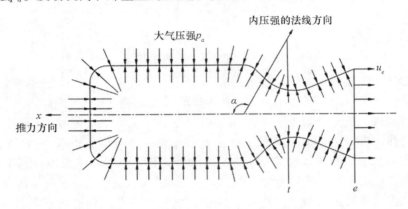

图 5.13　发动机内、外壁上的压强分布

假定导弹或发动机为轴对称结构，则大气压强的合力必然是轴向的，实际作用在火箭或发动机头部的轴线上，该合力可表示为

$$F_2 = -p_a A_e \tag{5.70}$$

式中，负号表示外界大气压强的合力与推力方向相反，故属于阻力。

推力就等于喷气的反作用力加上大气压强的合力，其基本公式可表示为

$$F = F_1 + F_2 = \dot{m} u_e + A_e (p_e - p_a) \tag{5.71}$$

2. 推力公式分析

推力的基本公式表明，发动机的推力与推进剂的物理状态无关，因此对于固体火箭发动机和液体火箭发动机来说都是适用的。另外，推力公式还表明，火箭发动机的推力与导弹的飞行速度无关，这是火箭发动机与航空喷气发动机的主要区别之一。

由推力的基本公式（5.71）可知，火箭发动机的推力由两项组成：第一项 $\dot{m} u_e$ 为动推力，其大小取决于燃气的质量流量和喷气速度，是推力的主要组成部分，通常占总推力的 90% 以上；第二项 $A_e (p_e - p_a)$ 为静推力，是由喷管出口处燃气压强与外界大气压强 p_a 不平衡而引起的，不平衡的程度与喷管

的工作状态有关,对于喷管尺寸一定的发动机,静推力随着飞行高度 H 的增加而增大,因而推力 F 也随 H 的增加而增大,其变化关系如图 5.14 所示。

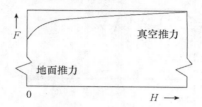

图 5.14　推力随高度的变化关系

如果火箭发动机在真空环境中工作,此时产生的推力称为真空推力。真空环境中,外界大气压强 $p_a = 0$,发动机的静推力达到最大值,推力也相应地达到最大值。因此,有时也把发动机的真空推力称为最大推力。真空推力 F_v 的表达式为

$$F_v = \dot{m}\,u_e + A_e p_e \tag{5.72}$$

如果火箭发动机在某个特定高度工作,且在此高度上 p_a 恰好等于 p_e,则此时发动机的静推力等于零,推力的组成项中仅有动推力一项。定义 $p_a = p_e$ 条件下的状态为设计状态,并称该状态下的发动机推力为特征推力 F^0 或最佳推力 F_{opt}。因此有

$$F^0 = \dot{m}\,u_e \tag{5.73}$$

接下来进一步说明"设计状态"和"特征推力"的物理意义。

不论是动推力还是静推力,其大小都与喷管的扩张比 A_e/A_t 有关,或在喷管喉部截面积 A_t 一定时,与喷管出口处截面积 A_e 有关。对于在某一特定高度工作的火箭发动机,根据图 5.15 所示的喷管扩张段压强分布情况,可知应该如何设计发动机的喷管尺寸才能使得在该高度上工作的发动机获得最大推力。环境压强 p_a 均匀地作用于喷管外壁,而燃气压强 p 则作用于喷管内壁,且随着扩张比的增大而逐渐减小,那么可以在喷管扩张段中找到某一截面 B,使得在该截面上 $p = p_a$。如果喷管的出口截面在 A 处,那么只需将扩张段出口延长至截面 B 处,即可得到一个与推力 F 同向的轴向推力增量 ΔF_{AB};同理,如果喷管的出口截面在 C 处,则在 BC 段内 $p < p_a$,其轴向合力 ΔF_{AB} 与推力 F 异向,从而得到一个轴向推力减量 ΔF_{BC}。由此可知,当 p_a 一定时,只有把喷管的扩张比设计成满足 $p_e = p_a$ 状态时才能使火箭发动机推力达到最大,故称这一状态为设计状态,而此时的推力称为特征推力或最佳推力。

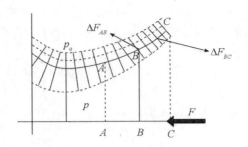

图 5.15　喷管扩张段的压强分布示意图

需要指出的是，上述只是理论分析的结果，在实际应用中，还应考虑其他因素的影响。例如，多数飞行器在其主动段飞行期间，其飞行高度是在不断变化的，因此其设计高度上的p_a值为主动段飞行期间不同p_a的加权平均值；火箭发动机在真空或接近真空的环境中工作时，必须综合考虑发动机推力、喷管质量、结构尺寸、造价成本和壳体强度等诸多因素，从而设计出合理的喷管尺寸。

3. 推力系数

（1）推力系数的定义及其表达式

已知推力公式为

$$F = \dot{m}\, u_e + A_e(p_e - p_a) \tag{5.74}$$

式中的$\dot{m}$和u_e分别用式（5.57）和式（5.43）代入，可得F的另一种表达式为

$$F = A_t p_c \left\{ \Gamma \sqrt{\frac{2k}{k-1}\left[1 - \left(\frac{p_e}{p_c}\right)^{\frac{k-1}{k}}\right]} + \frac{A_e}{A_t}\left(\frac{p_e}{p_c} - \frac{p_a}{p_c}\right) \right\} \tag{5.75}$$

把推力与A_t和p_c的乘积成正比的比例系数定义为推力系数C_F，其表达式为

$$C_F = \Gamma \sqrt{\frac{2k}{k-1}\left[1 - \left(\frac{p_e}{p_c}\right)^{\frac{k-1}{k}}\right]} + \frac{A_e}{A_t}\left(\frac{p_e}{p_c} - \frac{p_a}{p_c}\right) \tag{5.76}$$

因此，推力的表达式最终简化为

$$F = C_F A_t p_c \tag{5.77}$$

据此，可把推力系数表示为

$$C_F = \frac{F}{A_t p_c} \tag{5.78}$$

　　显然，推力系数是一个无量纲量，可以这样来说明它的物理意义，即推力系数代表了单位喷管喉部面积、单位燃烧室压强所能产生的推力。它主要表征了燃气在喷管中膨胀的充分程度，而推进剂性能对其影响不大。C_F 越大表示燃气在喷管中膨胀得越充分，即燃气的热能越充分地转换为燃气的动能。因此，推力系数是表征喷管性能的一个重要参数。

　　（2）真空推力系数和特征推力系数

　　真空推力所对应的推力系数称为真空推力系数，用符号 C_{F_v} 表示，此时 $p_a = 0$，故式（5.76）可改写为

$$C_{F_v} = \Gamma \sqrt{\frac{2k}{k-1}\left[1 - \left(\frac{p_e}{p_c}\right)^{\frac{k-1}{k}}\right]} + \frac{A_e}{A_t}\left(\frac{p_e}{p_c}\right) \tag{5.79}$$

　　同理，由特征（最佳）推力所对应的推力系数称为特征（最佳）推力系数，用符号 C_F^0 表示。此时，由于 $p_e = p_a$，故式（5.76）可改写为

$$C_F^0 = \Gamma \sqrt{\frac{2k}{k-1}\left[1 - \left(\frac{p_e}{p_c}\right)^{\frac{k-1}{k}}\right]} \tag{5.80}$$

　　由此可知，C_F 与 C_{F_v} 的关系为

$$C_F = C_{F_v} - \frac{A_e\,p_e}{A_t\,p_c} \tag{5.81}$$

C_F 与 C_F^0 的关系为

$$C_F = C_F^0 + \frac{A_e}{A_t}\left(\frac{p_e}{p_c} - \frac{p_a}{p_c}\right) \tag{5.82}$$

　　（3）影响推力系数的主要因素

　　由式（5.78）看出，C_F 与 k，A_e/A_t，p_e/p_c 以及 p_a/p_c 有关。在一般情况下，$p_a \ll p_c$，因而 p_a/p_c 对 C_F 的影响较小；而 p_e/p_c 又可用 A_e/A_t 及 k 的函数表示，如式（5.63）所示。因此，影响 C_F 的主要因素仅为 A_e/A_t 和 k 两项。对于常用的推进剂来说，k 值的变化不大，当推进剂选定后，k 值不变，因而 C_F 的变化主要取决于喷管扩张比 A_e/A_t。图 5.16 和图 5.17 表示在不同的 k 和 p_c/p_a 值时，C_F 与 A_e/A_t 的关系曲线。

　　从图 5.16 和图 5.17 可以看出，在给定 k 值下，对于每一个压强比 p_c/p_a 来说，C_F 与 A_e/A_t 的变化规律基本相同。C_F 随 A_e/A_t 的增大呈桥形曲线变化，即先增大后减小，中间经过一个最高点，这说明存在一个最大推力系数。这反映了喷管膨胀状态从欠膨胀（$p_e > p_a$）到完全膨胀（$p_e = p_a$）再到过度膨胀

（$p_e < p_a$）的变化，该最大值即为特征（最佳）推力系数C_F^0，此时所对应的发动机推力即为特征（最佳）推力F^0。

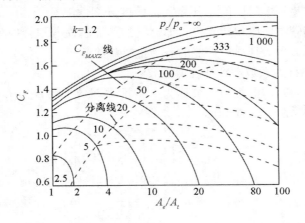

图 5.16　推力系数C_F与A_e/A_t的关系曲线（$k = 1.2$）

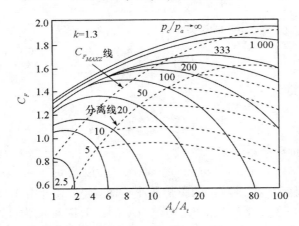

图 5.17　推力系数C_F与A_e/A_t的关系曲线（$k = 1.3$）

当k和A_e/A_t一定时，C_F随p_c/p_a的增大（即p_a/p_c减小）而增大，这说明了C_F随工作高度的增加而增大。当$p_c/p_a \to \infty$（即$p_a/p_c = 0$）时，C_F达到最大值，该最大值即为真空推力系数C_{Fv}，此时所对应的发动机推力即为真空推力F_v。

当过度膨胀严重到一定程度时（通常$p_e \leqslant 0.4\, p_a$时），喷管内会发生气流分离现象，实际的A_e将向喷管扩张段的上游移动而变小，因而使过度膨胀程度减小，实际的C_F增大。这就是图 5.16 和图 5.17 中对应于某一工作高度下

的 C_F 随 A_e/A_t 的增大而超过分离线时，为什么不再按理论上的实线继续下降而按图中的虚线缓慢下降的原因。

从式（5.80）可见，C_F^0 只是 k 和 p_e/p_c（或 A_e/A_t）的函数，它与 p_a 无关，因而也与发动机的工作高度无关。图 5.18 表示出它们之间的函数关系。

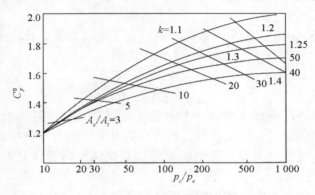

图 5.18　C_F^0 与 k，p_c/p_e 及 A_e/A_t 的函数关系

只要已知 C_F^0 和 p_a，则对应工作高度下的推力系数 C_F 即可方便地按式（5.82）求出。通常，C_F 的数值在 $1 \sim 2$ 的范围内变化。

（4）有效排气速度和特征速度

①有效排气速度。由式（5.73）知

$$F = \dot{m}\, u_e + A_e(p_e - p_a) = \dot{m}\left[u_e + \frac{A_e}{\dot{m}}(p_e - p_a)\right] = \dot{m}\, u_{ef} \qquad (5.83)$$

式中

$$u_{ef} = u_e + \frac{A_e}{\dot{m}}(p_e - p_a) \qquad (5.84)$$

通常称 u_{ef} 为有效排气速度。事实上，称其为"等效"排气速度更为贴切。因为它并不是实际的排气速度，而是将推力中的静推力部分折算成动推力所对应的排气速度（欠膨胀时为正值，过度膨胀时为负值），然后加到实际的排气速度上所得到的排气速度，所以是排气速度的等效值。显然，当 $p_e = p_a$ 时，有效排气速度 u_{ef} 就等于排气速度 u_e。在其他情况下，u_e 与 u_{ef} 的差值一般不超过 10%。

从式（5.84）可见，对于给定的发动机，u_{ef} 是环境压强（或工作高度）的函数，随环境或飞行高度的变化而变化。但因式中的 u_e 不变，而因 p_a 引起的静推力变化又远小于总推力，故在近似分析时，可以假定有效排气速度u_{ef}为常数。

②特征速度。式（5.59）已列出了在超临界条件下通过拉瓦尔喷管的质量流量的表达式为

$$\dot{m} = C_D p_c A_t \tag{5.85}$$

与推力公式中定义推力系数C_F类似，在上述质量流量公式中，将C_D定义为流量系数，它的表达式已由式（5.59）给出

$$C_D = \frac{\Gamma}{\sqrt{R T_c}} = \frac{\Gamma}{\sqrt{R_0 T_c / \mu}} \tag{5.86}$$

可以看出，C_D反映了燃烧产物的热力学性质，与推进剂的燃烧温度T_c、燃烧产物的摩尔质量μ以及燃气比热比k值有关，但与喷管喉部下游的流动过程无关，因此它是表征推进剂能量特性和燃烧室内燃烧完善程度的参数，其单位为$(m/s)^{-1}$。

通常把流量系数C_D的倒数称为特征速度，记为c^*（注意不要和临界声速c_*相混淆）。c^*的单位 m/s 是速度的量纲，但它并不具有真实速度的含义，而是一个假想的速度，用它来表示推进剂燃烧产物对质量流量的影响。c^*越大，表明推进剂的能量特性越大，燃烧室内的燃烧过程越完善，因而获得相同燃烧室压强和发动机推力所需的质量流量就越小。c^*与k和$\sqrt{T_c/\mu}$的函数关系如图5.19所示。

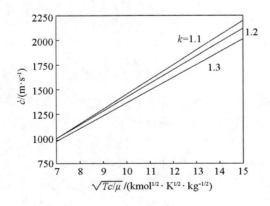

图 5.19 c^*与k和$\sqrt{T_c/\mu}$的函数关系

特征速度c^*的表达式为

$$c^* = \frac{1}{C_D} = \frac{\sqrt{R_0 T_c / \mu}}{\Gamma} \tag{5.87}$$

这样，质量流量的表达式又可写为

$$\dot{m} = \frac{A_t p_c}{c^*} \tag{5.88}$$

将式（5.88）改写一下，可得c^*的另一种表达式为

$$c^* = \frac{A_t p_c}{\dot{m}} \tag{5.89}$$

与流量系数C_D一样，特征速度c^*也是一个表征推进剂能量特性和燃烧室内燃烧完善程度的系数，与喷管的流动无关。通常情况下，固体双基推进剂的c^*值低于复合推进剂的c^*值，前者约为 1400 m/s，后者为 1500~1800 m/s。

5.3.2　总冲和比冲

1. 总冲

根据冲量的定义，把发动机推力与推力作用时间的乘积称为发动机的推力冲量或总冲量。一般情况下，推力是随时间变化的。因此，把推力对工作时间的积分面积（见图 5.20 中的阴影面积）定义为发动机的总冲，记为I，则

$$I = \int_0^{t_a} F \mathrm{d}t \tag{5.90}$$

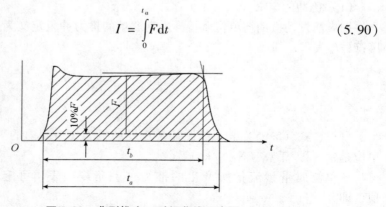

图 5.20　典型推力 - 时间曲线示意图

如果 t_a 时间内推力为常量，则式（5.90）可简化为

$$I = F\,t_a \tag{5.91}$$

总冲是火箭发动机的一个重要性能参数，综合反映了发动机的工作能力。须根据飞行器不同任务的需要，来确定发动机总冲的大小，如射程远或负荷大的飞行器，就要求有大的发动机总冲。相同的总冲，也可根据飞行器用途的不同选用不同的推力 – 时间方案来实现。

由式（5.83）可知

$$F = \dot{m}\,u_{ef} \tag{5.92}$$

将其代入式（5.90）得

$$I = \int_0^{t_a} \dot{m}\,u_{ef}\mathrm{d}t \tag{5.93}$$

对于给定的发动机，如果在其工作过程中工作高度的变化不大，则 u_{ef} 的变化不大，故可近似看作常数，这样式（5.93）可改写为

$$I = u_{ef}\int_0^{t_a} \dot{m}\mathrm{d}t = u_{ef}\,m_p \tag{5.94}$$

式中，m_p 为推进剂装药的质量。

式（5.94）是总冲的另一种表达式。可以看出，总冲与 u_{ef} 及 m_p 直接有关，m_p 又直接决定了发动机的质量和大小。总冲的单位是牛·秒（N·s）。

2. 比冲

（1）比冲的定义

把火箭发动机消耗单位质量推进剂产生的推力冲量定义为发动机的比冲，用符号 I_{sp} 表示，即

$$I_{sp} = \frac{I}{m_p} = \frac{\int_0^{t_a} F\mathrm{d}t}{\int_0^{t_a} \dot{m}\mathrm{d}t} \tag{5.95}$$

可见，式（5.95）表示的比冲是在发动机工作时间内的平均值。比冲的单位是牛·秒/千克（N·s/kg）。

从单位质量秒流量所产生的推力这一角度出发，可定义比冲的瞬时值，即

$$I_{sp} = \frac{F}{\dot{m}} \tag{5.96}$$

在国际单位制中，比冲在数值上等于有效排气速度：

$$I_{sp} = u_{ef} \tag{5.97}$$

将

$$F = C_F p_c A_t \tag{5.98}$$

和

$$\dot{m} = \frac{1}{c^*} p_c A_t \tag{5.99}$$

代入式（5.96），可得比冲与推力系数、特征速度三者的关系为

$$I_{sp} = c^* C_F \tag{5.100}$$

可见，比冲包含了特征速度和推力系数这两个性能参数反映的特性，既反映了推进剂的能量高低，又反映了燃烧和膨胀过程的质量，所以是全面衡量发动机性能的重要指标。

（2）特征比冲和真空比冲

特征比冲I_{sp}^0与特征推力系数类似，特征比冲是发动机在设计状态下$p_e = p_a$工作时对应的比冲，是该工作高度上发动机的最大比冲，即

$$I_{sp}^0 = \frac{\dot{m}\, u_e}{\dot{m}} = u_e \tag{5.101}$$

真空比冲I_{spV}是发动机在真空状态下工作时$p_a = 0$对应的比冲，即

$$I_{spV} = u_e + \frac{A_e p_e}{\dot{m}} \tag{5.102}$$

如发动机工作的设计状态为真空状态，则$p_e = p_a = 0$，真空比冲达到其最大值，即

$$I_{spV} = u_L \tag{5.103}$$

式中，u_L为极限排气速度。

目前固体火箭发动机的比冲在 2000 ~ 3200 N·s/kg 之间，而液体火箭发动机的比冲在 2500 ~ 4600 N·s/kg 之间。

（3）影响比冲的因素

①推进剂能量对比冲的影响。推进剂的能量越高，燃烧产物的RT_c值就越高，因而u_e增大，u_{ef}增大，致使I_{sp}增大。同时若燃气比热比k减小，也会使u_e略增大，因而使I_{sp}略增大。

对于固体推进剂，提高其能量特性的途径有：适当增加双基推进剂中硝化甘油的含量和硝化棉的含氧量；在双基推进剂中加入高含氧量和成气性强

的氧化剂（如 NH_4CLO_4）或高放热量的硝胺炸药（如 HMX 和 RDX）；在复合推进剂中选用生成焓高和氢碳比高的黏结剂及高能氧化剂；在推进剂中加入高发热量、低密度的金属粉末添加剂（如 Al、Li、Be、B）或金属氢化物等。采用所有这些措施的目的都是增大添加剂的热值，提高燃烧室的火焰温度，降低燃烧产物的平均分子量和比热比，从而使 u_{ef} 和 I_{sp} 增加。

②喷管扩张比 A_e/A_t（或膨胀比 p_e/p_c）对比冲的影响。燃烧产物在喷管中膨胀的程度取决于喷管的扩张比 A_e/A_t。当推进剂一定时（k 值一定），A_e/A_t（或 p_e/p_c）对 I_{sp} 的影响与它对 C_F 的影响是完全一致的。图 5.21 为两种制式双基推进剂的比冲 I_{sp} 与喷管扩张比 A_e/A_t 的关系曲线，可以看出，在达到特征比冲 I_{sp}^0 以前，I_{sp} 随 A_e/A_t 的增加而增加，但当 $A_e/A_t > 6$（或 $p_e/p_c < 0.025$）以后，这种趋势就明显减弱了。因此，对于近程、低空工作的发动机，常采用略为欠膨胀的喷管。这样做，比冲损失不大，但可减小喷管的尺寸和质量，以及减少摩擦和散热损失。

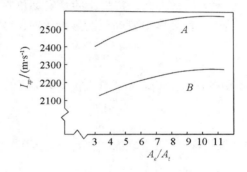

图 5.21　I_{sp} 与喷管扩张比 A_e/A_t 的关系曲线

③环境压强 p_a 对比冲的影响。对于给定的发动机，其比冲将随着环境压强的降低（即工作高度的增加）而增加。其真空比冲相对于海平面比冲的增加量约为 9.3%。

④燃烧室压强 p_c 对比冲的影响。当喷管尺寸和 p_a 一定时，p_c 的变化只能影响 p_a/p_c，而不会影响 A_e/A_t 和 p_e/p_c。因此，当 p_c 增加时，使 p_a/p_c 减小，从而使 u_{ef} 增大，I_{sp} 增大。图 5.22 列出了三种制式双基推进剂的比冲随燃烧室压强的关系曲线。从图中可以看出，在喷管欠膨胀范围内，比冲 I_{sp} 是随着 p_c 的增加而增大的，当 $p_c < 6MPa$ 时，I_{sp} 对 p_c 较敏感；而当 $p_c > 10MPa$ 时，I_{sp} 受 p_c 的影响比较小。低压下 I_{sp} 急剧减小的原因还在于推进剂在低于维持其正常

燃烧的临界压强下会出现不完全的燃烧。

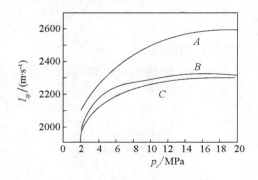

图 5.22　I_{sp} 与 p_c 的关系曲线

⑤推进剂初温 T_i 对比冲的影响。对于固体火箭发动机，其推进剂的初温对比冲的影响可从两个方面来分析：首先，初温 T_i 增加，会引起推进剂热焓的增加。根据能量守恒定律，这一增加会引起燃烧室内燃烧产物温度 T_c 的增加，从而使 I_{sp} 增大。其次，初温 T_i 增加，对固体推进剂来说，会引起推进剂燃速 r 的增加，从而在多数情况下会引起燃烧室压强 p_c 的增加，p_c 的增加又会引起 I_{sp} 的增大。

对于常用的固体推进剂而言，通过计算可以得到：

因 T_i 的变化引起 T_c 的变化量通常小于 T_i 本身的变化量；

因 T_i 的变化引起的 I_{sp} 变化程度大于因 p_c 的变化引起的 I_{sp} 变化的程度；

因 T_i 的变化引起 I_{sp} 的变化量并不大，但不能忽略；

不同推进剂其初温 T_i 变化引起的 I_{sp} 的变化量在程度上会有所不同，例如，CTPB 复合推进剂的 $\Delta I_{sp}/\Delta T_i$ 是 HTPB 和 NEPE 复合推进剂的 1.5 倍左右（前者为 0.373（m·s^{-1}）/K，后者为 0.245（m·s^{-1}）/K）。

5.3.3　效率和品质系数

1. 效率

前面已经讨论过火箭发动机的工作过程实质上就是一种能量转换过程。因此，火箭发动机的效率实质上就是反映这种能量转换的充分程度。

（1）内效率

发动机的内效率定义为喷管出口截面上单位质量燃烧产物所具有的动能

与相同质量推进剂所具有的总焓之比，记为η_i。η_i的表达式为

$$\eta_i = \frac{u_e^2/2}{i_p} \qquad (5.104)$$

式中，i_p为单位质量推进剂的总焓。

用η_i可以衡量推进剂的化学能转换为燃烧产物动能的充分程度。这一转换过程经历了燃烧和膨胀两个分过程。因此，η_i可分解为这两个分过程效率之积，即

$$\eta_i = \eta_c \eta_e \qquad (5.105)$$

其中

$$\eta_c = \frac{Q_c}{i_p} \qquad (5.106)$$

$$\eta_e = \frac{u_e^2/2}{Q_c} \qquad (5.107)$$

式中，η_c为燃烧效率，衡量单位质量推进剂的化学能转换成燃烧产物热能的充分程度；η_e为膨胀效率，衡量单位质量燃烧产物的热能转换成动能的充分程度。

①燃烧效率。由于推进剂在发动机燃烧室内燃烧过程中存在燃烧不完全、燃烧产物发生离解以及室壁散热损失的情况，燃烧效率不可能等于1，通常在0.94～0.99的范围内。

②膨胀效率。由于喷管流动过程中存在热力学损失和膨胀损失，膨胀效率也小于1。

（a）热力学损失。由于膨胀过程中不可能将燃烧产物的热能全部转化为喷管出口截面的动能，故存在热力学损失，其损失的大小用热效率η_t来衡量。根据热力学第二定律，热效率的定义为

$$\eta_t = 1 - \frac{T_e}{T_c} \qquad (5.108)$$

式中，T_c和T_e分别为燃烧产物在燃烧室和喷管出口处的温度。

对于一维定常等熵流动，式（5.108）可改写为

$$\eta_t = 1 - \left(\frac{p_e}{p_c}\right)^{\frac{k-1}{k}} \qquad (5.109)$$

这里讨论的热效率即理想循环效率，只是前者讨论的是热能的利用效率，后者讨论的是动能的利用效率。

图 5.10 表示了 η_t 与 k 及 p_e/p_c 的关系。可以看出，p_e/p_c 越小和 k 越大（从提高效率的观点看，k 值不宜过小），热效率就越高。目前固体火箭发动机的热效率通常低于 0.6。

（b）膨胀损失。燃烧产物在喷管流动过程中存在散热、摩擦、扩张和二相流等损失，这些损失的大小用喷管效率 η_n 来衡量。膨胀效率 η_e 可表示为 η_t 和 η_n 的乘积，即

$$\eta_e = \eta_t \eta_n \tag{5.110}$$

故发动机内效率可表达为

$$\eta_i = \eta_c \eta_t \eta_n \tag{5.111}$$

（2）外效率

将发动机的外效率定义为单位时间内发动机对飞行器所做的推进功与该推进功加上发动机损失能量之和的比值，记为 η_p，即

$$\eta_p = \frac{Fv}{Fv + \dot{m}\,(u_e - v)^2/2} \tag{5.112}$$

式中，v 为飞行器的飞行速度。

用 η_p 可以衡量燃烧产物动能转换成火箭推进功的充分程度，因而 η_p 又称为推进效率。

在设计状态（$p_e = p_a$）下，$F = \dot{m}\,u_e$，则有

$$\eta_p = \frac{2v/u_e}{1 + (v/u_e)^2} \tag{5.113}$$

由式（5.113）可知，η_p 取决于 v/u_e。图 5.23 表示了 η_p 与 v/u_e 的关系曲线。由图 5.23 和式（5.113）可知，当 $v = 0$ 时，$\eta_p = 0$；当 $v = u_e$ 时，$\eta_p = 1$，此时推进效率最高。

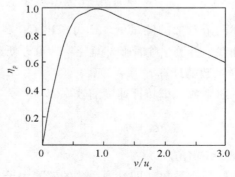

图 5.23　η_p 与 v/u_e 的关系曲线

2. 品质系数

上述的主要性能参数都是理论值，然而由于各种实际因素的影响，参数的实际值与理论值会存在一定的差别。为此，把参数的实际值与理论值之比称为该参数的品质系数或效率因子。

参数的实际值主要依靠试验来测得（必须排除因测量造成的误差）。现以 c^*，C_F 和 I_{sp} 这三个重要参数为例，讨论它们的测量方法。

（1）特征速度实际值 c_{exp}^* 的测量

$$c_{exp}^* = \frac{A_t}{m_p} \int_0^{t_a} p_c \mathrm{d}t \qquad (5.114)$$

式中，A_t 和 m_p 可分别由线度和称量工具测得，$\int_0^{t_a} p_c \mathrm{d}t$ 可由静止试验时的压强－时间曲线获得，这样就测出了 c_{exp}^* 值。

（2）比冲实际值 $I_{sp_{exp}}$ 的测量

$$I_{sp_{exp}} = \frac{\int_0^{t_a} F \mathrm{d}t}{m_p} \qquad (5.115)$$

同理，m_p 由称量得到，$\int_0^{t_a} F \mathrm{d}t$ 则由静止试验时的推力－时间曲线获得，这样就测出了 $I_{sp_{exp}}$ 值。

（3）推力系数实际值 $C_{F_{exp}}$ 的测量

$$C_{F_{exp}} = \frac{I_{sp_{exp}}}{C_{exp}^*} = \frac{\int_0^{t_a} F \mathrm{d}t}{A_t \int_0^{t_a} p_c \mathrm{d}t} \qquad (5.116)$$

显然，有了上述两个参数的测量值，即可求出 $C_{F_{exp}}$，或者只要有了发动机的 $F-t$ 和 p_c-t 曲线，并测出喷管喉部直径，即可方便地求出 $C_{F_{exp}}$ 值。

（4）发动机品质系数的计算

定义燃烧室的品质系数（即特征速度的效率因子）为

$$\xi_c = \eta_c^* = \frac{c_{exp}^*}{c_{th}^*} \qquad (5.117)$$

式中，下标 th 表示理论值。

定义喷管扩张段的品质系数（即推力系数的效率因子）为

$$\xi_n = \eta_{C_F} = \frac{C_{F_{exp}}}{C_{F_{th}}} \qquad (5.118)$$

定义发动机的品质系数（即比冲效率）为

$$\xi = \eta_{I_{sp}} = \frac{I_{sp_{exp}}}{I_{sp_{th}}} \qquad (5.119)$$

根据上述参数的理论计算值和实际测量值，即可算出相应的品质系数。对于现代固体火箭发动机，ξ_c 为 $0.94 \sim 0.99$，ξ_n 为 $0.88 \sim 0.97$，ξ 为 $0.82 \sim 0.96$。

5.3.4　火箭发动机参数对火箭飞行性能的影响

火箭发动机产生推力，使火箭、导弹、飞行器加速，当其推进剂全部消耗尽，加速过程结束时，飞行器达到最大的飞行速度。依靠这个最大速度，弹道导弹进入预定的弹道，达到预定的射程，导弹则以此来追击目标；人造地球卫星依靠这个速度进入预定的轨道。因此，最大速度是运载火箭的一个重要性能参数。

火箭在加速过程中往往需要克服空气的阻力和自身的重力，因此阻力和重力的作用会影响其最大速度，但它们取决于飞行条件，与发动机的性能没有直接关系。为了分析发动机性能对火箭最大速度的影响，使问题简化，便将阻力和重力忽略不计，由此得到的火箭最大速度是理想条件下的最大速度。这相当于火箭在大气层以外和重力场以外的条件下飞行加速所能得到的最大速度。

按照牛顿第二定律，火箭的运动方程可以写为

$$F = M \frac{\mathrm{d}V}{\mathrm{d}t} \qquad (5.120)$$

式中，F 为发动机的推力；M 为整个火箭的质量，它随推进剂的消耗而减小；$\mathrm{d}V/\mathrm{d}t$ 为火箭的加速度。

火箭发动机的推力等于推进剂消耗率 $\dot{m}$ 和比冲 I_{sp} 的乘积，有

$$F = \dot{m}I_{sp} \qquad (5.121)$$

而推进剂的消耗率就是火箭质量减小的速率，有

$$\dot{m} = -\frac{\mathrm{d}M}{\mathrm{d}t} \qquad (5.122)$$

联立以上各式，得

$$M \frac{\mathrm{d}V}{\mathrm{d}t} = -I_{sp} \frac{\mathrm{d}M}{\mathrm{d}t} \tag{5.123}$$

或

$$\mathrm{d}V = -I_{sp} \frac{\mathrm{d}M}{M} \tag{5.124}$$

从开始加速（$V=0$）至达到最大速度（$V=V_{\max}$）进行积分

$$\int_0^{V_{\max}} \mathrm{d}V = -\int_{M_0}^{M_0-M_p} I_{sp} \frac{\mathrm{d}M}{M} \tag{5.125}$$

可得

$$V_{\max} = I_{sp} \ln \frac{M_0}{M_0 - M_p} \tag{5.126}$$

式中，M_0 为起飞时整个火箭的质量，且 $M_0 = M_p + M_e + M_s$；M_p 为全部推进剂的质量；M_e 为有效载荷质量；M_s 为发动机结构质量；$M_0 - M_p = M_e + M_s = M_f$ 为推进剂燃尽后的火箭质量，又叫消极质量。定义 $\mu = M_0/M_f$ 为火箭的质量数，即火箭起飞质量与推进剂燃尽后火箭质量之比，$\mu \gg 1$。因此，可得

$$V_{\max} = I_{sp} \ln \mu \tag{5.127}$$

式（5.127）称为齐奥尔科夫斯基公式，它表明火箭的最大速度与发动机比冲和火箭的质量数直接有关。图 5.24 表示了这一关系，由于比冲和质量数都与发动机的性能参数有关，可以据此来分析发动机性能参数对火箭性能的影响。

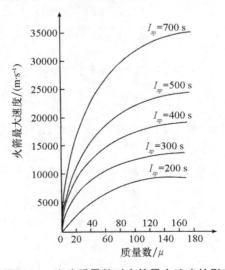

图 5.24　比冲质量数对火箭最大速度的影响

发动机的比冲越大，火箭可以达到的最大速度也越大，射程就越远。因此要选用能量较高的推进剂，在发动机设计中应尽可能改进工作过程的完善程度，提高燃烧室和喷管的质量数，借以提高比冲和火箭最大速度。

火箭的质量数越大，其最大速度也越大。为了提高质量数，在发动机设计中应该采用合理的结构和高强度的优质材料，尽量减轻发动机的结构质量，增加其装填的推进剂质量，使推进剂质量占发动机总质量的百分比尽量增大。

比冲的减小可以用质量数的增大来补偿。同样，质量数的减小也可以用比冲的增大来补偿。在 V_{max} 一定的条件下，对式（5.127）微分，得

$$\ln\mu \mathrm{d}I_{sp} + I_{sp}\frac{\mathrm{d}\mu}{\mu} = 0 \qquad (5.128)$$

改写成有限增量的形式，有

$$\frac{\Delta\mu}{\mu} = -\ln\mu\frac{\Delta I_{sp}}{I_{sp}} \qquad (5.129)$$

可以看出，当 $\mu = \mathrm{e}$ 时，$\ln\mu = 1$，比冲减小 1%，可以用质量数增大 1% 来补偿；当 $\mu < \mathrm{e}$ 时，$\ln\mu < 1$，质量数的相对变化对火箭最大速度的影响比比冲的相对变化对它的影响要小；当 $\mu > \mathrm{e}$ 时，$\ln\mu > 1$，质量数变化对火箭最大速度的影响比比冲变化对它的影响要大。

如果发动机比冲增大，为了达到同样的最大速度，可以减小火箭质量数；或者加大有效载荷，增加运载任务；或者减少推进剂质量，用更少的推进剂就能完成预定的运载任务。

发动机工作时，除向后喷射出推进剂的燃烧产物之外，有的发动机还会消耗、喷射出少量惰性物质，如发动机内部用的隔热层和药柱的阻燃包覆层等烧蚀后的产物。这类物质虽然可以增加火箭的质量数，但是它们能产生的比冲很低，使整个消耗物质的平均比冲减小，导致火箭的最大速度减小。为了达到较好的性能，应使这类物质的消耗减至最少，不致过多地影响比冲。

推进剂密度增大时，同样的推进剂质量占据较小的空间，使发动机结构尺寸减小，结构质量减轻。

发动机结构设计及推进剂装药设计应尽可能地提高推进剂装填密度，改进结构形式，以减轻发动机结构质量。采用现代新的药型如翼柱型药型，发动机结构采用球形或椭球形燃烧室、潜入式喷管等，都能显著地提高推进剂的装填量，减小结构质量占发动机总质量的百分比，提高质量比。

思考题

1. 简述喷气发动机与化学能火箭发动机的异同点。
2. 按照发动机工作时使用的初始能源，列举火箭发动机的种类。
3. 对比分析液体火箭发动机和固体火箭发动机。
4. 火箭发动机的基本组成和工作原理是什么？
5. 列举火箭发动机喷管的类型。
6. 理想火箭发动机的基本假设有哪些？
7. 理想火箭发动机的工作循环分为哪几个过程？
8. 解释气体比焓、气体比热比、比热容、熵的含义。
9. 列举火箭发动机的主要性能参数。
10. 简要分析火箭发动机参数是如何影响火箭飞行性能的？

第6章 导弹发射技术

6.1 导弹发射概述

导弹发射就是从导弹接到发射指令起，通过各项操作，直至导弹依靠自动力或外动力实现飞离发射装置的过程。它通常是在导弹技术准备和发射准备的基础上，按规定的发射程序和发射方式进行的。

导弹发射技术是对导弹的发射原理、发射方式及其地面设备系统和发射工程设施进行研究、设计、试验及使用的理论和技术。它是一门综合运用军事理论、武器设计理论和通用工程设计理论等的特殊应用工程技术，是在不断总结导弹发射实践和地面设备系统研制经验的基础上逐渐发展起来的，是导弹技术的重要组成部分。导弹发射技术与导弹技术和导弹作战使用等方面有着极其密切的联系，是互相制约、互相影响、互相依赖的。

从导弹发射技术的定义不难看出，导弹发射技术的研究范畴和涵盖内容十分广泛，其研究对象主要包括三类：一是导弹的发射原理；二是导弹的发射方式；三是导弹地面设备系统和发射工程设施。它的研究领域也是多学科的，堪称一门学科密集型技术，诸如以一般力学和固体力学为基础的火箭导弹发射动力学，以热力学与流体力学为基础的火箭导弹弹射内弹道学和燃气射流动力学，以车辆工程为基础的大型火箭导弹运输和安装技术，以自动控制技术和测试技术为基础的导弹检测与监控技术，以深冷技术为基础的低温推进剂加注技术，以土木工程和机电工程为基础的发射场设计及建造工程技术等。

6.1.1　导弹发射方式

发射方式一般指战斗部署、发射动力、发射姿态、发射工艺流程等综合形成的发射方案。研究适应导弹技术要求和使用要求的发射方式，是发射技术研究的主要内容之一。

发射方式直接影响导弹武器系统的作战能力、发射精度、生存能力、补给方式和研制成本等。因此，选择和确定发射方式是导弹武器系统方案论证的主要内容，也是决定作战装备种类配置和发射场设施建设的前提。自导弹问世以来，导弹的发射方式即被作为导弹武器的重要研究内容受到武器研制者的重视。导弹发射方式的研究和发展是随着军事技术，特别是侦察技术和进攻能力的发展而发展的。

在确定导弹的发射方式时，不仅要考虑实现导弹战术技术要求的可能性，而且要从战略思想、武器系统的部署原则及经济指标等多方面进行综合考量，为更高层次的宏观决策提供依据。一般应根据武器系统的战术技术要求和导弹的类型、尺寸、质量和射程等指标，考虑国家的现有技术水平和经济能力等条件；初步选定一种或几种发射方式，确定每种方式的发射准备过程，发射技术装备设施的组成，作战使用的工作流程；计算每种发射方式的发射准备时间和生存能力，计算研制生产成本；在给定经费的情况下，计算武器系统的效能指标，通过比较选定作战性能好、生存能力强的最优方案。在发射方式确定以后，发射方式的实现主要取决于在规定的时间内能否研制出满足战术技术要求的地面设备系统。为了使发射方式的实现有可靠的技术基础，应将发射方式的论证与地面设备系统的总体方案论证紧密结合起来。

发射方式有不同的分类方法，归纳起来可以按照战斗部署、发射动力、发射姿态进行分类，所划分的发射方式见图 6.1。

固体弹道导弹的发射姿态比较单一。其中，陆基和水域发射的导弹绝大多数为垂直发射，这是因为垂直发射便于导弹加速和能量的充分利用，还便于导弹迅速穿过大气层；空中发射为水平发射，发射时导弹飞行方向即是运载飞行器的运动方向，水平方向配置也便于运载飞行器携带。另外，固体弹道导弹所打击的目标通常是地面固定目标，当发射点确定时，射击姿态也就确定了，所以固体弹道导弹通常为定向瞄准发射。鉴于上述情况，本节仅对按战斗部署分类和按发射动力分类分别展开叙述，而对按发射姿态分类则不作讨论。

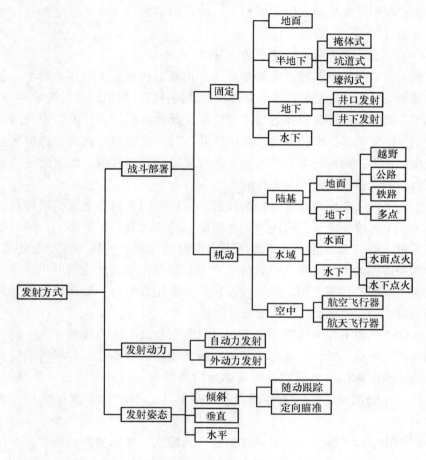

图 6.1　发射方式分类

1. 固定发射

　　按照导弹武器的战斗部署，固体弹道导弹发射分为固定式和机动式两类。由固定发射点发射的方式称为固定发射。由于固定发射的发射点坐标可以准确测定，因而目标方位、发射点与目标间的距离以及发射点周围重力场数据均可准确测量，这些都有利于减小导弹的定向瞄准误差，提高导弹命中精度。但是，在现代侦察条件下，固定发射点容易被侦破而受到攻击，因而固定发射的防护问题比较突出。

固定发射又分为地面固定发射、半地下固定发射、地下固定发射和水下固定发射等。

（1）地面固定发射和半地下固定发射

固定发射时导弹武器系统各组成部分均固定在地面上，在地面上准备并实施发射。地面固定发射设备展开及操作开敞性好，发射时燃气流处理容易，技术要求低，因而早期的弹道导弹广泛采用此种发射方式。由于设备均固定在地面，随着军事技术的发展，应用这种发射方式的导弹武器显然极易被敌人发现和攻击，而且周围的环境与气象直接影响武器作战，恶劣的环境和气象有时会给武器作战带来很大的困难。

半地下发射是地面固定发射的改进，采用类似火炮等常规兵器构筑工事的办法，用坑道、掩体、壕沟等工事隐蔽，提高武器的防护能力，同时改善了武器对环境的适应能力。半地下固定发射的阵地，可利用自然条件构筑。导弹的准备、人员的生活均可在坑道中进行，仅需在实施发射时出坑道，大大减少了阵地的暴露时间，隐蔽性远比地面固定发射好。如在坑道口安装较坚固的防护门，阵地抗打击的能力也较强。

掩体式半地下阵地构筑比较简单，只需在合适的地形或地面往下挖一定的深度即可构筑。导弹及地面设备可在掩体中储存并准备，发射时只需打开掩体顶盖或掩体门，将导弹移至掩体出口处即可。这种方式便于伪装隐蔽，施工作业比较简单，但若需要满足较大的抗力，则工程量及耗资均会大大增加。

壕沟式半地下阵地一般直接在地面开出壕沟，然后加固被覆层，在沟顶加盖。由于在地面直接开沟，便于机械化施工，工程进度比较快，但这种工事要做到较高的抗力，难度较大。

总之，半地下固定发射具有一定的抗常规武器袭击能力，比地面发射隐蔽，对核爆炸也有一定的防护能力，较地面固定发射前进了一步，但武器发射时仍需暴露，在核打击条件下，生存能力有限。地下井储存、井口发射是半地下发射方式的发展，由于导弹垂直储存，发射设施可以立体配置，阵地地面暴露面积小，因而隐蔽性较其他半地下发射有较大提高，但导弹升到井口需要一个较大的提升机，井的结构也因之复杂，加上井口发射还需要一定的暴露时间，井下储存、井口发射的隐蔽性及抗打击能力受到很大影响，所以此种发射方式是半地下发射向地下井发射过渡的一种方式。

（2）地下固定发射和水下固定发射

地下固定发射，也称地下井发射，是指导弹武器系统全部部署在地下工事中，在地下储存和准备，并在地下发射井中发射。

由于地下井及其配套工程在地面的占地面积小，井口面积只需保证导弹出井及排焰，因此可以建得非常坚固。目前已有耐压超过 13.7×10^6 Pa 的井，也曾建筑过耐压 20.6×10^6 Pa 的试验井，如此坚固的地下井，除核弹头直接命中外很难被摧毁。井内环境温度可以人工调节，因而可以保证导弹有良好的储存环境，能使导弹长期处于待发射状态，一旦接到发射命令，只需打开井盖，即可将导弹快速发射出去，所以地下井发射方式具有较高的防护能力和较快的反应速度。图 6.2 所示为地下井结构示意图，图 6.3 所示为导弹地下井发射示意图。

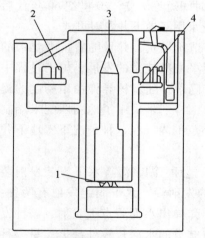

1—导弹支座；2—控制室；
3—导弹；4—瞄准室。

（a）美国"民兵Ⅱ"洲际导弹地下井

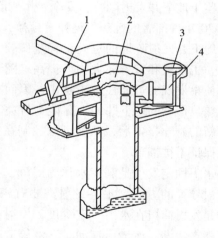

1—井盖导轨；2—井盖顶部；
3—井出入口；4—电梯导轨。

（b）法国战略导弹地下井

图 6.2　地下井结构示意图

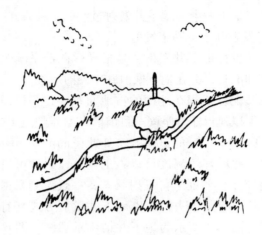

图 6.3 地下井发射示意图

　　鉴于地下井发射隐蔽、安全、作战反应时间短等优点，20 世纪 60 年代后期和 70 年代部署的远程战略弹道导弹，广泛采用了地下井发射方式。

　　地下井发射阵地的建设工程量比较大，造价昂贵，并且随着抗力要求的提高，工程量和造价亦大幅度提高。随着卫星侦察技术的发展，施工过程中不被侦察发现的可能性越来越小，因而很难隐蔽；随着核导弹命中精度的提高，核攻击下的地下井的生存能力日益下降，特别是采用了地图匹配末端制导等新的制导技术后，精度可以控制在很小范围内。在这种情况下，地下井很难保证不被摧毁。

　　水下固定发射是利用水作为屏障，在江、河、湖、海等水下安装发射装置发射导弹的方式。水下发射需要有密封的发射筒。水下固定发射有两种：一种是发射筒口在水下一定深度，发射时导弹弹出水面后点火发射，该种发射只能在浅湖、海湾、江河、港湾等避开主航道的水深较浅处部署；另一种是发射筒口高于水面进行发射。

　　水下固定发射与陆上固定发射一样，发射点固定，故射击精度较易保证，且只需合理选择水底构造，无须大的土方工程。除发射装置外，系统组成中的其余部分视环境条件可部署在水下，也可部署在临近的岸上或舰船上。需要注意的是，水下设备的密封及防腐是比较突出的问题，且浅水、清水水域在空中侦察时不易隐蔽，此外经常性的维护保养等作业活动，也很难逃避空中侦察，因而生存能力不强。

2. 机动发射

作战单元可经常变换位置，不固定设置在某一发射点上，主要利用机动的方法躲避侦察和攻击，以提高武器生存能力，这种发射方式称为机动发射。由此可见，机动性和隐蔽性是机动发射的主要技术要求。

（1）公路机动发射和越野机动发射

公路机动发射是指导弹武器作战火力单元，在公路上实施机动和转移，并在预定地点进行发射准备和实施发射的方式。图 6.4 为公路机动发射示意图。

图 6.4　公路机动发射示意图

遍布的公路网是公路机动作战的主要场地，因而公路机动发射部署的范围比较广，可以利用中心腹地的有利条件，也可利用复杂地形的环境条件，也可延伸到前沿地区以扩大攻击范围。但是，公路机动发射易受到诸如公路及桥梁的承载能力、公路上的涵洞隧道及其他设施等限制。

越野机动发射是导弹武器作战火力单元在非公路地区或无路地区（泥泞、松软土地、沙漠、雪地）实施越野机动和转移，并在预定地点进行发射准备和实施发射的方式。越野机动要求运载体具有较好的越野能力，越野机动的载体可以是轮式车辆、履带车辆、气垫车或气垫船。

由于道路承载能力的限制，目前实施公路及越野机动发射的弹道导弹多为质量不太大、尺寸较小的中近程导弹。但只要远程导弹的质量、尺寸等参数符合道路约束条件，也可实施公路机动发射，如美国"侏儒"导弹就采用了公路机动发射方式。

公路机动及越野机动发射，大多是发射车开赴至预先测定的发射点进行准备和发射，这种发射可称为定点发射。为进一步提高武器系统生存能力，一些武器可做到任意点发射，即发射车开赴至未经预先测定的任意点进行准备并发射，如美国"潘兴Ⅱ"导弹。

（2）铁路机动发射

铁路机动发射是指导弹武器作战火力单元装载在铁路列车上，沿铁路实施机动、转移和发射准备，并在预定地点或任意点实施发射。图6.5为铁路机动发射示意图。

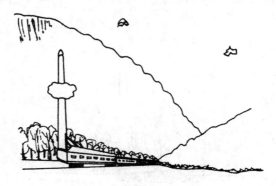

图6.5　铁路机动发射示意图

铁路列车运载能力强，对导弹质量和尺寸的约束比公路机动小，一般远程弹道导弹多采用铁路机动发射。列车可装载必要的后勤保障设施和生活设施，从而实现铁路机动列车长途机动，且受环境气候的影响小。

铁路机动的反应速度快，可在列车机动过程中进行发射准备，还可利用隧道进行掩护。但这种发射方式的机动范围受到铁路网的限制，战时一旦铁路遭到破坏使运输中断，武器将陷于瘫痪，失去机动能力，甚至丧失作战能力。

（3）多点浮动发射

多点浮动发射是指在预定的作战区域内，对每发作战导弹都有预先构筑的多个发射点。发射点可以是隐蔽的场坪、掩体、简易发射井等，各点间通过公路、壕沟或隧道连接起来。平时导弹在发射点之间浮动，或配合几枚假导弹一起浮动，使敌不易判断导弹的准确位置；战时在某一发射点发射，从而提高武器的生存能力。多点浮动发射受预构发射区域的约束，因而机动范围受限。图6.6为多点掩体浮动发射示意图。

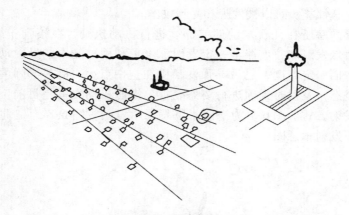

图 6.6　多点掩体浮动发射示意图

（4）水面机动发射

水面机动发射是指将导弹武器系统配置在水面舰船上，利用江、河、湖、海等广阔水域进行机动和转移，作战时驶往发射位置实施发射的方式。

水面机动发射的准备工作可在舰船行驶过程中进行，至发射点后即可起竖发射，故反应速度较快。对于大型舰船，导弹可在待发姿态（一般为垂直状态）下运输，反应速度更快。

当导弹武器系统配置在内河航船上时，利用陆上水系江、河、湖、港实施的机动作战又称内河机动发射。内河机动发射可利用河、湖两岸的地形地貌进行隐蔽，并可构筑隐蔽工事，也可伪装成各类民用或一般军用船只，混杂在其他船只中，隐蔽性较好。且一般内陆水系往往贯穿一个国家的腹地，在水系中机动可和陆上火力组成统一的火力系统，防御性能较好。内河机动可利用港口、码头等沿岸设施，也可利用岸上方位标志为导弹发射定位定向，从而提高水面发射的精度。但是，内河机动发射受水系流域、航运条件等限制，机动范围有限。

（5）水下机动发射

导弹武器水下机动发射的主要运载工具是潜艇，因而水下机动发射又称潜艇机动发射或潜射。海洋面积占全球面积的 3/4，广阔的水域为潜艇提供了非常宽阔的机动范围。常规动力潜艇的潜水深度可达 100 m 以上，核动力潜艇的下潜深度可达 900 m，这一下潜深度可形成潜艇隐身的天然屏障。特别是核动力潜艇续航力达十几万海里，水下机动时间可长达 2～3 个月，因而具有非常好的隐蔽性能,难以被发现和受到攻击。

平时导弹潜艇在几百米的巡航深度进行机动执勤,在接到作战命令后,驶向指定海域发射点,上浮至一定发射深度,利用潜艇中的发射动力系统将导弹推出水面一定高度,之后导弹发动机在空中点火。潜射导弹的储存姿态即为发射姿态,发射时无须进行姿态变换。潜艇机动发射是目前广泛采用的一种机动发射方式。图6.7为潜艇水下发射示意图,图6.8为"北极星"潜地导弹水下发射示意图。

图 6.7   潜艇水下机动发射示意图

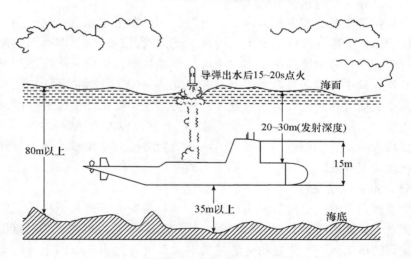

图 6.8   "北极星"潜地导弹水下发射示意图

核动力导弹潜艇排水量大(一般水下排水量达 9000 ~ 18000 t),运载能力强。一艘核动力导弹潜艇可运载十几到几十发导弹，甚至更多，同时还运载保证导弹发射的全部设备，并配有鱼雷等其他火力。所以，一艘核动力潜艇实际上是一个水下机动的战略导弹发射基地。不过，潜射导弹技术比较复杂，作为运载体的核潜艇技术也比较复杂，且造价高，因此发展导弹核潜艇需要一定的经济实力。另外，潜射导弹定位、定向精度较低，命中精度较陆地发射导弹低，但随着制导技术的发展，潜射导弹的精度也在不断地提高。

（6）空中机动发射

空中机动发射可分为航空飞行器机动发射和航天飞行器机动发射两类。航空飞行器机动发射在大气层内实施，主要运载体是飞机；航天飞行器机动发射则是在大气层外和星际空间进行，运载体可以是卫星、轨道空间站、航天飞机、次轨道飞行器。

机载战略弹道导弹通常称为空－地战略导弹。载机通常为远程战略轰炸机，这类飞机作战半径较大，随着隐身技术的发展，也具有较强的突防能力和电子对抗能力，因而有较大的机动范围，可以飞至距离目标比较近的空域实施打击，机动性较陆基和水域机动更好。图 6.9 为空中机动发射示意图。

图 6.9　空中机动发射示意图

当载机飞抵发射位置时水平投放弹道导弹，导弹下沉一定高度后发动机点火，开始加速、爬高、转弯，并按预定弹道飞向目标。机载弹道导弹也可进行弹射，但目前以弹射方式发射的均为小型导弹。

载机是高速运动的物体，高速运动造成定位、定向困难，产生误差较大，高速飞行的流场效应及载机发动机喷气流造成的流场扰动也会影响发射，从而增加载机发射技术上的难度。因此，需要合理布置导弹的位置并采取相应措施以减少或消除这些影响。

航天飞行器距地球表面远，运行速度快，难以遭到拦截；地球轨道飞行器虽然轨道固定，但因执行发射导弹任务的飞行器通常可同时执行通信、资源探测、气象探测等其他任务，使敌人难以识别和判断，且空间现存人造飞行物已经非常多，要从众多的飞行物中找出具有进攻能力的飞行器并将其摧毁，难度非常大。因此，航天飞行器发射是最不易受攻击且生存能力较高的一种机动发射方式，这也是航天飞行器机动发射受到重视的主要原因。虽然其技术难度较大，成本很高，但航天飞行器发射战略导弹仍是研究发展的重要方向之一。

3. 自动力发射

使导弹离开发射装置的起飞推力称为发射动力，发射动力由导弹发动机提供时称为自动力发射或热发射。与外动力发射相比，自动力发射由于没有外动力源工作，也没有隔离装置分离等工作环节，其可靠性高于外动力发射。

战略弹道导弹自动力发射的动力由主发动机直接产生，即直接点火发射，发射装置简单，发射也比较方便。对于地面、舰面等周围比较开阔、排焰比较方便的场所，一般可采用这种发射方式。

自动力发射时有大量高温高压燃气排放，发射环境条件恶劣、封闭状态下的导弹（如地下井内的导弹）采用自动力发射需解决排焰问题，从而使发射设施变得复杂。目前，地下井的排焰道可分为五种，即 U 形、L 形、W 形、同心圆形和简易井。无论采用哪一种排焰道，均需解决导流器和排焰道的协调问题，以及排焰烧蚀、井下噪声、点火压力脉冲及传递等问题。由于地下井自动力发射需要解决排焰问题，发射井的尺寸、施工工程量均较采用外动力发射方式大。

总的来说，自动力发射是应用最早、采用最多、技术比较成熟的一种发射方式。目前正在服役的导弹中，大多采用自动力发射方式。

4. 外动力发射

借助导弹以外的动力进行发射的方式称为外动力发射，也称弹力发射，简称"弹射"，又称"冷发射"。

导弹在外动力推动下进行加速，在飞离发射平台时已具备一定的初始速度，而后导弹主发动机点火。因此，与自动力发射相比，起飞重量相同时，导弹射程略有增加。

外动力发射时，发动机工作产生的燃气流对发射场基本无影响，无须防止燃气流的烧蚀和冲刷，不需要导流、排焰、燃气流处理等措施，因而对发射环境及设施的适应性较好。外动力发射的这个优势在一些特定条件下尤为突出，例如在森林地区或周围存在易燃物的区域，采用外动力发射就无须担心引发火灾。

由于地下井采用外动力发射时不需要排焰，故发射井的结构可大大简化，尺寸大幅度减小，井内发射环境也明显改善。空中机动发射时，为确保运载飞行器的安全，往往也需要采用外动力发射，将导弹推离飞行器一段距离后再点火。

外动力发射具有增加射程和无须导流、排焰的优点，因此在近些年有了较大发展，在研制的新型导弹武器中被广泛采用。不过值得注意的是，外动力发射需设置隔离器将具有一定温度及压力的工质与导弹分开，发射后，隔离器又需准确可靠地与导弹分离。由于工作环节较多，可靠性也有所下降，因此比自动力发射的工作可靠性要求更加严格。

外动力发射的几种动力形式见表 6.1。

表 6.1　弹射动力形式一览表

动力形式	主要优点	缺点与问题	应用情况与前景预测
炮射式	可使导弹获得极大的初速度，对快速捕捉目标与命中目标十分有利	导弹及其仪器、设备要经受极大的冲击，加速度量级可达 5 位数	限用于设备简单的小型反坦克弹，如"橡树棍""阿克拉""阿特拉斯"
液压式	快速性好、功率大、功效高	设备复杂、故障率高，维修困难，不宜野外作业	缺乏实战应用案例
压缩空气式	利用高压气体，能将导弹高速弹出	设备庞大、笨重，大容量的高压气瓶制作困难	美国"北极星"－A1，A2 及"华盛顿"号；苏 SS－17
液压－气动式	液压式与压缩空气式优点的叠加	导弹行程有一定的范围限制	比上述三种应用会越来越多
燃气式	由电引爆，能量大，但体积并不大，设备也不复杂，燃气发生器本质上是一个固体火箭发动机，可直接装在发射筒内	燃气温度高（一般在 1500℃ 以上），不仅对本身热设计造成困难，也对弹上设备及发射设施构成威胁	是目前最广泛采用的动力形式，如美国的"战斧"，俄罗斯的 C－300 以及重达 220 t 的 SS－18

（续表）

动力形式	主要优点	缺点与问题	应用情况与前景预测
燃气-蒸汽式	在燃气发生器后面增加水冷却器，使燃气温度降低后进入作动筒，因此能量得以充分利用，压力变化平稳，内弹道参数较理想	装置较燃气式复杂，体积增大，成本也增加	法国 M-4 中程潜-地弹、美国 86t 重的 MX 导弹
自弹式	以化学能作动力源，高压室随弹一起运动，可由一级发动机兼作。能量利用率高，无须额外发射箱，经济、有效	仅适合于战术导弹和小型导弹	法国"西北风"，瑞典 RBS-70 地空弹、苏 SS-4（潜地弹）及 SS-5（中程弹）等，是一种很有前途的动力形式
电磁式	唯一的非化学燃料的能源形式，弹射装置实质是一个形状特殊的直线发动机；电磁发射无声、无光、无污染，对导轨及设备无侵蚀；弹射后可以获得很大的出轨速度	设备庞大、复杂；强大电磁场可能会影响弹上设备的正常工作	其原理在 1820 年就被法国人提出过，1937 年美国试验成功了"无声炮"，1945 年美国成功弹射一架重 4500 kg 的飞行器；弹射导弹实例仅见英国于 1954 年弹射的小型导弹（离轨速度约 450 m/s）；是一种值得进一步探讨的动力形式

6.1.2 发射设备的功能与分类

1. 功能

导弹发射设备的功能与武器系统密切相关。由于导弹武器系统对发射设备的要求不相同，发射设备功能也不相同，但一般应具有如下功能：

（1）完成导弹短途运输和待机储存，并保证待机储存期间导弹所需的环境条件；配合检测设备，在待机储存期间对导弹进行定期检测。

（2）使导弹从运输状态转入发射状态，并实施导弹发射，赋予导弹一定的初始方位、出筒姿态和速度。

（3）与装填设备共同完成导弹装入或退出发射筒。

（4）配合其他地面设备完成导弹发射前检查和瞄准等工作。

2. 分类

发射设备的分类主要与导弹发射方式和制导方式有关。在导弹制导方式已定的条件下，取决于发射方式。

按是否具备机动能力，可分为固定式和机动式两类，机动式又可分为陆地机动（包括公路机动、铁路机动和越野机动）、水下机动和空中机动。

按发射导弹的动力源，可分为自动力发射（热发射）和外动力发射（冷发射或弹射）。不同的发射方式有不同的发射设备，各类发射设备有不同的结构特点。

（1）固定发射设备

固定发射设备主要用于地下井式发射，例如美国的"民兵""MX"，苏联的 SS－13，法国的 S－2、S－3 等。这种类型的发射设备一般由发射筒、发射台（包括方位回转）、发射动力装置（对外动力发射而言）、燃气流排导和排气通风装置（对自动力发射而言）、缓冲减震装置、升降装置、井盖和井台、保调温装置（也可由井内其他设备完成）和脱落插头的插拔机构等组成。与地面机动发射设备相比，固定发射设备的外廓尺寸及质量可不必严格控制，但整体造价昂贵，且自动力发射还需设置复杂的燃气流排导和通风等设施。

（2）机动发射设备

①陆地机动发射设备

陆地机动发射设备主要包括公路机动发射设备和铁路机动发射设备。

公路机动发射设备（有自行式、全挂式和半挂式三种）是在公路上短距离运输导弹，在发射阵地发射导弹的设备。美国的"潘兴Ⅱ"，苏联的 SS－20 发射设备是较典型的公路机动发射设备。这类发射设备要求运输、起竖、发射等功能齐全；外廓尺寸和全设备质量能适应规定公路等级，并要求具有快速展开及撤收的能力等，设计难度大。一般中、远程导弹可以采用此种形式，而洲际导弹由于质量、体积大，实施公路机动困难较大。不过随着关键技术的突破，目前已有采用机动发射的洲际导弹装备部队。

铁路机动发射设备一般由铁路车厢、发射台、导流器、起竖机构、减震装置等组成。美国的"MX"、苏联的 SS－24 等大型洲际导弹均采用铁路机动发射。与公路机动发射设备相比，其优点是对质量和体积的限制较小，其缺点是机动范围受到铁路网的制约。

②水下机动发射设备

水下机动发射主要用于发射潜地导弹。美国"北极星""海神""三叉戟"，苏联 SS‒N‒6 等发射设备具有良好的深水承压能力，防水密封及防海水腐蚀、防霉等性能，能保证导弹的正常储存及水中正常发射。水下机动发射设备一般由筒盖、筒体和发射动力装置三大系统组成。从结构上看，筒盖系统较为复杂，它既要保证深水下筒口密封，又要保证发射时能及时快速地打开筒盖，不影响导弹的正常出筒，以及出筒后发射筒的密封。

③空中机动发射设备

以飞机为运载体，将发射装置装于飞机上，一般采用水平投放、伞降空中点火发射，因此发射装置结构简单。

6.1.3　发射设备的工作原理与基本组成

1. 外动力发射设备

（1）工作原理

以燃气‒蒸汽发射动力源为例，简述其原理如下：点火药点燃主装药，主装药按一定规律燃烧，产生高温高压燃气；燃气通过喷管进入水室，形成燃气‒蒸汽混合体。当混合体进入发射筒初容室时，气体突然膨胀并将水雾化使燃气降温降压。再通过设在初始容积内的雾化整流装置整流，使燃气‒蒸汽流均匀地作用于导弹尾部，当压力达到能克服导弹重力和摩擦力时，导弹沿发射筒向上运动，导弹后容积不断扩大，燃气发生器内增面燃烧的主装药继续补充燃气，减缓压力下降，在燃气蒸汽作用下，导弹以一定的速度离开发射筒筒口。当达到一定高度时，弹上控制系统控制导弹尾罩分离，并将导弹主发动机点燃，控制导弹飞向目标。

（2）组成

外动力发射设备一般由牵引车、（半）挂车、发射装置、电气控制系统和液压系统组成。下面以机动半挂列车形式的发射设备为例，说明其组成。

①牵引车和半挂车

牵引车一般是根据设计技术要求选择已定型的车辆，其与半挂车连接，并供给半挂车照明用电和制动气源。

半挂车由车架、行走系统、制动系统、转向系统、悬挂系统等组成，用于支撑发射装置、液压系统和电气系统，同时承受运输、起竖、发射等载荷。

②发射装置

发射装置是发射设备的重要组成部分，它与导弹联系密切。典型发射装置一般由发射动力装置、发射筒、发射台、适配器、调温装置和插拔机构等组成。

发射动力装置是发射导弹的动力源，要求在一定的压力下赋予导弹所需的出筒速度，并保证在发射过程中，赋予导弹加速度，同时保证温度不超过规定值。

发射筒由内筒和外筒组成，内筒由筒体和初始容积等组成，能够承受运输、起竖、发射载荷；外筒由薄铝板卷焊而成，用玻璃钢件支撑在内筒上，在内外筒空腔内填充保温材料，实现发射筒的保温功能。

发射台与发射筒连接为一体，当发射装置处于垂直状态时，用于支撑发射筒和导弹。其一般由台本体、液压支腿、回转轴承、方位传动装置和锁紧装置组成。

适配器用于导弹与发射筒的配合，使导弹中心线与发射筒中心线保持一致。发射导弹时，适配器起导向作用；水平运输时，适配器起支撑作用。在发射和装填过程中还可防止导弹与发射筒、装填设备之间产生刚性碰撞，有的适配器还起密封燃气的作用。适配器一般由硬橡胶或硬塑料制成。

调温装置是在外界环境温度变化时，用于制冷或制热，以保持发射筒内所需温度的装置。

此外，还会根据使用的特殊要求，设置一些专用的机构，如导弹脱落插头的插拔结构、导弹轴向限位结构等。

③电气控制系统

由程控柜（或自动化控制器）、手控台和电缆等组成，用于控制发射车的调平、起竖和发射筒回转等。

④液压系统

由各类液压元件和管路等组成所需的液压回路，在电气控制系统的控制下，实现某些功能的发射。

2. 自动力发射设备

（1）工作原理

发射导弹时，一般是将导弹起竖于发射台上，由发控系统点燃导弹发动机，由发动机喷管喷出燃气产生向上的推力，当推力超过导弹起飞重力和阻力之和时，导弹飞离发射台按预定程序飞向目标。起飞时，导弹发动机产生的燃气流由导流装置排导。

（2）组成

固定式自动力发射设备一般由发射台、导流装置、电气控制系统和液压系统等组成。机动式自动力发射设备一般由牵引车、半挂车（挂车）、发射台、起竖架、导流器、电气控制系统和液压系统等组成，机动式自动力发射设备也可采用自行式。其中，导流器是自动力发射设备中的重要部件，可以将其安装于发射台上，也可以采用地面排流设备。

6.1.4 生存能力

生存能力是指导弹武器系统在敌方常规袭击及核袭击时，能保存下来并迅速实施反击的能力。生存能力是导弹武器发挥其作战效能的前提及基础，武器系统只有在敌方攻击下生存下来，才有反击之力。

在核攻击条件下，固定地下井发射的导弹武器系统，其生存能力取决于地下井的抗核加固能力。核爆炸引起的地震波对井内导弹的振动影响由导弹减震系统等地面设备进行消减。采取了抗核加固措施的公路和铁路运输车辆能够使导弹和地面设备及时逃离核环境并进入安全区域。例如，20世纪70年代初，美国对"民兵"Ⅲ导弹已有的地下井进行了加固，其主要措施之一是改进导弹悬挂系统，有效提高了抗地震波的能力。

对于机动发射的导弹武器系统，其生存能力主要取决于发射设备的快速机动和伪装、隐蔽等能力，及其对特种环境（核、生物、化学、电子干扰、常规轰炸）的防护能力。

1. 生存概率计算

导弹武器系统生存能力涉及许多因素，很难进行精确计算。此处仅针对核袭击进行计算，且仅用较简单的公式进行估算。这里引入生存概率的概念，表达式为

$$P_\varepsilon = 1 - RP_E P_w P_s \qquad (6.1)$$

式中，P_ε 为被攻击目标的生存概率；R 为进攻导弹武器的可靠性；P_E 为对被攻击目标的发现概率；P_w 为进攻导弹弹头到达目标的概率；P_s 为对被攻击目标的摧毁概率。

当获得 R，P_E，P_w，P_s 后，代入式（6.1），即可计算出生存概率 P_ε。简要分析如下。

（1）进攻导弹武器的可靠性 R，是指导弹发射后命中目标并正常爆炸的概率，它取决于导弹武器各组成部分的可靠性。根据目前相关资料报道，对于洲际导弹的可靠性，美国为 75% ~ 80%；对于中程导弹的可靠性，法国约为 90%。

（2）在以机动发射导弹武器系统为目标时，对被攻击目标的发现概率 P_E 是指在其进入发射场进行发射准备阶段能够被准确发现的概率。

（3）进攻导弹弹头到达目标的概率 P_w。据美国估计，苏联洲际导弹弹头到达目标的概率为 66% ~ 80%。导弹弹头到达目标的概率实际上是评价导弹可靠性的综合指标。

（4）对被攻击目标的摧毁概率 P_s，是指来袭核弹头爆炸产生的各种核效应，在某一距离内对被攻击目标有致命破坏作用的概率。这一距离通常是指弹头的毁伤半径，而核弹头的毁伤半径由其破坏威力和目标易损性所决定。其中，破坏威力指核装药当量，目标易损性指被攻击发射系统的抗压强度，即发射设备所能承受的核爆炸冲击波超压。

机动发射导弹武器系统属于小目标（即阵地尺寸不大于弹头破坏半径的 0.2 倍）、低抗力（即单发弹头在其发射场区内或附近爆炸足以将其摧毁），故单发弹头摧毁目标的概率为

$$P_s = 1 - \exp\left(-\frac{R_z^2}{2\sigma_p^2}\right) \qquad (6.2)$$

式中，σ_p 为弹着点的标准差（km）；R_z 为弹头的破坏半径（km）。

$$R_z = K_t \sqrt[3]{q} \qquad (6.3)$$

其中，K_t 为与目标生存能力有关的系数；q 为核装药的 TNT 当量（Mt）。

由上述可知，机动发射导弹武器系统的最低生存概率可表示为

$$P_c = 1 - P_s = 1 - \left[1 - \exp\left(-\frac{R_z^2}{2\sigma_p^2}\right)\right] = \exp\left(-\frac{R_z^2}{2\sigma_p^2}\right) \qquad (6.4)$$

为提高弹道导弹武器系统的生存概率，必须降低敌方对我方导弹系统的

发现概率（P_E）、敌方弹头到达目标概率（P_W）、摧毁概率（P_s）。也就是说，导弹核武器系统要有一定的伪装隐蔽措施，使敌方不易发现；要机动快速发射，使敌方即使发现了也不易跟踪；还要有一定的抗核加固措施，在敌方对其实施核打击的情况下，仍能保存自己，并有一定的反击能力。

由此可见，伪装隐蔽、机动快速发射和抗核加固是提高导弹武器系统发射前生存能力的主要途径。

2. 提高发射设备生存能力的主要措施

（1）机动快速发射

提高机动能力是指提高武器系统的战略、战役、战术机动能力及提高火力机动性和快速反应能力。提高战略机动性要求武器系统具有适于在不同运载体（如火车、飞机、舰艇等）进行远距离快速运输和转移的能力。战役机动性要求地面设备具有依靠自身动力快速行驶并通过规定道路进行区域机动的能力。战术机动性要求地面设备车辆在发射场区内迅速进入和撤离工作位置。对弹道导弹而言，提高火力机动性主要是指变换射向的能力，快速反应能力主要是指缩短发射准备时间。

武器系统的不同发射方式各有长处，也存在不同程度的关键技术问题。为提高武器系统的生存能力及作战效能，现有的大型洲际战略弹道导弹可采用多种发射方式。

（2）伪装

随着侦察技术的发展，伪装作为系统工程已贯穿于武器的设计、制造、作战使用的全过程，能够有效降低侦察系统的检测与识别率。因此，发射设备采取伪装措施，在机动发射系统转移过程中以及隐蔽待命期间，减小被发现和遭受攻击的可能性，是提高导弹武器系统射前生存能力的又一条重要途径。

伪装设计是根据目标与环境的声、光、电、热特性，采用遮蔽、融合、隐真、示假等技术手段使目标与背景融合成一体，或使目标特性降低，成为次要目标，再配合使用假目标达到以假乱真，迷惑敌人的目的。

遮蔽是减弱目标信号的屏蔽措施，常用地物（如桥涵、隧道）、树林、烟幕、灯火管制及对传感器波段不透明物作为遮障。

融合是降低目标与背景之间的对比度。迷彩、降低目标的雷达散射截面，以及控制目标表面辐射率等都是使目标混迹于环境背景中的方法。

　　隐真是通过改变、消除、模糊目标的识别特征，使之与背景特征或次要目标特征相混淆。

　　示假是通过设置假目标，制造假信号、假系统、假活动，引诱敌人攻击，起到消耗敌人、保存自己的作用。大量的假目标，增加了敌方识别的困难，因而效费比较高。

　　（3）隐蔽

　　隐蔽是在各种侦察手段与目标之间设置一层可以同时或分别遮断、漫散射、衰减、吸收可见光、红外线与雷达波的介质或屏障。隐蔽在战争中的作用，一方面在于不被发现，降低被摧毁概率；另一方面可提高战术上攻击的突然性。因此，它与伪装均是提高发射设备生存能力的重要手段之一。开展多种隐蔽机动发射方式的研究，是发射方式研究中的重要内容。

6.2　导弹弹射技术

　　弹射（冷发射、外力发射）与热发射（自力发射）相比，其根本不同点就是导弹的发射动力不是由导弹自身提供，而由弹射动力装置提供。弹射动力源可以有多种，如某些鱼雷发射装置利用液体压力，电磁弹射系统利用电磁力，使用最广泛的是采用固体燃料的燃气弹射装置，利用的是燃气或燃气与水蒸气混合气体压力。弹射技术主要涉及弹射装置结构、内弹道学、工程热力学等相关学科技术领域，广泛应用于不同类型导弹的发射。

6.2.1　弹射技术基础

1. 弹射装置

　　弹射装置是利用自身产生的弹射动力将导弹推离发射装置的设备，是发射装置的重要组成部分。弹射装置的种类和形式有很多，可以概括为以下三个最基本的组成部分。

　　（1）发射筒

　　发射筒须易于密闭气体，以形成所需要的弹射力。大多数的弹射装置都具有发射筒。

（2）高压室与低压室

以燃气和压缩空气为工质的弹射装置一般具有高压、低压两个工作室。因为火药必须在高压下才能正常稳定燃烧，而导弹在弹射过程中，所受发射加速度不允许过大，从而要求弹后压强不能过大，这与火药燃烧要求是矛盾的。为解决这个问题，弹射装置分别设置高压室和低压室。火药在高压室中获得完全燃烧所必需的压强环境，之后燃气由高压室流入低压室，在低压室中建立较低的压强环境，导弹在低压推动下运动。

（3）隔热装置或冷却装置

为防止高温燃气损伤导弹，需要在弹后采用隔热装置或燃气冷却装置。前者在弹后放置隔热活塞或尾罩，隔离保护导弹尾部。其作用除隔离高温燃气外，还可密封燃气并承受、传递弹射力。活塞或尾罩随弹体运动到筒口后，可止动于筒口或随导弹飞出后与弹体分离，并在指定地点坠落。由于战略导弹质量较大，这种结构方式的活塞或尾罩的筒口动能均相当大，处理好这两部分动能是比较复杂的问题。为避免此问题，就要采用使燃气降温的方式，即采用冷却装置。当燃气温度降至足够低时就可以不使用活塞或尾罩了。目前，已有低温燃烧火药应用于弹射装置，其燃烧后的燃气温度较低，能够满足导弹技术性能要求，可不再使用冷却装置。

2. 弹射内弹道学

弹射内弹道学是随着导弹技术的发展而出现的内弹道学的一个新分支，是研究弹射过程中弹射装置内一切现象和过程规律性的科学，如火药在弹射装置高压室内的燃烧规律、低压室内的燃气流动规律、能量转化规律、导弹运动规律以及高压室、低压室内燃气压强变化规律等。

研究弹射装置内弹射现象和过程的目的是有效地控制弹射过程，以便改进现有的弹射装置和设计新的弹射装置。分析研究弹射过程就是要厘清弹射过程中各因素之间的关系，具体指：装填条件（如火药种类、形状、尺寸、质量、性能参数，导弹尺寸及质量等），弹射装置内部结构诸元（如发射筒内径，高压、低压室初始容积，导弹全行程等），与高压室、低压室的压强变化规律和导弹速度变化规律之间的关系。内弹道学的任务就是从理论和实验两个方面来研究上述因素间的关系，找出它们的规律，并应用到弹射装置的设计中去。

由上可知，内弹道学包括两个方面的基本问题。一是在已知装填条件和高压、低压室内部结构诸元的条件下求得高压室、低压室的内弹道性能曲线，包括高压、低压室的燃气压强变化规律、流量变化规律及导弹运动规律，特别是高压、低压室的最大压强及导弹离筒速度这三个重要的弹道诸元。这个问题称为内弹道学的正面问题或弹道解法问题。二是获得装填条件和弹射装置内部诸元的合理性和可能性的方案，以使给定质量和直径的导弹在不超过允许发射加速度的条件下获得要求的离筒速度，这个问题称为内弹道学的反面问题或弹道设计问题。

内弹道设计是以弹道解法为基础，即利用弹道解法所提供的内弹道公式，计算出能满足总体给定条件（如弹的质量、直径、离筒速度、发射加速度允许值等）的弹射装置结构数据和装填条件。应该指出，能满足给定条件的弹道设计方案并不是唯一的，这就需要对它们进行分析比较，选择其中最合理的方案，再对该方案求出正面问题的解，即计算出该方案的压强－温度曲线、速度与加速度曲线等内弹道性能曲线。这样求得的弹道设计方案以及内弹道性能曲线将是进一步设计高压室、弹射筒、反后坐装置以及弹体、引信等结构的重要原始数据。

6.2.2　高压室内弹道方程组

研究导弹在发射筒内的运动情况，是为了弄清发射过程中装填条件、弹射装置内部结构诸元等因素与燃气发生器和发射筒的压强变化规律，以及导弹运动速度变化规律之间的关系，从而使发射装置满足设计要求。

在研究发射过程诸多变量之间的关系时，应将其作必要的简化，在一定的假设条件下，建立导弹发射过程的内弹道方程，把内弹道正面问题求解出来。利用研究正面问题所建立的内弹道方程，便可进行反面问题的求解。

1. 弹射器内弹道基础理论

下面以燃气－蒸汽式弹射器为对象建立燃气发生器的内弹道方程。

在燃气发生器内能够建立火药稳定燃烧所需的高压环境，所以又把燃气发生器称为高压室。燃气发生器是燃气－蒸汽式弹射器的动力源，在这里，装填的火药按预定的燃烧规律燃烧，向发射筒（低压室）内喷入燃气，推动导弹按要求的内弹道参数在发射筒内运动，并以设定的速度离开发射筒口。因此燃气发生器的性能直接影响到发射内弹道的性能。

这里以简单的端面燃烧装药的燃气发生器（见图 6.10）为研究对象，建立一些基本关系式。

（1）基本假设

为简化研究问题，做出如下假设：

①燃气流动是一维定常流动，即一段时间内流动参数不随时间变化。

②工质气体为理想气体，发射过程中，其物理化学性质固定不变。

③火药燃烧和气体流动过程是绝热过程。

④点火瞬时，全面点燃装药，且装药燃烧服从几何燃烧规律，是均匀的、完全的。

⑤弹道方程中的压强一律采用瞬时平均压强。

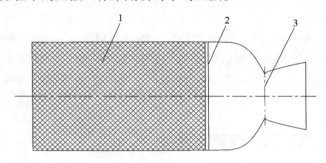

1—装药；2—燃烧面 A_b；3—喷管截面。

图 6.10　端面燃烧的燃气发生器

（2）连续方程

火药在燃气发生器内燃烧时，根据质量守恒定律，在微小时间间隔 dt 内由装药燃烧生成的气体质量，等于从喷管流出的气体质量与燃烧室内气体质量增加量之和。燃烧室内气体质量为 $\rho_c V_0$，其增加量为 d$(\rho_c V_0)$。设燃气质量生成量为 m_b（kg/s），喷管的质量流量为 m_t（kg/s），则有

$$m_b \mathrm{d}t = m_t \mathrm{d}t + \mathrm{d}(\rho_c V_0) \tag{6.5}$$

即

$$m_b = m_t + \frac{\mathrm{d}(\rho_c V_0)}{\mathrm{d}t} \tag{6.6}$$

式中，ρ_c 为燃气密度；V_0 为燃烧室自由容积。

式（6.6）说明，燃烧室内燃气增加量等于燃气生成量与从喷管处燃气流出量之差。该式是燃烧室中气体连续方程的一般形式，是内弹道设计计算的

原始方程。

①燃气质量生成量 m_b

燃气质量生成量是火药燃烧时燃气生成的速率，用每秒生成的燃气质量表示，即

$$m_b = \rho_p A_b r \tag{6.7}$$

式中，ρ_p 为装药密度；A_b 为装药燃烧面积；r 为装药燃烧速度。

对一般双基药或复合药，在一般范围内可采用指数燃速定律，即

$$r = a p_B^n$$
$$m_b = \rho_p A_b a p_B^n \tag{6.8}$$

式中，a 为装药燃速系数；n 为压强指数；p_B 为燃烧室内工质压强。

②喷管的质量流量 m_t

火药在燃气发生器内燃烧过程中，生成的燃气将从喷管处喷出。喷管的质量流量可以用理想喷管的流量方程式表示，由于燃烧室内气体速度很小，可视为喷管入口处的滞止压强（即流速为 0 时的压强）。则

$$m_t = \frac{\Gamma}{\sqrt{RT_B}} p_B A_t \tag{6.9}$$

式中，Γ 为燃气比热比 γ 的函数，$\Gamma = \sqrt{\gamma \left(\dfrac{2}{\gamma + 1} \right)^{\frac{\gamma + 1}{2(r-1)}}}$；$T_B$ 为燃烧室内燃气温度；R 为气体常数。

③燃气质量增加率 d$(\rho_c V_0)$/dt

燃气质量增加率是指燃气发生器内燃气质量增加的速率，即

$$\frac{d}{dt}(\rho_c V_0) = \rho_c \frac{dV_0}{dt} + V_0 \frac{d\rho_c}{dt} \tag{6.10}$$

$\dfrac{dV_0}{dt}$ 表示燃气发生器内自由容积的增加量，也是火药燃烧量，即

$$\frac{dV_0}{dt} = A_b r = A_b a p_B^n$$

$$\rho_c \frac{dV_0}{dt} = \rho_c A_b r = \rho_c A_b a p_B^n \tag{6.11}$$

根据理想气体假设，有 $\rho_c = \dfrac{p_B}{RT_B}$，考虑到 p_B 的变化对燃气温度的影响很小，T_B 可以看作常数。因此，密度变化率为

$$\frac{\mathrm{d}\rho_c}{\mathrm{d}t} = \frac{1}{RT_B} \cdot \frac{\mathrm{d}p_B}{\mathrm{d}t}$$

$$V_0 \frac{\mathrm{d}\rho_c}{\mathrm{d}t} = \frac{V_0}{RT_B} \cdot \frac{\mathrm{d}p_B}{\mathrm{d}t} \qquad\qquad (6.12)$$

式（6.12）的物理意义是，单位时间内用于改变燃烧室内燃气压强所需要的燃气质量。

将式（6.11）、式（6.12）代入式（6.10），得

$$\frac{\mathrm{d}}{\mathrm{d}t}(\rho_c V_0) = \rho_c A_b a P_B^n + \frac{V_0}{RT_B} \cdot \frac{\mathrm{d}p_B}{\mathrm{d}t} \qquad\qquad (6.13)$$

将式（6.8）、式（6.9）、式（6.13）代入式（6.6），整理得

$$\frac{V_0}{RT_B}\frac{\mathrm{d}p_B}{\mathrm{d}t} = (\rho_p - \rho_c) A_b a p_B^n - \frac{\Gamma}{\sqrt{RT_B}} p_B A_t \qquad\qquad (6.14)$$

式中，$(\rho_p - \rho_c) A_b a p_B^n$ 表示燃气质量生成量与喷出量之差，称为燃气的每秒净增量。

式（6.14）说明，燃气每秒净增量是使燃气压强增大的因素，每秒消耗量是使燃气压强减小的因素，它们将决定燃烧室压强的变化规律。

将 $c^* = \dfrac{\sqrt{RT_B}}{\Gamma}$ 代入式（6.14），得

$$\frac{V_0 \mathrm{d}p_B}{\Gamma^2 c^{*2} \mathrm{d}t} = (\rho_p - \rho_c) A_b a p_B^n - \frac{p_B A_t}{c^*} \qquad\qquad (6.15)$$

燃气密度 ρ_c 与装药密度 ρ_p 相比是很小的，其比值为 1% ~2%，因此可以忽略 ρ_c 的影响，即忽略气体的填充量，上式可以写成

$$\frac{V_0 \mathrm{d}p_B}{\Gamma^2 c^{*2} \mathrm{d}t} = \rho_p A_b a p_B^n - \frac{p_B A_t}{c^*} \qquad\qquad (6.16)$$

式（6.16）为连续方程的一般形式，它表明任一瞬间的燃烧室压强变化率，取决于燃气质量生成量与喷管每秒质量流量之差，同时还与火药的性质及燃气发生器结构尺寸有关。

（3）平衡压强

由式（6.16）可知，当燃气生成量大于喷管流量时，即 $m_b > m_t$，燃烧室压强增大，反之减小；当燃气生成量等于喷管流量时，即 $m_b = m_t$，燃烧室压强处于动态平衡状态，即当 $\dfrac{\mathrm{d}p_B}{\mathrm{d}t} = 0$ 时，燃烧室压强称为平衡压强，这时式

（6.16）变为

$$\rho_p A_b a p_B^n = \frac{p_B A_t}{c^*} \qquad (6.17)$$

解方程得平衡压强为

$$p_{cb} = (c^* \rho_p aK)^{\frac{1}{1-n}} \qquad (6.18)$$

式中，$K = A_b / A_t$ 是燃烧截面面积与喷管喉部截面积之比，称为面喉比。

2. 燃气发生器内的压强 – 时间曲线

燃气发生器内的压强 – 时间曲线分为上升段、工作段、下降段三部分，如图 6.11 所示。

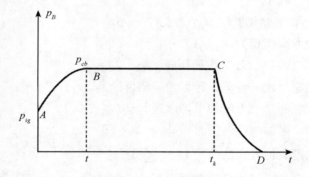

图 6.11　端面燃气发生器的压强 – 时间曲线

（1）上升段

从点火压强 p_{ig} 上升到接近平衡压强 p_{cb}，这段曲线为上升段（见图 6.11 中的 AB 段）。

根据式（6.16）可得

$$\mathrm{d}t = \frac{V_0}{\Gamma^2 c^* A_t} \cdot \frac{\mathrm{d}p_B}{p_B^n (c^* \rho_p aK - p_B^{1-n})} \qquad (6.19)$$

上升段时间很短，可认为燃气发生器内的自由容积 V_0 不变，且等于初始自由容积 $V_{0(0)}$，Γ 及 c^* 的值取决于燃气特性，也可视为常数。对于等面燃烧，面喉比 K 为常数，即使燃烧面变化，由于上升时间很短，仍可认为 K 不变，且等于初始面喉比 $K_{(0)}$。因此对式（6.19）积分得

$$t = \frac{1}{1-n} \cdot \frac{V_{0(0)}}{\Gamma^2 c^* A_t} \ln \left(\frac{c^* \rho_p aK_{(0)} - p_{ig}^{1-n}}{c^* \rho_p aK_{(0)} - p_B^{1-n}} \right) \qquad (6.20)$$

式中，t 为点火压强为零时对应的时间，$p_B = p_{ig}$ 时，$t = 0$；初始面喉比 $K_{(0)} = A_{b(0)}/A_t$。

（2）工作段

对端面燃烧装药的燃气发生器，工作段压强将一直保持恒定的平衡压强，直到燃烧结束，如图 6.11 所示的 BC 段。工作段的压强 – 时间曲线基本是一条压强等于平衡压强的水平直线。平衡压强 p_{cb} 由式（6.18）计算得到。

对于采用增面燃烧装药的燃气发生器，其平衡压强计算方法基本思路如下：

①按垂直于初始燃面方向，将药柱分成若干份，起始面记为 0，其余的终点面分别记为：$i = 1$，2，$\cdots$，n；

②每一份相应的厚度为 Δl_1，Δl_2，$\cdots$，Δl_i；

③对应的燃面面积为 A_{b0}，A_{b1}，A_{b2}，$\cdots$，A_{bi}；

④根据式（6.18）计算平衡压强 p_{cbi}；

⑤根据燃速公式 $r = ap_B^n$，计算相应的燃速 r_0，r_1，$\cdots$，r_i；

⑥计算相邻两个燃面间的平均燃速 $\bar{r} = (r_{i-1} + r_i)/2$；

⑦相邻两个燃面间的燃烧时间 $\Delta t_i = \Delta l_i / \bar{r}$；

⑧从起点至其他各点的时间 $t_i = \sum \Delta t_i$；

⑨相邻两个燃面间的平均燃面面积 $\bar{A}_b = (A_{b_{i-1}} + A_{b_i})/2$；

⑩当燃烧层厚度增量为 Δl_i 时，燃气生成量为 $\Delta \omega_i = \bar{A}_b \cdot \Delta l_i \cdot \rho_p$，其中，$\rho_p$ 为装药密度；

⑪当燃烧层厚度为 l_i 时，燃气生成量为 $\omega_i = \sum \Delta \omega_i$。

按此思路可求得工作段的压强 – 时间曲线，对应的燃气生成量也可求出。

（3）下降段

当火药燃烧完全，燃烧室内的压强从工作状态迅速下降至零，该段曲线称为下降段，如图 6.11 所示的 CD 段。下降段的特点是燃烧室内没有燃气生成，只是剩余气体由喷管自由排出，燃烧室压强很快减小，只有在喉部能够达到临界状态，继续起节流作用，这时的连续方程为

$$V_{0(f)} \frac{\mathrm{d}\rho_c}{\mathrm{d}t} = -\frac{\Gamma}{\sqrt{RT_B}} A_t p_B \qquad (6.21)$$

在压强下降过程中，燃气温度 T_B 不再是不变的火药定压燃烧温度。

将状态方程 $\rho_c = \dfrac{p_B}{RT_B}$ 代入式（6.21），整理得

$$dt = -\frac{V_{0(f)}}{\varGamma A_t} \cdot \frac{d\rho_c}{\sqrt{p_B \rho_c}} \qquad (6.22)$$

火药燃烧完之后，燃烧室最终自由容积 $V_{0(f)}$ 是一个不变的常数，假定燃气成分是不变的，那么 R、$\varGamma$ 也不变。

压强下降段的实际过程比较复杂，在此仍然采用等熵膨胀的假设，于是有

$$\frac{p_B}{p_{cf}} = \left[\frac{\rho_c}{\rho_{cf}}\right]^{\gamma} \qquad (6.23)$$

式中，p_{cf} 为燃烧结束时燃烧内室的压强；ρ_{cf} 为燃烧结束时的燃气密度。

于是

$$\sqrt{p_B \rho_c} = \sqrt{\frac{p_{cf}\rho_r^{r+1}}{\rho_{cf}^{\gamma}}} = \sqrt{p_{cf}\rho_{cf}}\left(\frac{p_B}{p_{cf}}\right)^{\frac{1+\gamma}{2\gamma}}$$

$$d\rho_c = \frac{\rho_{cf}}{\gamma}\left(\frac{p_B}{p_{cf}}\right)^{\frac{1-\gamma}{\gamma}}d\left(\frac{p_B}{p_{cf}}\right) \qquad (6.24)$$

将式（6.24）代入（6.23）式，且 $\sqrt{RT_{cf}} = \varGamma c^*$，得

$$dt = -\frac{2}{1-\gamma} \cdot \frac{V_{0(f)}}{\varGamma^2 cA_t}d\left(\frac{p_B}{p_{cf}}\right)^{\frac{1+\gamma}{2\gamma}} \qquad (6.25)$$

取燃烧终止瞬时为起始点，此时 $t = 0$，$p_B/p_{cf} = 1$，对式（6.25）积分，最后得到下降压强随时间的变化关系式为

$$t_f = \frac{2}{\gamma-1} \cdot \frac{V_{0(f)}}{\varGamma_i^2 c^* A_t}\left[\left(\frac{p_{cf}}{p_B}\right)^{\frac{\gamma-1}{2\gamma}} - 1\right] \qquad (6.26)$$

式中，t_f 为由燃烧终止瞬间算起的时间；p_B 为下降段中，对应 t_f 瞬间的燃烧室压强；p_{cf} 为装药燃烧结束时，燃烧室中的压强。

以下对点火阶段的压强 – 时间曲线，以及点火药量对燃气流的影响进行讨论。点火阶段是极其复杂的物理化学反应过程。为了简化计算，用点火药量试验的点火峰值前的压强 – 时间曲线，代替发生器工作过程点火阶段的压强 – 时间曲线，虽然存在一定的误差，但作为工程应用是可行的，尤其是对于发射内弹道来说，其影响是可以忽略的。

点火药与主装药的单位质量能量稍有差异，但由于点火药量相对主装药

来说较少（仅占5%左右），可近似地认为两者单位质量的能量相等。燃气发生器的喷口有一堵片，当达到点火压强时，主装药全面着火，堵片破碎。点火药燃烧产生的燃气与主装药燃烧产生的燃气都在堵片破碎后流出，故在堵片刚刚破碎时，其压强大于单纯由主装药燃烧产生的压强，其流量除按上面理论计算的流量外，还要加上点火药燃烧产生的燃气量。如果点火药燃烧生成的燃气在堵片破碎后，Δt 时间内全部从燃烧室内流出，那么，从点火开始后 Δt 时间内的燃气流量按下式计算

$$\omega_i = \sum \Delta\omega + \omega_{ig} \tag{6.27}$$

式中，$\sum \Delta\omega$ 为主装药产生的燃气流量；ω_{ig} 为点火药产生的燃气流量，可由经验公式计算得到。

6.2.3 低压室内弹道方程组

1. 基本假设

为使研究的复杂问题简化，作如下假设：

（1）燃气、空气和水蒸气及其混合气体均为理想气体，均匀分布于发射筒内，在发射过程中，这些工质气体不发生化学反应。

（2）燃气流动和膨胀过程为理想气体的一元稳定绝热过程。

（3）发射筒内工质气体的压强、温度均采用瞬时平均压强和瞬时平均温度。

（4）工质气体对外做功，等于其中所含的燃气、空气和水蒸气分别对外作功之和。

（5）对发射动力装置各部分（燃气发生器、冷却器、雾化整流装置等）以及发射筒适配器漏气所造成的能量损失 Q'，用能量系数 x' 进行表征，并假设

$$x' m_r h_r = m_r h_r - Q' \tag{6.28}$$

式中，m_r 为火药燃气质量；h_r 为火药燃气比焓。

显然，x' 的物理意义在于：发射系统存在着能量损失，使进入发射筒的燃气工质所具有的能量为无能量损失时的 x' 倍。在发射过程中，能量损失实际上是不断变化的，但为简化工程计算，假设为常值。

（6）冷却水的加热过程中，忽略水蒸气的存在。水的汽化过程是把达到

沸腾温度的水变为水蒸气，在这个过程中符合相平衡条件，并引入干度 x 表示水汽化的程度。当冷却水全部汽化，如果继续加热，则发射筒内水蒸气处于过热状态，并认为这个过程没有水存在。

2. 弹射内弹道方程组

导弹弹射过程中，包含多种运动形式及一系列的能量转换。如导弹的直线运动，火药燃烧生成的高温高压气体与水发生的热交换，发射筒内形成由燃气、空气和水蒸气组成的混合气体，在发射筒密封空间里建立起来的压强对导弹做功，气体工质随导弹的运动，等等。发射筒内的压强变化规律及导弹速度变化规律，受多种因素的制约。为了研究导弹在发射筒内的弹道变化规律，要依据工程热力学、气体动力学、运动学等基本方程，给出描述弹射过程的方程。

（1）能量平衡方程

设在某瞬时 t，有 m_r kg 燃气流经冷却器与 m_l kg 水一起喷入发射筒，并与发射筒初始容积内 m_k kg 空气混合。在此过程中，高温燃气的能量损失为 Q'，混合气体对外做功为 L，根据热力学第一定律得

$$m_r u_r - Q' + m_l u_l + m_k u_k = U + L \qquad (6.29)$$

式中，u_r 为燃气的比内能；u_k 为空气的比内能；u_l 为水的比内能；U 为混合工质的内能。

根据热力学定义 $u = c_V T$ 和理想气体状态方程 $pV = R_g T$，在式（6.29）中，

$$m_r u_r - Q' = x' m_r u_r = x' m_r c_{vr} T_r$$

$$m_l u_l = m_l c_l T_l \qquad (6.30)$$

$$m_k u_k = m_k c_{vk} T_k$$

式中，c_l 为水的比热容；c_{vk} 为空气的比定容热容；c_{vr} 为燃气的比定容热容；T_l 为初始容积内水的温度；T_k 为初始容积内空气的温度；T_r 为初始容积内燃气的温度。

混合工质气体所做的功为

$$L = \frac{1}{2} m v^2 + R_0 l \qquad (6.31)$$

式中，R_0 为导弹在发射筒内运动的平均阻力；l 为导弹运动的位移；v 为导弹运动的速度；m 为导弹质量。

将以上各式代入式（6.29），得

$$x'm_r c_{vr} T_r + m_l c_l T_l + m_k c_{vk} T_k = U + \frac{1}{2}mv^2 + R_0 l \qquad (6.32)$$

由于冷却水经过加热、汽化、过热三个过程，因此混合工质也相应地具有三种不同的状态。

①水的加热过程

在水的加热过程中，筒内温度为 T_c，显然 T_c 小于水的沸腾温度 T_H，混合工质各组成部分的内能表达式如下：

燃气的分内能

$$U_r = m_r u_r = m_r c_{vr} T_c$$

水的分内能

$$U_l = m_l u_l = m_l c_l T_c$$

空气的分内能

$$U_k = m_k u_k = m_k c_{v_k} T_c$$

因此，在水的加热过程中，发射筒内混合工质的内能为

$$U = U_r + U_l + U_k = m_r c_{v_r} T_c + m_l c_l T_c + m_k c_{v_k} T_c \qquad (6.33)$$

把式（6.33）代入式（6.32），可得该过程中混合工质的能量平衡方程为

$$x'm_r c_{v_r} T_r + m_l c_l T_l + m_k c_{v_k} T_k = m_r c_{v_r} T_c + m_l c_l T_c + m_k c_{vk} T_c + \frac{1}{2}mv^2 + R_0 l$$

$$\qquad (6.34)$$

由方程（6.34）可以求得，当 $T_c < T_H$ 时，发射筒内的温度为

$$T_c = \frac{x'm_r c_{v_r} T_r + m_l c_l T_l + m_k c_{v_k} T_k - \left(\frac{1}{2}mv^2 + R_0 l\right)}{m_r c_{v_r} + m_l c_l + m_k c_{v_k}} \qquad (6.35)$$

②水的汽化过程

在水的汽化过程中，筒内工质温度 T_c 等于该时刻筒内气体压强下的沸腾温度 T_H，筒内处于水汽共存的湿饱和平衡状态。混合工质各组成部分的内能表达式如下：

燃气的分内能

$$U_r = m_r u_r = m_r c_{v_r} T_H$$

水蒸气的分内能

$$U_{la} = xm_l c_{vl} T_H$$

式中，x 为湿饱和蒸汽的干度。

剩余水的内能

$$U_{lw} = (1-x)\,m_l c_l T_H$$

水蒸气由于汽化潜热所具有的内能为 $xm_l r_l$，其中，r_l 为汽化潜热。

水蒸气具有的膨胀功为 $xm_l v'' p_c$，其中 v'' 为水蒸气比容，p_c 为压强。则水蒸气所具有的内能可表示为

$$U_1 = m_l\left[xc_{vl}T_H + (1-x)c_l T_H + xr_l - xv'' p_c\right] \tag{6.36}$$

空气具有的内能

$$U_k = m_k u_k = m_k c_{vk} T_H$$

故水在汽化过程中，发射筒内混合工质的内能为

$$U = m_r c_{v_r} T_H + m_l\left[xc_{vl}T_H + (1-x)c_l T_H + xr_l - xv'' p_c\right] + m_k c_{v_k} T_H \tag{6.37}$$

将式（6.37）代入式（6.33），可得汽化过程中的能量平衡方程为

$$x'm_l c_{v_r} T_r + m_l c_l T_l + m_k c_{vk} T_k = m_r c_{v_r} T_H + xm_l c_{v1} T_H + m_l c_l T_H - xm_l c_l T_H +$$

$$xr_l m_l - m_l xv'' p_c + m_k c_{vk} T_H + \frac{1}{2}mv^2 + R_0 l \tag{6.38}$$

在此过程中，若已知发射筒内压强 p_c 及沸腾温度 T_H，则可根据式（6.38）求出汽化过程中湿饱和蒸汽的干度

$$x = \frac{x'm_r c_{v_r} T_r + m_l c_l T_l + m_k c_{vk} T_k - m_r c_{v_r} T_H - m_l c_l T_H - m_k c_{vk} T_H - \frac{1}{2}mv^2 - R_0 l}{r_l m_l - m_l v'' p_e - m_l c_l T_H + m_l c_{v1} T_H} \tag{6.39}$$

式中，x 值在 $0\sim1$ 之间变化，$x=0$ 时为湿饱和点，$x=1$ 时为干饱和点。

③水蒸气的过热过程

在水蒸气的过热过程中，发射筒内温度 T_c 大于该时刻压强下的沸腾温度 T_H，此时筒内有燃气的分内能

$$U_r = m_r u_r = m_r c_{v_r} T_c \tag{6.40}$$

过热水蒸气的分内能

$$U_l = m_l u_l = m_l(h_l - p_c V) = m_l\left[h' + r_l + c_{pl}(T_c - T_H) - p_c V\right]$$
$$= m_l\left[c_l T_H + r_l + c_{pl}(T_c - T_H) - p_c V\right] \tag{6.41}$$

式中，h' 为冷却水的液体热。

而

$$c_{pl} - c_{vl} = R_l = R$$
$$p_c V = RT_c$$

则
$$p_c V = (c_{pl} - c_{vl}) T_c$$
$$U_l = m_l (c_l T_H + r_l - c_{pl} T_H + c_{vl} T_c)$$

空气的分内能

$$U_k = m_k u_k = m_k c_{v_k} T_c$$

因此，在过热状态下，筒内混合气体的内能为

$$U = m_r c_{v_r} T_c + m_l (c_l T_H + r_l - c_{pl} T_H + c_{vl} T_c) + m_k c_{vk} T_c \qquad (6.42)$$

将式（6.42）代入式（6.32），则在过热状态下，能量平衡方程为

$$x' m_r c_{v_r} T_r + m_l c_l T_l + m_k c_{vk} T_k = m_r c_{v_r} T_c + m_l (c_l T_H + r_l - c_{pl} T_H + c_{vl} T_c) +$$
$$m_k c_{vk} T_c + \frac{1}{2} m v^2 + R_0 l$$

$$(6.43)$$

过热状态下筒内温度为

$$T_c = \frac{x' m_r c_{v_r} T_r + m_l [c_{pl} T_H - r_l - c_l (T_H - T_l)] + m_k c_{vk} T_k - \left(\frac{1}{2} m v^2 + R_0 l\right)}{m_r c_{v_r} + m_l c_{vl} + m_k c_{v_k}}$$

$$(6.44)$$

（2）气体状态方程

根据混合气体的道尔顿定律，混合气体的总压等于各组成气体的分压之和，可得

$$p_{cr} V_c = m_r R_r T_c$$
$$p_{cl} V_c = m_l R_l T_c$$
$$p_d V_c = m_k R_k T_c$$

故

$$p_c V_c = (p_{cr} + p_d + p_{ck}) V_c = (m_r R_r + m_l R_l + m_k R_k) T_c$$

设发射筒初始容积横截面积为 S_m，初始容积当量长度为 l_0，导弹运动位移为 l，此时发射筒内自由容积为 V_c，那么 $V_c = S_m (l + l_0)$，则发射筒自由容积内的压强为

$$p_c = \frac{m_r R_r + x m_l R_l + m_k R_k}{S_m (l_0 + l)} T_c \qquad (6.45)$$

其中，$x = 0$，$0 < x < 1$，$x = 1$ 分别表示水的加热、汽化和过热过程。

①当 $T_c < T_H$，即 $x = 0$ 时

$$p_c = \frac{m_r R_r + m_k R_k}{S_m (l_0 + l)} T_c \tag{6.46}$$

式中，T_c 由式（6.35）求得。

②当 $T_c = T_H$，即 $0 < x < 1$ 时

$$p_c = \frac{m_r R_r + x m_l R_l + m_k R_k}{S_m (l_0 + l)} T_H \tag{6.47}$$

式中，x 由式（6.39）确定。

近似地把前一时刻已知的压强作为该时刻的沸腾压强，从水蒸气性质表中查得汽化过程的 T_H。

③当 $T_c > T_H$，即 $x = 1$ 时

$$p_c = \frac{m_r R_r + m_l R_l + m_k R_k}{S_m (l_0 + l)} T_c \tag{6.48}$$

式中，T_c 由式（6.44）求得。

（3）导弹运动方程

根据牛顿第二定律，有

$$ma = p_c S_m - R_0 \tag{6.49}$$

式中，R_0 为导弹运动阻力，$R_0 = Q + f_1 Q + p_0 S_m$，$f_1 Q$ 为适配器与发射筒的摩擦力。

摩擦力的大小与两者的接触面积、配合松紧以及适配器与发射筒壁的摩擦系数有关。摩擦力在发射过程中是变化的，为了简化工程计算，假设是弹重的 f_1 倍，并认为在整个发射过程中为一常数。因此

$$ma = (p_c - p_0) S_m - Q(1 + f_1)$$

即

$$a = \frac{(p_c - p_0) S_m}{m} - g(1 + f_1) \tag{6.50}$$

式中，p_0 为标准大气压强；g 为重力加速度。

（4）运动参数

依据式（6.50）和加速度、位移、速度、时间的基本关系，可以列出计算某一时刻运动参数的方程组。

$$\begin{cases} a_i = \dfrac{(p_{ci} - p_0)S_m}{m} - g(1 + f_1) \\ v_i = \dfrac{a_{i-1} + a_i}{2}\Delta t + v_{i-1} \\ l_i = \dfrac{v_{i-1} + v_i}{2}\Delta t + l_{i-1} \end{cases} \tag{6.51}$$

（5）内弹道方程组

根据进入发射筒内冷却水状态变化的 3 个过程，可得到内弹道方程组。

①当 $x = 0$，即 $T_c < T_H$ 时，

$$\begin{cases} ma = p_c S_m - R_0 \\ p_c = \dfrac{m_t R_r + m_k R_k}{S_m(l_0 + l)}T_c \\ T_c = \dfrac{x' m_r c_{v_r} T_r + m_l c_l T_l + m_k c_{vk} T_k - \left(\dfrac{1}{2}mv^2 + R_0 l\right)}{m_r c_{v_r} + m_l c_l + m_k c_{vk}} \end{cases} \tag{6.52}$$

②当 $0 < x < 1$，即 $T_c = T_H$ 时，

$$\begin{cases} ma = p_c S_m - R_0 \\ p_c = \dfrac{m_r R_r + x m_l R_l + m_k R_k}{S_m(l_0 + l)}T_H \\ x = \dfrac{x' m_r c_{v_r} T_r + m_l c_l T_l + m_k c_{vk} T_k - m_r c_{v_r} T_H - m_l c_l T_H - m_k c_{vk} T_H - \dfrac{1}{2}mv^2 - R_0 l}{r_l m_l - m_l v'' p_\varepsilon - m_l c_l T_H + m_r c_v T_H} \end{cases}$$

$$\tag{6.53}$$

③当 $x = 0$，即 $T_c > T_H$ 时，

$$\begin{cases} ma = p_c S_m - R_0 \\ p_c = \dfrac{m_r R_r + m_l R_l + m_k R_k}{S_m(l_0 + l)}T_c \\ T_c = \dfrac{x' m_l c_{V_r} T_r + m_l[c_{pl} T_H - r_l - c_l(T_H - T_l)] + m_k c_{vk} T_k - \left(\dfrac{1}{2}mv^2 + R_c l\right)}{m_r c_{v_r} + m_l c_{v_l} + m_k c_{v_k}} \end{cases}$$

$$\tag{6.54}$$

式（6.52）~式（6.54）是一变系数非线性微分方程组，无法求得解析解，在工程计算中可以利用数值积分法求得近似解。

6.2.4　发射动力装置

发射动力装置是按规定内弹道要求，将导弹以设定的初速弹射出发射筒的装置。根据动力源的不同，发射动力装置可分为燃气 – 蒸汽式、自弹式、炮式、压缩空气式、液压式、电磁式等，本节主要以燃气 – 蒸汽式发射动力装置为例进行阐述。

在燃气 – 蒸汽式发射动力装置中，为降低发射筒内温度，提供较稳定的内弹道参数，一般采用冷却剂。冷却剂分固体或液体，常用的液体冷却剂是水。在冷却燃气过程中，根据水注入的状态不同，又可分为逐渐注水和一次集中注水两种方式。逐渐注水的优点是注水较均匀、冷却效果好，缺点是冷却装置结构复杂、体积大；一次集中注水的优点是冷却装置结构简单、体积小，适用于体积和质量受到严格限制的公路机动发射装置。

1. 发射动力装置组成及工作原理

下面分别对一次集中注水冷却式和逐渐注水冷却式发射动力装置的主要组成及工作原理进行分析。

（1）一次集中注水冷却发射动力装置

①主要组成

一次集中注水冷却发射动力装置一般由点火器、燃气发生器、冷却器和雾化整流装置四部分组成。点火器安装于燃气发生器端部；冷却器一端与燃气发生器喷管相连，另一端与发射筒的初始容积相连；雾化整流装置安装于发射筒的初始容积内。发射动力装置如图 6.12 所示。

②工作原理

发射导弹时，接通点火电路，电发火管起爆，高温火焰通过保险机构与点火药盒之间的火焰通道，引燃密封于点火药盒内的点火药。点火药燃烧时，产生高温燃气点燃装填于燃气发生器内的固体火药柱。固体火药柱燃烧产生的高温、高压、高速燃气流冲破堵片，将冷却器内的冷却水一次集中喷入发射筒初始容积内。在流经安装在发射筒初始容积内的雾化整流装置时，冷却水冲击导流锥，在涡流作用下，冷却水破碎成小水珠，与燃气混合，形成燃气 – 水蒸气 – 空气混合气体，作为推动导弹运动的工质气体。

水珠在被高温燃气加热、汽化过程中，吸收了高温燃气的大量热量，使

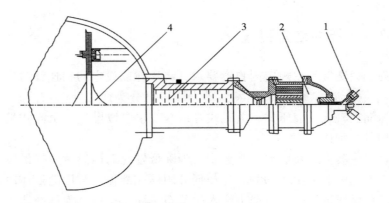

1—点火器；2—燃气发生器；3—冷却器；4—雾化整流装置。

图6.12　一次集中注水冷却发射动力装置

高温燃气降温。燃气发生器内的固体火药柱燃烧时间极短，被喷入初始容积的冷却水，一时来不及全部加热汽化，部分冷却水黏附于雾化整流装置、初始容积内壁和导弹尾罩表面上，形成一层水膜保护层，并随着导弹在发射筒内的运动，逐步黏附于发射筒有效行程段的内壁上。在导弹运动过程中，水膜逐渐被加热、汽化，从高温燃气中吸收热量，使高温燃气的温度下降，保证了导弹要求的温度环境。

（2）逐渐注水冷却发射动力装置

①主要组成

逐渐注水冷却发射动力装置一般由点火器、燃气发生器、双层冷却器和弯管四部分组成一个串联系统，通常与发射筒平行排列安装，因而占用的体积较大，如图6.13所示。

②工作原理

在点火药的引燃下，燃气发生器的固体火药柱燃烧时，产生高温、高压、高速燃气流从第一喷管喷入，借助两喷管之间的压强差，将冷却器外套内的冷却水通过冷却器筒壁上的无数小孔挤入筒内。此时，通过小孔的冷却水已成雾状，并与第二喷管进入的燃气混合，水和水蒸气再一次吸收高温燃气的大量热量，使燃气迅速降温，共同经过弯管进入发射筒初始容积，导弹在燃气、蒸汽、空气组成的具有一定压强的混合工质作用下，克服各种阻力弹出筒外。

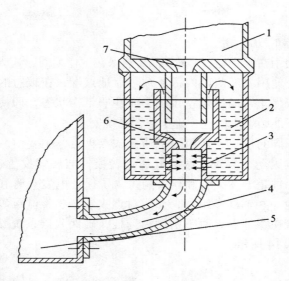

1—燃气发生器；2—双层冷却器；3—小孔；4—弯管；5—初始容积；
6—第二喷管；7—第一喷管。

图 6.13　逐渐注水冷却发射动力装置

2. 主要设计技术要求

发射动力装置是导弹发射系统中重要的组成部分，必须保证其性能满足安全性、可靠性和内弹道稳定性等要求。主要技术要求有以下几点。

（1）满足规定的导弹离筒速度要求。离筒时的筒内工质压强应较低，以保证离筒速度的稳定。

（2）弹射时导弹承受的最大过载和最大过载率应尽量小。一般弹射过载不应超过导弹飞行最大过载。

（3）发射筒内最大工质压强应尽量小，以减小发射筒的承载力，从而减小发射筒的质量。

（4）发射筒内工质温度，特别是发射筒有效行程段内表面和导弹尾罩表面温度应尽量低，以防止高温气体对这些表面的烧蚀。

（5）燃气发生器装药燃烧应稳定，无侵蚀燃烧现象且装药利用率应尽可能高。

（6）点火可靠、点火压强稳定，并有防止误发火的安全保险机构。

3. 点火器

（1）点火器的功用和组成

点火器的功用在于正确"点火"，要确保在工作期间，让火药柱的全部燃烧表面，在整个使用温度范围内都能被可靠地点燃，在较短的时间内进入稳定燃烧状态，获得正常的燃烧室压强；而在非工作状态，即使电发火管发生意外点火，也不能引燃火药柱，确保武器系统安全。

点火器有不同的形式，常用的是药盒式点火器，主要由两部分组成：点火保险机构和点火药盒装置。两部分通过转接件与燃气发生器连接在一起。点火器的核心部件是电发火管和点火药。为了保证电发火管和点火药可靠地工作，还有其他一些辅助零组件，如成对点火装置、整流罩等。保险机构则是保证电发火管在意外点火时不引燃火药柱，确保武器系统安全。一种典型的点火器如图 6.14 所示。

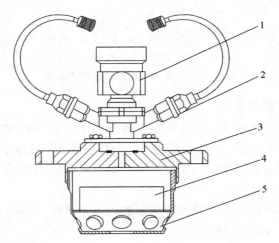

1—保险机构；2—电发火管；3—端盖；4—点火药盒；5—整流罩。

图 6.14　点火器示意图

（2）燃气发生器的点火过程

燃气发生器的点火过程是指从点火能量释放开始，到火药柱达到稳定燃烧之前的过程。这个过程的时间很短，通常只有几十毫秒，但对发生器的工作却有很大影响。点火过程一般可分为以下三个阶段：

①引爆电发火管

接到点火信号后，操作人员打开保险机构火焰通道，接通点火电路，电发火管的桥丝通电发热，点燃桥丝周围的热敏药，热敏药又点燃加强药与扩焰药，火焰迅速扩大。

②点燃点火药

电发火管产生的高温火焰通过保险机构火焰通道，进入点火药盒，使点火药点燃。点火药的燃烧产物中混有高温燃气和炽热的凝相质点，其燃烧温度高达 2590 K。点火药燃烧时产生的燃气，在燃烧室空腔内形成一定压力。

③引燃火药柱

点火药燃烧产物按一定方向流动，当流经火药柱表面时，燃烧产物中的气相通过对流、辐射和热传导，凝相质点通过辐射和热传导，使火药柱表面温度逐渐升高，当药柱表面温度超过发火点时，药柱即被点燃，接着火焰迅速扩散到整个装药表面。药柱正常燃烧后，高温、高压、高速燃气流冲破堵片，将冷却水一次集中喷入发射筒初始容积内。

6.2.5　发射筒

发射筒与导弹的关系最为密切，无论是冷发射还是筒内热发射的发射设备，发射筒设计都是关键技术问题，其总质量和承载能力对发射设备设计影响很大。陆上机动冷发射设备的发射筒一般由内筒、保温结构和调温装置等组成。

1. 对发射筒的一般要求

对发射筒的一般要求主要有以下几个方面：

（1）发射筒结构参数、质量应满足发射设备总体要求。

（2）在运输和起竖过程中，发射筒作为承载梁，应能承受重力和振动加速度引起的惯性载荷。

（3）在导弹发射过程中，发射筒应能承受燃气压力、瞬时冲击和瞬时高温以及风载荷。

（4）在待机储存时，应有良好的保温性能，以减少调温系统的热负荷。

（5）在规定的环境条件下，保调温装置应能使筒内温度保持在规定范围内。

2. 发射筒的结构形式

冷发射设备的发射筒一般有两种可供选择的结构形式，即单一结构形式和复合结构形式。单一结构形式的发射筒如图 6.15 所示，一般由单层结构组成，每段筒体的材料可根据发射设备总体质量和内外部协调的要求进行选择。

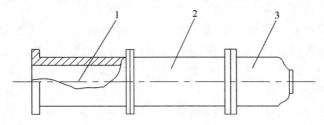

1—上筒；2—下筒；3—初始容积。

图 6.15　单一结构发射筒

复合结构发射筒如图 6.16 所示，一般由内筒、保温结构和调温装置组成。内筒是主要承力构件，应满足使用过程中强度、刚度和稳定性要求，如采用半导体调温，内筒材料应选用导热系数大的金属材料，以增强热传导能力。保温结构主要起隔热作用，多采用传热系数小的保温材料，达到减小调温装置冷（热）负荷的目的。图中所示保温结构是由外筒和硬质聚氨酯泡沫塑料组成的，这种结构具有较小的传热系数和一定的强度，适于机动发射设备。

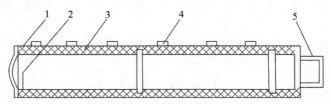

1—顶盖；2—内筒；3—保温结构；4—调温装置；5—保温罩。

图 6.16　复合结构发射筒

综上所述，对于无筒内温度要求的发射筒，采用单一结构形式为宜，并根据强度、刚度和协调等要求进行结构设计。对于有筒内温度要求的发射筒，采用复合结构为宜，陆基机动发射设备多采用复合结构发射筒。

3. 发射筒的材料

公路机动发射设备受到总体质量的限制，而发射筒的质量大小对发射设备的总质量影响很大。因此，必须从设计和选材上保证发射设备所需的性能要求及质量控制要求。在选材时，一般应考虑以下几个方面：

（1）材料性能

为了保证发射筒在各种承载情况下，满足刚度、强度等要求，选材时必须对抗拉强度、屈服极限、弹性模量、延伸率、收缩率、冲击韧性和硬度等进行综合分析，择优选取。一般要求强度高，弹性模量较大。如果有保调温要求，复合结构发射筒的内筒材料还要求有较大的导热系数，保温材料则要求有较小的导热系数。

（2）材料质量

对于机动发射设备，无论是单一结构发射筒还是复合结构发射筒，其主要承力件，在满足强度、刚度要求的前提下，尽量选用轻质材料，以达到减轻质量的目的。

（3）工艺性能

在选材时应考虑如下几方面的工艺要求：

①易于成形，具有良好的焊接性能。

②具有良好的机械加工和冷加工性能。为便于剪切、冲压和冷卷等加工，选择材料时应关注材料的塑性。衡量材料塑性的指标是延伸率，一般情况下，要求延伸率不低于4%，否则冷加工和焊接时有可能产生裂纹，甚至导致脆性断裂。

③具有一定的耐热和耐腐蚀性能。导弹发射时，发射筒受到高温燃气的冲击，因此应尽量选择耐高温的材料。此外，发射筒在使用过程中，还受到水和燃气等腐蚀，因此材料还需要具有一定的耐腐蚀性能。

6.3 发射台

6.3.1 发射台概述

发射台是指用于支撑和垂直发射导弹的装置，包括机动式和固定式两种。前者放在运输车上转移或安装在发射车上，后者固定在发射阵地上。导弹发射台主要由基座、回转台、升降台、升降机构和燃气导流器等部分组成。

1. 发射台的功用及其要求

发射台是导弹或运载火箭等地面设备的重要组成部分，其主要作用是：在导弹射前准备和发射过程中，起竖导弹，保持发射状态，进行垂直调整、方位瞄准和必要的维护工作。具体如下：①在导弹发射准备前及发射过程中，垂直支撑导弹；②根据导弹控制系统的要求，调整导弹的垂直度；③配合瞄准设备完成导弹的方位瞄准及射向变换；④支持并固定部分附件，起飞时确保插头的脱落及安全；⑤提供必要的附件，发射导弹时顺利排导燃气流。

为满足上述要求，发射台除结构部件应满足必要的强度和刚度，承受在工作风速下竖立和发射导弹时产生的载荷外，还应在设计时考虑以下几个方面的要求：①能以多个支点将导弹支撑在发射台上，由于导弹通常有四个支点，捆绑式运载火箭有四个或四个以上的主支点，助推器也可设置一定数量的辅助支点，发射台对导弹的支持应均匀、可靠；②传动系统的效率高，并有足够的储备，电液操作时，动作可靠，且可手动操作；③方位传动及垂直调整传动有较高的精度；④定向排导高温、高速燃气流且不危及导弹的安全，对于机动发射使用的导流器、传动系统及某些辅助装置，在既定的使用寿命条件下，严格限制其结构重量；⑤机动发射使用的车载发射台应结构紧凑、轻便、可靠、操作自动化且有较短的维护保养周期；⑥具有回转功能的特大型运载火箭发射台，结构设计时需充分考虑陆上的通过性；⑦远程导弹发射台配备必要的监控及测试装置；⑧配备发射准备工作所需的专用附件。

2. 发射台的结构形式

发射台有多种结构形式。根据导弹发射方式的不同，发射台可分为固定式和机动式两种。固定式发射台被固定安装在发射阵地上，如井内发射台；机动式发射台装载于运输车上或安装于发射车上，可转移阵地发射导弹。根据发射台支柱数量的不同，发射台可分为三支柱式、四支柱式和多支柱式等三种基本形式。

　　三支柱式发射台带有三个支撑千斤顶，千斤顶之间为等跨距等边三角形布置，使其受力均匀。这种类型的发射台只要改变其中一个千斤顶的高度便可实现导弹垂直度的调整。其主要缺点是在相同的稳定条件下，必须把支撑千斤顶布置得距离对称垂直轴线较远，即支柱间的跨距较大，才能保持稳定。因此，发射台横截面尺寸和重量都略有增加。三支柱式发射台常用于短程导弹多功能发射车。

　　四支柱式发射台带有四个支撑千斤顶，千斤顶位于正方形的四个角上，呈对称分布，稳定性好，结构受力均匀，应用比较广泛，如图 6.17 所示。

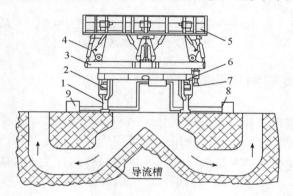

1—千斤顶（支柱）；2—减速器；3—回转部；4—支撑折倒臂；5—工作台；6—台体；
7—方向机；8—液压系统；9—电气系统。

图 6.17　四支柱式发射台

　　多支柱式发射台有 6、8、10 甚至 12 个成偶数的支柱，增加支柱数量能够减少每个支柱所分担的导弹发射重量。这种发射台一般用于支撑和发射大型导弹，如图 6.18 所示。多支柱式发射台的基座通常安放在混凝土场地上，上回转部装有高低可调的支柱。由于要进行调平，其升降垂直调整机构结构复杂，调平时间较长。

　　此外，根据发射台支柱结构形式的不同，发射台还可分为螺旋支柱发射台和液压支柱发射台。前者承载重量较大，调平过程平稳、可靠，自锁性较好；后者操作灵活方便、反应时间快、精度高，易于调平。

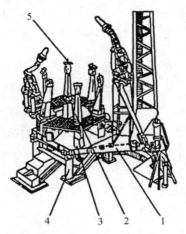

1—上发射架；2—托架；3—支撑脚架；4—下发射架；5—插销。

图6.18　多支柱式发射台

6.3.2　发射台构造原理

发射台通常由台体、千斤顶支柱、回转部（含方向机及止动器）、导流器、导弹支撑（释放）装置、液压电气系统、防风装置及导弹发射准备工作所需的其他附件组成。在结构形式上大都为回转部在上、台体在下，也有采用回转部在下、台体在上的结构形式。这两种结构实质上并无太大差别，只是在设计时侧重点有所不同。

1. 台体

台体是发射台的基本承力构件，通常采用由结构钢或高强度铝合金型材焊接而成的加固多边形空腹框架结构。

在框架下方一般焊接有支柱（千斤顶），框架上方则根据发射台结构形式的不同，焊有轴承圈（简称承环）或支撑装置及其他附件，导弹的重量通过导弹支撑（释放）装置、回转部上滚道、上承环、钢球、下滚道、下承环、台体或者由导弹支撑（释放）装置、台体（台体在上时），回转部上滚道、上承环、钢球、下滚道、下承环传至地面，其典型结构如图6.19所示。

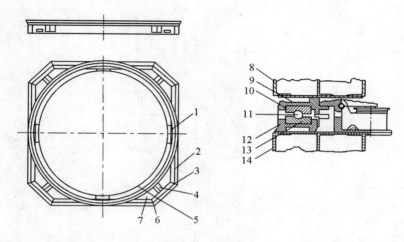

1—滚道；2—长框；3—角框；4—短框；5—弧形框；6—加强筋；7—平板；8—上框架；
9—上承环；10—上滚道；11—钢球；12—下滚道；13—下承环；14—下框架。

图 6.19　发射台台体典型结构示意图

为减轻发射台的结构重量，回转轴承一般不采用常规推力球轴承。近程导弹发射台常采用造价较低的中碳钢冷滚压轴承，中程导弹发射台多采用浮火钢丝滚道轴承，远程导弹发射台则采用承载能力更大的特制专用淬火轴承。在同样载荷条件下，这些轴承的结构重量仅为常规推力球轴承的 15% ~20%。

2. 千斤顶

千斤顶焊接在发射台台体框架下，用来支撑发射台及发射台上的导弹，并通过千斤顶的升降对导弹进行高度和垂直度调整。千斤顶有多种结构形式，最常用的有螺旋千斤顶和液压千斤顶两种。

（1）螺旋千斤顶

螺旋千斤顶结构简单、自锁性好、承载能力较强、工作稳定可靠，在恶劣的环境下无须采取特殊的保护措施。为使千斤顶在工作时传动平稳且有较高的调整精度，通常带有减速机构。对于近程导弹发射台，其千斤顶减速机构大多用电动减速机构；而中、远程导弹发射台千斤顶多采用液压传动减速装置，如摆线齿轮液压马达或钢球液压马达带动的减速机构。发射台螺旋千斤顶的典型结构如图 6.20 所示。

发射台千斤顶常用的是承载能力强的矩形、梯形或锯齿形滑动螺旋副。矩形螺纹传动效率高，但螺母与螺杆的对中性较差，螺纹根部较弱。梯形螺

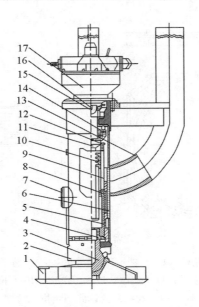

1—底座；2—防护筒；3—球头；4—下螺筒；5—压力管；6—外套筒；7—方键；
8—上衬筒；9—内套筒；10—螺母；11—螺杆；12—上螺筒；13—三支管；
14—止推轴承；15—齿轮；16—圆螺母调速器；17—减速器。

图 6.20　螺旋千斤顶

纹传动效率稍低，但对中性、螺纹根部强度均较好，工艺性也较好。锯齿形螺旋副只有一个工作面，仅能承受单向推（拉）力，其工作面与轴线的垂直线间夹角为3°，非工作面与轴线垂直线间夹角为30°，为矩形与梯形两种螺纹效果的综合，且根部强度高，对中性好，工艺性良好，故在发射台千斤顶中应用最为广泛。

为使千斤顶支撑底板与地面接触良好，其下端一般采用球形铰接头。为减少发射时高温高速燃气流对千斤顶的烧蚀，一般安装防护装置，该装置应不妨碍燃气流的顺利排导。

（2）液压千斤顶

发射台支柱采用液压千斤顶时，其常见的结构形式主要有两种：一种是带液压锁的液压油缸千斤顶，另一种是挤压式锁紧油缸千斤顶。前者在结构原理上与常用的液压油缸并无本质差别，本节重点介绍一下挤压式锁紧油缸千斤顶。

挤压式锁紧油缸千斤顶是利用活塞杆与锁紧套弹性变形产生的摩擦力及分子吸引力的作用，将活塞杆固紧在传递载荷的锁紧套中，使千斤顶处于任意锁紧位置上。当在配合面充入高压油时，迫使锁紧套产生弹性变形，解除配合面间的锁紧力，使配合面变成低摩擦运动的静压或动压支撑，如图 6.21 所示。

解除锁紧状态即为"开锁"；卸除开锁压力后，活塞杆与缸体配合表面恢复原始锁紧状态即为"闭锁"。

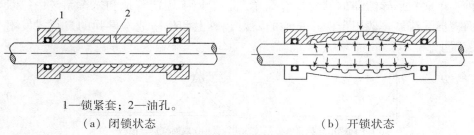

1—锁紧套；2—油孔。

（a）闭锁状态   （b）开锁状态

图 6.21 挤压式锁紧油缸千斤顶工作原理图

3. 回转部

回转部也是采用型材焊接而成的加固多边形或圆形空腹框架，根据发射台结构形式的不同，回转部框架上方连接有台体或支撑导弹的支撑装置及其他附件；框架下方则焊有承环（轴承圈），承环的外侧通常是等距分布的圆柱销构成的销齿轮，通过方向机星形轮的传动，实现导弹方位回转。

4. 导流器

（1）导流器的功用

在设计发射装置时，必须考虑发射导弹时发动机喷出的燃气流能够顺利地向空间扩散，保证发动机正常工作。同时，也要考虑到燃气流对障碍物的冲蚀作用。如果要避免大推力发动机的燃气流将地面冲毁，则需加大发动机的喷口与地面的距离，这就给发射装置设计工作带来很大困难。为此，通常在发射装置上采用燃气流导流器。

（2）导流器的分类

根据发射装置结构和导弹起飞发动机结构的不同以及使用目的的不同，所采用的导流器结构也有所不同。

导流器一般可分为固定式和移动式两大类，固定式导流器既可以是金属的，也可以是非金属的；移动式导流器常用结构钢或高强度加筋的盒形结构。

其中，铝金属导流器用于结构质量限制较严格的场所，且应涂覆耐烧蚀层，也可使用易更换的玻璃钢护罩。

导流器的结构外形可以是单面、双面、多面或旋转体等。根据导流器结构型面的不同，可分为楔形导流器、锥形导流器和栅格形导流器；根据散热方式的不同，又可分为非冷却和冷却式两种。

楔形导流器如图 6.22 所示，分为单面楔形导流器和双面楔形导流器两种。单面楔形导流器的结构比较简单，一般用于固定阵地和试车系统中；双面楔形导流器一般用于铁路车辆的发射装置上和战略战术导弹的自行式发射装置上。

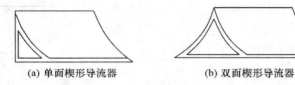

(a) 单面楔形导流器　　　　　　　(b) 双面楔形导流器

图 6.22　楔形导流器

锥形导流器如图 6.23 所示，分为圆锥形导流器和棱锥形导流器。圆锥形导流器多用于发射单喷管发动机导弹的发射台上；棱锥形导流器多用于发射多喷管发动机导弹的发射台上。由于棱锥导流面数一般与喷管个数相等，因而棱锥形导流器有三面、四面、六面以及多面等不同类型。

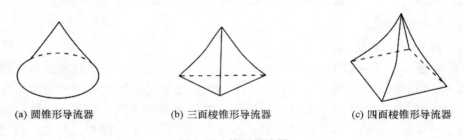

(a) 圆锥形导流器　　　　(b) 三面棱锥形导流器　　　　(c) 四面棱锥形导流器

图 6.23　锥形导流器

栅格形导流器目前仅应用于小型导弹的发射装置中，其工作原理是当燃气流通过栅格孔时会产生干扰，造成能量损失，削弱透过格孔气流的冲击力，减轻对障碍物的冲蚀作用。栅格形导流器如图 6.24 所示。

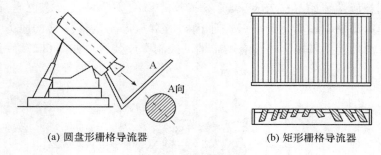

(a) 圆盘形栅格导流器　　　　　(b) 矩形栅格导流器

图 6.24　栅格形导流器

　　冷却式导流器一般应用于固定阵地发射大推力火箭或导弹的发射台上，形式多样。图 6.25 所示为喷水冷却式导流器。移动式导流器大多采用自冷式结构，固定式导流器常采用强制冷却结构。

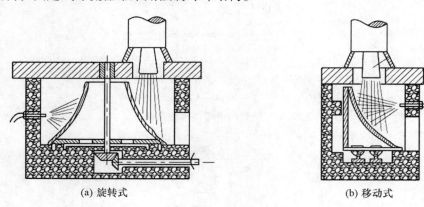

(a) 旋转式　　　　　　　　　(b) 移动式

图 6.25　喷水冷却式导流器

5. 导弹支撑（释放）装置

　　小型导弹发射台一般采用螺旋升降支撑盘装置，该装置结构简单。对于远程导弹和运载火箭，其发射台大都采用同步牵制释放系统。同步牵制释放系统又可分为强制同步牵制释放系统和非强制同步释放系统。

　　（1）强制同步牵制释放系统

　　强制同步牵制释放系统由多个强制同步牵制装置及控制系统组成。一般是在发动机启动后，牵制装置使火箭留在发射台上，当达到额定推力时进行同步释放。因此，对强制同步牵制释放系统的可靠性要求较高。典型的强制同步牵制释放系统如图 6.26 所示。

为使火箭平稳飞离发射台及减小因瞬时释放产生的箭体结构应力，在每个牵制释放装置的基座上还装有两个辅助控制释放装置，如图 6.27 所示。

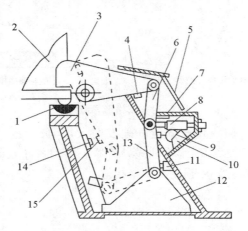

1—可调支撑盘；2—火箭支点；3—上连杆；4—缓冲块；5—防护罩；6—中间连杆；
7—校准器；8—气动分离装置；9—爆炸螺母；10—上锁纹车；11—定位块；
12—支座；13—下连杆；14—基座；15—缓冲垫。

图 6.26　强制同步牵制释放系统

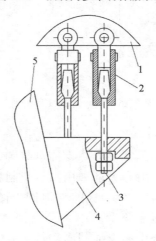

1—运载火箭；2—释放机构；3—螺母；4—托架；5—支座。

图 6.27　辅助控制释放装置

（2）非强制同步释放系统

非强制同步释放系统不具备对导弹牵制发射的功能，但对于推力偏心不大的高支点发射台仍不失为一种经济、有效的选择。这类系统通常由数个支撑臂、后倒装置及复位动力装置等组成。其中由支撑臂及后倒弹簧作动筒组成的支撑折倒臂装置是该系统的关键部件，如图 6.28 所示。

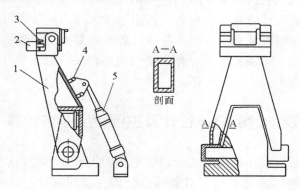

1—支撑臂；2—滑块；3—调节螺栓；4—插销；5—弹簧作动筒。

图6.28　支撑折倒臂装置

该装置的特点为：①支撑臂在导弹的重力作用下可靠地支撑导弹，并储存使其后倒的能量；②导弹飞离发射台瞬间，支撑臂在后倒机构的作用下迅速后倒，让出安全通道；③在导弹多台发动机按程序对称启动过程中紧急停机时，各支撑臂仍能可靠地支撑导弹。

6. 液压电气系统

液压电气系统由液压泵站、各种阀门、油缸、液压马达及电气控制系统组成，用以完成发射台的升降、调平、方位回转及其他辅助工作。

由于发射台常用四支柱式结构，台体框架为多次超静定结构，为使弹体各支撑点受力基本一致，四个支柱的受力大小也应相近。为此，在发射台作升降或调平移动时，台面支撑盘所构成的平面应近似呈刚体平面运动，故液压电气系统必须采取相应的监测及控制措施，发射台各支柱千斤顶的协调运动，可用往复式齿条作动筒推动螺旋千斤顶；也可用几个双路可逆均流阀、单向阀、电磁换向阀及容积效率相近的四个外摆线齿轮液压马达，组成远程控制液压传动系统。若采用专用液压元件四通均流阀组成的简化液压系统取代传统的多阀液压系统，即可组成最简单、可靠的发射台典型液压传动系统。

对于在恶劣条件下工作的液压电气系统必须采取妥善的保护措施，尤其要避免遭受燃气流的冲刷和烧蚀破坏。

7. 防风装置

垂直竖立在发射台上的导弹迎风面积大，风压中心高，未加注推进剂的导弹所能承受的风载荷有限。因此，从弹体到发射台的各个可动环节都要设置相应的防风装置，防止导弹在大风作用下倾覆。防风装置可以是一系列的手动拉紧器，也可以是液压 – 弹簧并辅以适当的紧固连接件组成的防风 – 止动器。一般来说，防风装置与导弹的结构密切相关，对某些导弹而言，防风装置有可能成为至关重要的一环。

6.3.3　发射台的总体设计及主要特征参数计算

发射台的总体设计要根据地面设备系统的设计要求进行。发射台结构参数的确定受多种因素的制约，需要综合分析、合理取舍，但在设计方案时，选择发射台框架及导流器等主要部件特征参数，可用火箭发动机喷管出口截面的折算直径表述。

1. 发射台高度

发射台的高度 H 是指导弹支点到发射台支撑面的距离，对于高支点发射台，还应加上支撑折倒臂的高度。

$$H = Kd \tag{6.55}$$

$$d_e = \sqrt{n} d_i \tag{6.56}$$

式中，d_e 为火箭发动机喷管出口截面折算直径；$\sqrt{n}$ 为发动机喷管系数；d_i 为发动机喷管出口截面直径；K 为高度系数，$K = 1.5 \sim 2.5$，单喷管发动机取大值，多喷管发动机取小值。

2. 发射台宽度及长度

四支柱式发射台多采用截角正方形或截角矩形环框结构，因其结构对称，宽度 B 可由下式确定：

$$B = K_b d_e \tag{6.57}$$

式中，K_b 为宽度系数，$K_b = 2.1 \sim 2.8$，单喷管发动机取大值，多喷管发动机取小值。

3. 导流器特征参数

根据地面设备总体方案、导弹发动机类型、喷管数量及布置和发射阵地对排导燃气流的要求，确定导流器的结构形式。根据发射台的总体布局进行初步计算，必要时进行冷态或热态模拟试验。由前四个参数即可初步确定导流器的结构外形，经导流器截面或导流通道高度的验算后，若与发射台总体设计参数不协调，则可修订有关的参数使之互相适应。

导流器的主要特征参数如图 6.29 所示。

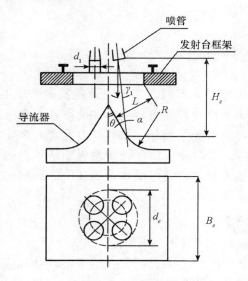

图 6.29　导流器的主要特征参数示意图

实践证明，导流器特征参数可在下述推荐值范围内选取：

冲击角 α（燃气流轴线与冲击点导流面的夹角）：$30° \sim 45°$。

冲击高度 H_e（发动机喷管端面至导流器冲击点的距离）：$(0.6 \sim 2)d_e$。

折转半径 R（燃气向水平方向折转的导流面过渡半径）：$(0.7 \sim 2)d_e$。

导流器宽度 B_e（导流器两侧挡流板内侧间距离）：$(1.2 \sim 2)d_e$。

导流通道高度 L（发射台框架内侧下沿至导流面的距离）：$(1 \sim 2.5)d_e$。

导流通道截面 S（两支柱千斤顶间的有效导流孔道面积）：

$$S = K_s n Q / n_m \qquad (6.58)$$

式中，K_s 为截面系数，$K_s = 0.02 \sim 0.03$；Q 为每台发动机的燃气流量；

n 为发动机台数；n_m 为导流面数。

当发动机有安装角 γ_1（γ 为发动机与弹体轴线的夹角，γ_1 为 γ 在图示平面的投影角）时，导流器的半锥角 θ 大于冲击角 α，即

$$\alpha = \theta - \gamma_1 \tag{6.59}$$

6.4 发射井

6.4.1 发射井概述

发射井发射，也称井式发射，为在地下井发射阵地上进行的导弹发射。发射井是供陆基战略弹道导弹垂直储存、发射准备、实施发射的地下防护工程设施。作为地下防护及发射设施，发射井内配套有全套技术设备、发射电气设备及工程设备等，主要完成储存处于发射准备状态的导弹、保护导弹和发射电气设备不受核武器的破坏作用和外界环境的影响、完成导弹发射准备和发射时的各种操作等工作。

1. 井式发射发展概况

井式发射的发展经历了以下几个阶段。

（1）20 世纪 50 年代末到 60 年代初，为了提高陆基战略弹道导弹的生存能力，将导弹发射阵地从地面转入地下。

美国 1959 年服役的洲际导弹"宇宙神"D 开始时是竖立在地面发射的，后加筑了地面掩体，但抗力仅 0.014 MPa。1961 年服役的"宇宙神"E 改为部署在地下掩体内，掩体上部与地表面齐平，掩体抗力为 0.175 MPa，在发射前要打开掩体盖、起竖导弹、加注推进剂，再点火发射。到 1962 年开始服役的洲际导弹"大力神"Ⅰ、"宇宙神"F 才将导弹部署在地下井内，井内垂直储存、井口发射，但井的抗力仍然很低，仅为 0.7 MPa。

（2）20 世纪 60 年代中到 70 年代初，由于导弹性能提高、地面设备简化、发射井建井技术的逐渐成熟，导弹发射井得到发展。

美国和苏联分别将"大力神"Ⅱ、"民兵"Ⅰ、"民兵"Ⅱ和 SS - 8 洲际导弹全部部署在热发射井内，且将抗力提高到 2.1 MPa。之后美国将"大力神"

Ⅱ导弹发射井抗力进一步提高到 3.87 MPa。截至 1967 年，美国部署了 1054 个导弹发射井；截至 1972 年，苏联部署了 1530 个导弹发射井。

(3) 20 世纪 70 年代中到 80 年代，对导弹发射井采取全面抗核加固措施。

美国和苏联都对导弹发射井采取了综合抗核加固措施。截至 1979 年 9 月，美国完成了对 1000 个"民兵"系列导弹发射井的全面抗核加固，使发射井抗力由 2.1 MPa 提高到 14 MPa；截至 1988 年底，少量用于部署"和平卫士"导弹的发射井的抗力提高到了 28 MPa；苏联将 308 个 SS－18 导弹发射井的抗力提高到了 42 MPa。对导弹发射井采取的主要加固措施包括：对冲击波超压的防护，增大井筒和井盖钢筋混凝土厚度；对地震波的防护，将导弹悬吊在井内，将整个发射控制设备室放在减震平台上，将应急发电机和电池组悬挂在发射控制设备室的减震平台下面；对电磁脉冲的防护，内井壁采用钢板进行整体屏蔽，发射井可靠接地，加固电路，选用加固的电子元件，设置高灵敏度电磁脉冲检测器和传感器，在电磁脉冲来到之前瞬时断开关键电路以避开电磁脉冲；对弹坑效应的防护，在井盖边沿设置碎片收集器，以清除核爆炸后在井盖上的碎片沉积等。

随着高空侦察技术和导弹精确打击技术的发展，井式发射位置固定、阵地难以伪装、隐蔽生存能力相对较低的缺点日益突出，各国把研究的重点转到生存能力更高的机动发射方式上。但作为一种重要的发射方式，井式发射仍有待进一步研究。现在研究表明，地下井的加固仍有相当的潜力，因此要不断研究创新加固技术，将发射井向超加固和深地下发展。

2. 发射井分类

发射井根据导弹及发射方式的不同有多种不同类型及形式。按发射方式分为井内储存、井口发射的发射井（简称井口发射井）和井内储存、井内发射的发射井（简称井内发射井）；井内发射井又可分为热发射井和冷发射井。热发射井按燃气排出的方法分为有排焰道的发射井和无排焰道的发射井。有排焰道的发射井还可分为单排焰道发射井（如 U 形、L 形）和双排焰道发射井（如 W 形）。

井口发射井的特点是：井内有提升设备，导弹在井口发射，操作复杂，且准备时间长，该类型发射井已不再使用。

热发射井和冷发射井是导弹采用不同发射动力的发射井。其中，冷发射井采用弹射动力装置（燃气或燃气蒸汽等）将导弹弹出发射井，导弹在空中点火；热发射井发射导弹时，导弹产生的高温、高压、高速燃气流通过排焰道进行排导；自弹式井式发射，将弹射动力固定在导弹尾部的隔离器上，随弹一起运动。导弹推动力由两部分组成，即燃气发生器向后的推力及燃气喷到发射筒内产生压力作用在尾罩上的力。

热发射井根据排焰方式的不同，分为多种结构形式，如图6.30所示。

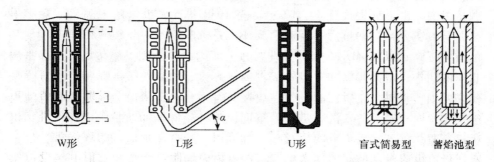

W形　　　　L形　　　　U形　　　盲式简易型　蓄焰池型

图6.30　热发射井主要类型

①W形。W形排焰道发射井的主要优点在于，可以采用直径小的井筒以减小混凝土井筒的厚度，同时提高地下设施对核爆炸产生的地震载荷影响的稳定性；还可以简化井盖系统且降低其造价，并保证发射井内有较好的温度、湿度等环境条件。但同时，其缺点有：在建造地下设施时，需采用直径和高度较大的金属发射筒，即需增加金属材料的消耗量。这种结构在导弹发射后，进行发射井的消防和中和处理的工作条件较差。

②L形和U形。单排焰道的发射井，排焰性能好，而且土建工程量较小。

③盲式简易型。这是一种局部吸收排焰的发射井，在导弹发动机起动阶段能够减少燃气对发动机工作的影响。当导弹离开发射平台时，可以减少燃气对导弹的影响。

④蓄焰池型。蓄焰池型发射井，在结构上稍不同于局部吸收排焰的发射井，其差别在于燃气吸收装置的结构和容积不同。蓄焰池式的容积比局部吸收排焰式的容积大得多。蓄焰池式可以在井内导弹起飞时容纳燃气，消除燃气压力和温度对导弹的影响。

6.4.2　发射井构造原理

发射井的组成及其配备的设备取决于导弹的种类、发射方式和发射井对抗力、抗震、抗核辐射、抗电磁脉冲等核爆炸效应的防护要求，以及导弹对发射井的作战要求、使用要求和经济要求。主要包括：①发射井结构应该具有足够的强度，以免因受地层压力、燃气压力和核爆炸作用而出现超出允许范围的结构变形和气密性破坏。②应可靠地保证导弹和技术设备免受贯穿辐射、光辐射、电磁辐射和大气沉积物的影响。③应采用适当的材料和合理选择井筒、设备室及井盖的壁厚以保证发射井的抗压强度。④为了减少导弹在发射时所排出燃气流的破坏作用，发射井必须采用耐高温和耐腐蚀的材料建造排焰道。⑤为长期储存导弹和弹头，并使其处于良好的待发状态，发射井必须保持适当的温度和较小的湿度。⑥为了减少在核爆炸时因发射井结构震动而作用到导弹上的动载荷，发射井必须配备减震系统。⑦发射井的结构必须保证完成导弹的垂直安装、发射准备和发射等全部有关操作。⑧在研究和设计发射井时，应注意导弹技术的发展方向，并考虑到设备的现代化。⑨发射井主要机构和设备的操作人员要少，要集中控制。导弹和发射电气设备状况，要实现远距离监控。⑩技术设备和发射电气设备的布置要合理。要有方便操作人员接近导弹和技术设备各部件的工作位置，以便发射井的作战使用。⑪井内工程技术设备应力争降低造价，尽量选用现有工业设备，简化安装作业。⑫建井应选择适当的地质条件，选择正确合理的结构和形式。

发射井主要由井筒、设备室及井盖三部分组成。

1. 井筒

井筒是发射井的工程主体及承受复杂温度条件下工作的大型构件。复杂的温度条件，容易引起井筒材料物理机械性能的变化。在静载荷和动载荷作用下，还容易产生较大的应力和变形。确定合理的井筒结构、选取性能可靠的材料、计算井筒强度等，是井筒设计的关键。

为了延长井筒的使用期限，建造井筒内衬所用的材料应该具有高强度、高耐热性、良导热性和高弹塑性。井筒的强度是由免受核爆炸破坏作用的防护程度所决定的，并通过冲击波阵面超压的最大允许值来估算。此外，井筒还应该保证导弹和井内设备不受核爆炸时产生的贯穿辐射的影响，不受电磁脉冲的影响。井筒一般是在现场采用钢筋混凝土浇灌而成，也有用分段预制好的钢筋混凝土筒或金属筒装配而成，或在多层同心钢圈之间浇灌混凝土制成。为防止水通过井筒渗透到井内，须在井筒内壁或外壁设一层或几层防水材料，或在井筒外壁设置金属防水层。

　　井筒的类型主要有三种：整体式、分段式和组合式。整体式和组合式的井筒，按层数可以是三层，也可以是两层，其中三层井筒应用较广。根据防水层的不同布置，整体式井筒可做成内井筒、外井筒和中间防水层，也可将防水层贴在混凝土井筒的外层。分段式井筒，可以由几段金属管或钢筋混凝土管加上防水层装配而成。

　　不同井筒的横截面示意图如图6.31所示。图6.31（a）所示为中间布置有防水层的整体式三层井筒，它是由整体的钢筋混凝土外部衬砌、防水的中间金属筒和整体的钢筋混凝土内部饰面层组成。图6.31（b）所示为在内外金属层之间灌注混凝土的井筒，外金属层起防水作用，内金属层用来保护中间层免受温度和外力的影响。图6.31（c）所示为钢筋混凝土层内部有金属层的两层井筒，图6.31（d）所示为钢筋混凝土层外部附有防水层的两层井筒。

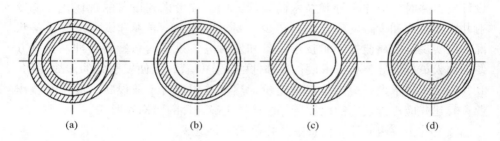

（a）　　　　　　（b）　　　　　　（c）　　　　　　（d）

图6.31　不同井筒的横截面示意图

2. 设备室

　　设备室通常为钢筋混凝土结构，形状上可以是矩形、正方形或圆形，可以与井筒建成一个整体，也可以单独分建，用管廊与井筒相连，用来安装专门技术设备和工程设备。

　　专门技术设备包括导弹的装配、储存、维护、测试、瞄准、发射控制、减震等设备，液体推进剂导弹还有加注设备。

　　工程设备是指保证导弹长期处于戒备状态、保持发射井内必要的温度和湿度所用的设备，包括恒温、降湿、通风、给排水、电源设备等。其中，恒温设备用于保持导弹储箱内规定的推进剂温度；进气－排气通风设备用于保持发射井内空气新鲜；降湿设备用于保持井内适宜的微气候（温度16℃，相对湿度不大于32%），不受地面气温和湿度的影响。

　　环形设备室的内表面通常用铜板镶成，金属镶面用来防止土壤和大气的水渗透到设备室内，并保护电气发射设备和其他设备免受核爆炸产生的电磁辐射。设备室由下底板、墙壁和顶盖板组成，在设备室上部设有排焰隔板、井盖开启机构和有关技术设备。

3. 井盖

井盖是发射井的主要防护设备之一，由防护盖和开启机构组成，用以保护井内导弹和设备。国内外发射井井盖的形式多样，根据防护盖的材料、外形、结构及开启方式的不同而有所不同。

防护盖是井盖的主要承力部件，其材料主要由井盖的功用和结构特点决定，通常用碳钢、钢筋混凝土和混凝土制造，某些特殊合金、特殊等级的钢筋混凝土和塑料也可用来制作。

按照外表面的形状，防护盖的外形结构有平面和球面两种。平面井盖的主要缺点是较具有同样承载能力的球面井盖的重量大。而球面井盖的曲面板刚度较大，因此其所采用的材料较平面井盖少很多，可用于大直径井筒。平面井盖可制成多边形、矩形、正方形和圆形等形状。其中，圆形、多边形、正方形井盖多用于小直径井筒发射井，采用热发射或弹射的固体导弹多采用此类方式；矩形井盖多用于大直径井筒发射井，采用热发射的液体推进剂导弹多采用此方式。

井盖按开启机构驱动方式和结构分类，有机械式、液压式、气动式和爆炸式等多种形式。对于采用井内冷发射方式的第三代弹道导弹，其发射井井筒直径较小，因此多采用单扇井盖铰接结构形式。其防护盖是一块金属板或钢筋混凝土板，铰接在地下井设备室一边，开启时，可采用爆炸、液压、气动、气液等多种动力方式打开。

当井筒直径较大和井盖较重时，就必须配备强有力的驱动装置打开和关闭井盖。通常采用滑动式方法开启井盖，开启动力为液压驱动或气液压组合驱动。

6.4.3　发射井主要结构参数计算

1. 发射井深度

发射井的深度 H_s 取决于导弹类型、导弹长度、发动机参数及地面设备的结构尺寸，即

$$H_s = L_m + H_e + H_d + H_g \qquad (6.60)$$

式中，L_m 为导弹的长度；H_e 为发动机喷口至导流器顶端的距离，一般取 $H_e = 6D_e$，D_e 为发动机喷口直径；H_d 为导流器高度；H_g 为井盖与导弹顶端的间隙，与抗核减振装置在核爆炸时的最大垂直位移和弹头弹体的对接方式有关。

2. 井筒内径

发射井井筒内径 D_{is} 通常按照下式确定：

$$D_{is} = D_m + 2B_m + B_{1m} + B_{1s} + B_s \tag{6.61}$$

式中，D_m 为导弹的直径；B_m 为导弹飞离发射井过程中的最大漂移量；B_{1m} 为导弹轴线与发射台轴线的不重合度；B_{1s} 为发射台轴线与发射井轴线的不重合度；B_s 为发射井轴线的不垂直度引起的偏移量。

3. 井筒外径

考虑核爆炸的破坏效应时，应保证井筒的金属防护层外表面和混凝土衬砌内表面的绝对径向变形相等，参照图 6.32，此时井筒的外径 D_{os} 可按下面公式计算：

$$D_{os} = \frac{D_{is}}{\sqrt{1 - \dfrac{\Delta P}{[\sigma]}}} \tag{6.62}$$

$$[\sigma] = \gamma_e [\sigma_1] + (1 - \gamma_e)[\sigma_2] \tag{6.63}$$

式中，ΔP 为冲击波超压；$[\sigma]$ 为钢筋混凝土的平均许用应力；γ_e 为混凝土的加强系数；$[\sigma_1]$ 为金属的许用应力；$[\sigma_2]$ 为混凝土的许用应力。

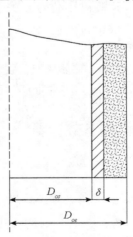

图 6.32　井筒计算简图

4. 设备室尺寸

设备室尺寸由发射井的结构确定，在近似计算中，可以根据井筒尺寸进行选择。

（1）设备室外径 D_{oe}

$$D_{oe} = (2 \sim 2.5) D_{os} \tag{6.64}$$

（2）设备室高度 H_o

由各有关地面设备的高度及工作需要确定，一般可用下式近似确定：

$$H_o = (1 \sim 1.5) D_{os} \tag{6.65}$$

6.5　发射箱

6.5.1　发射箱概述

箱式发射是导弹众多发射方式中的一种。发射导弹的箱形容器一般为专用的储运发射箱，具有储存、运输和发射导弹等多个功能。导弹出厂时，一般将导弹固装于储运发射箱内，箱弹形成一个整体，此时储运发射箱起包装保护作用，为导弹提供良好的储存及运输环境；作战使用时，将带弹的储运发射箱固定在发射装置上，起竖至规定的发射仰角，并通过箱上电气系统与指控系统及发控系统连接，进行导弹的射前检查、参数修正及导弹发射，此时储运发射箱为导弹提供发射通道，并排导燃气流。

1. 箱式发射发展概况

储运发射箱及箱式发射是伴随着舰舰导弹技术及发射装置而发展起来的。

第一代舰舰导弹几乎都采用支撑式长轨发射装置，这类发射装置结构庞大且笨重，小艇无法使用，只能用于大型的导弹舰船。由于海上环境条件比较恶劣，导弹如果平时装在发射装置就得不到保护，因此，一般都将导弹放在舰艇的弹库中，使用时再将导弹装填到发射装置上，这样就增加了发射的准备时间，不易满足战时需要。

随着导弹发动机性能的完善，制导方式的改进和导引精度的提高，导弹及发射装置小型化技术得到迅速发展，出现了支撑式短轨发射装置。为了使导弹平时就能置于发射装置中，并且得到较好的保护，于是设计出了箱式发射装置。如最初的苏联"冥河"导弹，采用车篷式发射装置（其护罩外形类似车篷），容器内部有两条平行的发射导轨，与导弹下边的四个发射滑块齿合，容器前后盖的开关由液压机构操纵。这种发射箱不是储运发射箱，只能起到一般的防护作用，而且是固定在舰艇上的，装弹时要到码头或舰边，把导弹吊装到打开的发射箱中，装好后再盖上。

20世纪60年代末至70年代初，反舰导弹飞速发展，导弹进一步小型化，出现了第一代储运发射箱。此时舰舰导弹基本上是一种一次打击性武器，注重补给方便、经济，并不强调导弹的再装填能力。除苏联大部分继续沿用导轨式发射装置外，西方国家多采用储运发射箱。导弹出厂时，装在密封容器内，容器在导弹运输时作为包装箱，储存时作为储存及保护设备，发射时作为发射箱，其优点是装舰迅速、安装位置灵活、补给装填方便。如法国的"飞鱼MM38""响尾蛇"，意大利的"奥托马特Ⅰ"，英国的"海狼"和以色列的"迦伯列Ⅰ"等导弹储运发射箱。

20世纪80年代至90年代出现了第二代储运发射箱，以美国的"捕鲸叉""海麻雀""爱国者"，法国的"飞鱼MM40""紫苑"，意大利的"斯帕达""信天翁"，瑞典的"RBS-15M"，日本的"90式"，苏联的"C300""Tor"和以色列的"巴拉克1"为典型代表。由于这个时期的导弹采用了折叠翼面或无翼设计，使储运发射箱箱体截面积普遍减小，结构重量减轻。

21世纪初出现了第三代储运发射箱，以美国的"THAAD"、俄罗斯的"C400"和以色列的"箭Ⅱ"储运发射箱为代表。由于导弹的截面尺寸进一步缩小，储运发射箱采用了更小截面的箱体。

2. 箱式发射优点

相对于裸露的导轨式发射，箱式发射具有如下优点：

（1）发射箱为导弹提供了良好的储存环境，延长了导弹储存寿命，提高了导弹的可靠性。发射箱内通常充有氮气或干燥的空气，前后箱盖和窗口盖保持气密和水密。发射箱装有隔热减震装置，其减震环节通常设置在箱弹之间（如"战斧"的减震垫）、箱轨之间（如悬挂装置）和箱架之间（如减震垫），对野战使用的发射箱还须设置防生物系统和防化学系统。

（2）导弹在发射箱内处于待发状态，提高了快速反应能力。导弹通常在工厂内装箱，从出厂到发射前，始终处于良好环境中，发射时可不做射前检查。此外，发射箱多采用联装方式，一些垂直发射系统还可使更多的导弹处于待发状态，因此易于做到连发或齐射，从而增强了打击单个目标的火力，也可同时对付多个目标。

（3）发射箱可重复使用，提高了武器系统的经济效益。武器系统的经济效益可以用效费比来表示。效费比是指武器的效能与其全寿命费用的比值。比值越高，武器投资的经济效益越高，而武器的全寿命费用中，使用维修费占有相当高的比例。导弹可以长期储存在发射箱中，降低了导弹维修保养要求，从而大大减少了维修保养费用。另外，导弹发射之后，发射箱在技术阵地返修后可重复使用，而且返修工作量及资金投入都不是很大。

（4）发射箱的应用有利于实现发射装置的标准化或通用化。所谓标准化或通用化是指一种发射装置适用于多种导弹，或者是一种导弹可用多种发射装置。例如，MK41 垂直发射系统，既可以发射"战斧"导弹，也可以发射"捕鲸叉"等其他多种型号的导弹；而"战斧"导弹发射筒，既适用于舰载装甲箱式发射装置，又适用于垂直发射装置及车载导弹发射装置。

基于储运发射箱的上述优点，其在搬运、使用条件较为恶劣的导弹中被广泛采用。除机载巡航导弹外，其他各类巡航导弹几乎都采用箱式发射装置。

3. 箱式发射发展趋势

随着导弹向智能化、小型化及飞行高超声速化方向发展，对导弹发射装置提出了更高更新的要求，集中表现为反应时间更短、储弹量更大、适装性更好、可靠性更高、通用化程度更高。因此，对箱式发射而言，发射箱的发展趋势是标准化、模块化、通用化。今后发展的重点在于减小发射箱尺寸和重量。箱体材料方面，多采用轻质铝合金、玻璃纤维、橡胶和新型复合材料；结构、加工和装配工艺方面，运用现代设计原则和方法，采用先进加工工艺，充分利用材料的机械性能，使得结构简单、紧凑，在满足功能要求的基础上，最大限度地减小箱与弹的重量及间隙。

6.5.2 发射箱主要结构形式

1. 基本结构类型

储运发射箱多种多样，其基本结构类型主要有三种：轨式储运发射箱、适配器式储运发射箱及混合式储运发射箱。

（1）轨式储运发射箱

轨式储运发射箱典型结构如图 6.33 所示。这种发射箱的基本特点是：箱内有发射导轨，通过滑块支撑导弹，并起导向作用。靠导轨弹性悬挂或箱外减振垫防止运输和转载时的振动和冲击。其基本部件包括：箱体、弹性悬挂系统、发射梁、插拔机构、箱盖及电气系统。其中，箱体包括本体、窗口及窗口盖、定位机构、起吊机构、密封与隔热装置；发射梁包括发射梁本体、发射导轨、剪切机构、挡弹机构、压弹机构以及弹动开关；箱盖包括前后箱盖、开盖系统及密封系统。

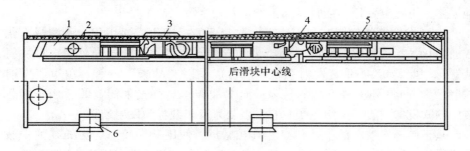

1—发射梁；2—弹性悬挂系统；3—插拔机构；4—挡弹机构；5—箱体。

图 6.33 典型轨式储运发射箱

（2）适配器式储运发射箱

适配器式储运发射箱典型结构如图 6.34 所示。这种发射箱的基本特点是：导弹通过前后适配器置于发射箱内，导弹飞离发射箱箱体后适配器脱落。适配器本身有减振缓冲作用，并起导向作用。其基本部件包括：箱体、适配器、箱盖、插拔机构、闭锁挡弹机构及电气系统。其中，箱体包括本体、定位机构、吊装机构、密封与隔热装置；适配器包括本体、分离机构及定向机

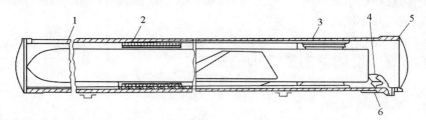

1—发射箱；2—前适配器；3—后适配器；4—插拔机构；5—箱盖；6—固弹机构。

图 6.34 典型适配器式储运发射箱

构；箱盖包括本体、开启机构及屏蔽保温机构等。

（3）混合式储运发射箱

混合式储运发射箱典型结构如图 6.35 所示。这种发射箱的基本特点是：导弹前部用适配器置于发射箱内，后部用定向钮支于箱内导轨上。发射时适配器和定向钮同时滑离，可消除头部下沉的偏差。采用集装箱外设的减振垫缓冲运输和转载时的振动和冲击。其基本部件包括：发射箱、导轨、前适配器、闭锁挡弹机构、插拔机构、前后箱盖、吊装及定位机构。

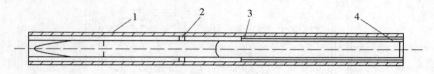

1—箱体；2—前适配器；3—后导轨；4—滑块。

图 6.35　典型混合式储运发射箱

2. 主要结构方案

储运发射箱的结构方案，首先需要根据导弹参数和发射箱的技术要求，确定其结构类型。储运发射箱的结构方案多种多样，主要从断面形式、导向方式、滑离方式、弹翼姿态、箱体材料、开盖方式、装箱方式、储运环境以及承力方式上加以考虑。按照断面形式的不同，主要有矩形和圆形断面结构；按照导向方式的不同，主要有滑块式、适配器式和滑块加适配器式三种结构类型；按照滑离方式的不同，有同时滑离和不同时滑离两种方式；按照弹翼姿态的不同，有展开式、折叠式、伸缩式和弧形式四种类型；按照箱体材料的不同，有金属材料和复合材料结构方案；按照开盖方式的不同，有机械开盖、易碎盖和爆破抛掷盖三种结构；按照装箱方式的不同，有单箱装填和集装箱装填两种方式；按照储运环境的不同，有气密、防振、屏蔽、隔热等不同要求的结构方案；按照承力方式的不同，可分为箱体内箱承力和外箱承力两种结构方案。

（1）不同断面形式结构方案

圆形断面的发射箱，尺寸小、质量轻、工艺好，适用于弧形翼或折叠翼等横向尺寸较小的导弹。例如美国的"MLRS"（弧形翼）、法国的"响尾蛇"（收缩翼）、"MM40"（折叠翼）等均为圆形发射箱。圆形发射箱可组合成集装箱（见图 6.36），也可单独使用。

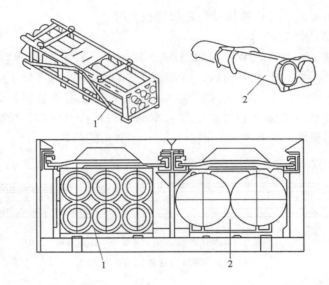

1—MLRS 发射筒集装箱；2—TACMS 发射筒集装箱。

图 6.36　发射箱集装箱结构方案

与圆形断面发射箱相比，矩形断面发射箱结构尺寸大、质量大、结构复杂，生产工艺性较差，适用于翼展较大的导弹，储运时可将多个箱体叠放在一起。

（2）不同导向方式结构方案

滑块式导向方式中，滑块可挂于导弹下方，也可托于上方；可布置前、后滑块，也可布置前、中、后滑块；导轨可直接固定于箱体上，也可以固定于发射梁上，再挂于箱体上，有发射梁的发射箱往往用于重型导弹。

适配器式导向方式多用于圆形断面的发射箱。其优点是：在储存运输时能减缓对导弹的振动和冲击；发射时，适配器起导向作用，并能通过选择适当的结构参数控制导弹的初始扰动值；发射后，适配器分离后还可改善导弹的气动外形。这种导向方式一般要求导弹的尾翼为弧形翼或折叠翼。

混合式导向方式多用于同时滑离的发射箱。这种方案较好地解决了导弹前后适配器及滑块同时滑离后，导弹在箱内飞行时由于下沉而引起的与箱体碰撞问题。同时由于发射箱前端与后端的内径相同，避免了箱内燃气流反射对弹体的扰动。

（3）不同滑离方式结构方案

导弹的滑离方式有两种，即同时滑离和不同时滑离，这两种方式在箱式发射中均有应用。采用同时滑离，导弹滑离后无头部下沉，发射精度较高，但当导弹的下沉量较大时，箱体结构必须让开足够的距离，以免箱弹碰撞。采用不同时滑离的方式，导弹的前滑块（或适配器）滑离后，后滑块（或适配器）仍沿导轨滑动，直至全部脱离约束。导弹在箱中无下沉，箱体结构尺寸小，但在不同时滑离阶段导弹存在头部下沉，增加了发射的初始偏差。为了减小头部下沉偏差，可增大滑离速度，缩短不同时滑离时间，或缩短前、后滑块间的距离，但对比较细长的导弹而言，支撑稳定性欠佳。因此，有的导弹采用前、中、后三个滑块，使支撑距离加大，稳定性好，但中、后滑块间距离短，不同时滑离的时间仍很短，兼顾了两方面的要求。

6.5.3　发射箱主要组件结构原理

发射箱的形状及形式虽然多种多样，但通常都包括箱体、箱盖、定向器、发控检控仪表等结构，如图 6.37 所示。各部分基本构成如表 6.2 所示。

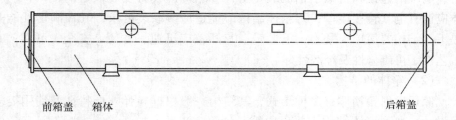

图 6.37　发射箱结构组成

表 6.2　发射箱各组件基本构成

组件	基本构成
箱体	本体、窗口、窗口盖、密封和隔热装置、起吊和装填构件、翼轨、支脚
箱盖	前盖、后盖、开启机构或电控火工品、密封装置
定向器	发射梁和导轨或适配器、闭锁挡弹机构、减震机构、弹动输出信号机构、插拔机构
发控检控仪表	压力温度湿度仪表、发射箱与舰（地）面电器、气路转接、安全活门、电缆

1. 箱体

（1）箱体的功用

箱体是储运发射箱的承力结构，其主要功能是：①安装发射梁；②安装发射箱电气；③安装仪表；④为导弹提供机械保护，使导弹免受机械损伤；⑤为导弹提供干燥气体或惰性气体，使导弹免受湿热、烟雾、霉菌的腐蚀；⑥为导弹提供温度保护，使导弹免受高温、严寒、雨雪和风沙等恶劣环境的影响。

因此，箱体在设计时应考虑以下基本要求：①箱体应具有一定的强度、刚度，满足在运输和发射状态下的各种载荷要求；②为保证导弹顺利挂轨，悬挂式导弹箱体应留有足够的下沉空间，支撑式导弹箱体应留有足够的上升空间，同时还应留有足够的侧偏空间；③箱体具有密封性能，可以充干燥空气或惰性气体，保护导弹不受腐蚀；④箱体具有防射频功能；⑤箱体具有隔热性能；⑥箱体应便于起吊和支撑；⑦箱体应有操作窗口，以便于导弹的锁定、电气的连接和机械引信的装定等；⑧箱体应设有安装仪表的接口；⑨箱体应设有电气转接接口；⑩箱体结构应能适应多联装要求；⑪在满足性能前提下，结构要简单、紧凑、重量轻；⑫开盖应迅速、方便、安全、可靠；⑬工艺性、可维修性及经济性好。

（2）箱体的结构

储运发射箱箱体有多种形式，其结构一般根据导弹外形特征及使用需求而设计。典型箱体结构主要由内箱、外箱、法兰、加强筋、支脚、吊环、窗口、仪表座等组成，如图 6.38 所示。

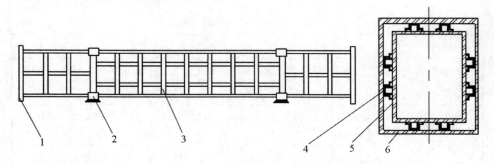

1—法兰；2—支脚；3、4—加强筋；5—内箱体；6—外蒙皮。

图 6.38　典型箱体结构

其中：①加强筋与内箱构成承力结构，加强筋的布置取决于箱体强度、刚度的需要。沿箱体长度方向每面布置纵向加强筋，垂直于纵筋布置横向环形加强筋。为便于发射箱在发射装置上的安装及吊装，箱体上设计有支脚和起吊位置，一般情况下吊环与支脚在同一加强筋上，其材料尽可能选用传热系数小的非金属材料或复合材料；②金属结构的箱体，尽可能减少内外两层箱体之间的金属搭接，必须搭接的地方至少有非金属垫片；同时在内、外箱体之间填充隔热材料，如超细玻璃棉等；③箱盖和窗口盖在结构设计时应考虑采用金属、非金属材料复合结构。

2. 箱盖

箱盖是储运发射箱的重要部件，对导弹的储存寿命、使用维修性能、发射反应时间及可靠性有直接影响，通常在设计时作为关键部件进行专门研究。为了协调弹箱间的要求，节省试验经费，箱盖的设计一般与弹、箱的设计同步进行。

（1）箱盖的分类

箱盖的形式多种多样，按开盖方式可以分为机电式箱盖、爆破式箱盖和易碎式箱盖三种类型；按盖体材料可分为金属材料箱盖、非金属材料箱盖和复合结构箱盖。箱盖的分类如图 6.39 所示。

（2）箱盖的工作原理

①机械开盖

前后箱盖一般由金属材料制成，采用液压机构关盖、压缩弹簧伸张开盖，或采用电动机构开关盖。典型机械开盖原理如图 6.40 所示。

机械开关盖的优点是关盖紧密，开盖可靠，可多次使用；缺点是机构复杂，需要把液压源或电动机构接入发射箱中，重量大。

②整体抛掷开盖

整体抛掷开盖是采用外力将整个箱盖抛出，所采用的外力有箱内气体压力和火药气体压力两种。

对于采用箱内气体压力的方式，箱盖通过爆炸螺栓与箱体法兰相连，发射时电点火器点燃爆炸螺栓中的火药，将螺栓炸断，箱盖在箱内气压的作用下被抛出。其原理示意如图 6.41 所示。

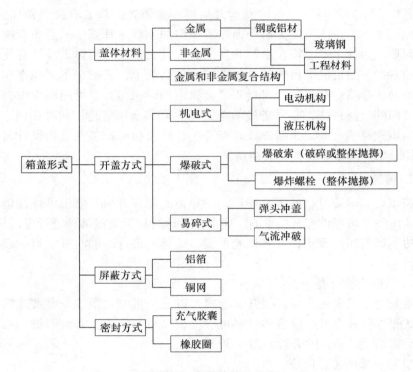

图 6.39　发射箱箱盖分类

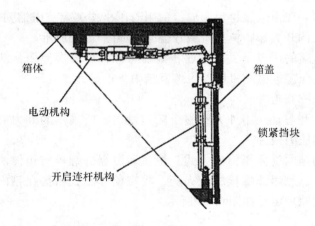

图 6.40　机械开盖原理示意图

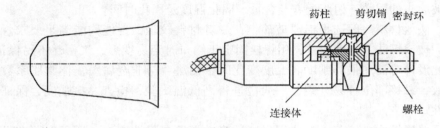

药柱　剪切销　密封环

连接体　螺栓

图 6.41　爆炸螺栓爆炸后整体抛掷开盖示意图（左侧为箱盖）

对于采用火药气体压力的方式，在箱盖法兰处装有导爆索，发射时引爆电爆管，从而点燃导爆索，在盖体与法兰间产生火药气体，使盖体沿法兰破裂而整体抛出，其工作原理示意如图 6.42 所示。

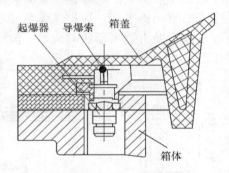

起爆器　导爆索　箱盖

箱体

图 6.42　导爆索爆炸后整体抛掷开盖示意图

③易碎穿通开盖

这种箱盖在发射时根据发射要求，箱盖依靠外力作用沿着设计好的沟槽或划痕碎成若干大块或小碎块。外力有的是导弹头部撞击的结果，有的则由埋于箱盖中的导爆索爆炸引起。采用导弹头部撞击的方式最为简单，但这对导弹头部强度、箱盖材料及工艺提出了较高的要求。

易碎盖一般由盖体和法兰组成，其外形有平面形、圆锥形、半球形、半椭圆形等，厚度有单层、多层，其内部均有沟槽，便于破裂。

箱盖体材料一般选用非金属材料，如：①以硬质聚氨酯泡沫塑料为基材，采用金属模具浇铸成型。该材料容重 $0.3 \sim 0.4 \ g/cm^3$，抗拉强度可达 $6 \sim 8.5$ MPa，抗冲击强度可达 $2 \sim 4$ MPa，其性能足以满足箱盖的强度要求。②以玻璃纤维布为基材，加以树脂、填料，层压固化成型。可根据破碎力的要求确定玻璃布的层数、树脂配方及含量、固化温度及固化时间。

法兰材料一般选择铝或玻璃钢,二者材料较轻,性能均能满足要求。但是,玻璃钢法兰刚度较差,用螺栓固定于箱口时容易变形,气密性不易保证,因此设计时需加强其刚度。温度变化时,铝法兰与非金属箱盖体膨胀系数不一致,黏接部位容易开裂,一般应进行高低温试验,检查黏接强度,保证气密性。

单层结构易碎盖通常选用强度适当的聚氨酯泡沫塑料,适于安装在发射箱口的前盖,并通过金属框固定于发射箱上。典型单层易碎盖结构如图 6.43 所示。金属框架由金属材料制成,金属框架形状与易碎盖相同,但尺寸稍大,框架四边内侧有角形构件,与盖的外缘直角相配合;箱盖框架支耳上有孔,螺钉通过此孔将箱盖固定在发射箱上,此时盖外表面突出的铝膜与铝角形构件密切配合,构成一个光滑封闭的平面,保护导弹免受电磁辐射的影响。为了使盖易于破裂,还可在盖上做出适当形状的沟槽,沟槽的截面形状一般为等腰三角形或等边三角形。

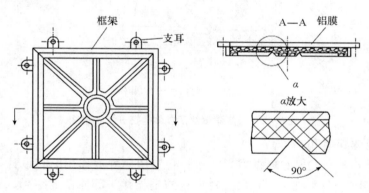

图 6.43　单层易碎盖结构

图 6.44 所示为多层易碎盖结构。其中,图 6.44(a)中所示盖体共三层,外层为泡沫塑料,中间为玻璃布,内层为铝箔。铝箔起屏蔽作用,玻璃布两面涂胶,将铝箔黏接于塑料层上,并保证良好的密封性。塑料层有沟槽,将全盖分成八块。顶部呈半球形,底部呈圆形,有环形沟槽。为防止塑料老化,需在塑料层上涂抹一层硫化硅橡胶,厚度为 $0.2 \sim 0.3$ mm。图 6.44(b)所示为双层隔膜结构,采用环氧树脂将两层玻璃纤维布黏接,利用玻璃纤维布在互为垂直的经线和纬线方向撕裂,再加上隔膜上的刻痕设计,使一层隔膜上

刻痕与另一层隔膜的撕裂方向重合，控制易碎盖的撕裂迹线。为避免高温燃气流对箱内导弹的影响，在盖的外表面覆盖一层 2.5 mm 左右厚度的泡沫橡胶薄膜。这层薄膜由多块泡沫橡胶拼合而成，其拼合线同双层隔膜的撕裂线及刻痕线重合，从而不至影响箱盖撕裂。为防止外界电磁辐射对箱内导弹的影响，在盖的内表面采用聚酯材料粘贴 0.08 mm 厚度的铝箔，并在聚酯层上按照玻璃纤维隔膜的撕裂线和刻痕线划上刻痕，以便于撕裂。

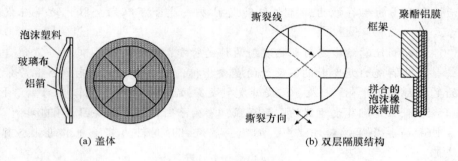

(a) 盖体　　　　　　　　　　　(b) 双层隔膜结构

图 6.44　多层易碎盖结构

3. 定向器

定向器是发射箱中与导弹直接联系的组成部分，其作用是在发射之前支撑导弹，并在其上做好发射准备工作，发射时提供成功发射的必要条件，赋予导弹一定的初始飞行姿态，使导弹按照预定的初始弹道飞行。

定向器的结构与导弹的用途、结构形式及所使用的发射技术有关。对于采用箱式热发射的定向器而言，其结构类型主要为导轨式定向器，具体包括以下几个部分：

（1）支撑定向部件，主要包括定向器本体（导向梁或发射梁）及导轨（或支撑件、适配器等），用于支撑导弹，并赋予导弹发射离轨时的初始飞行姿态。

（2）安全保险部件，主要包括安全让开机构、闭锁挡弹机构、引信保险解脱结构、导流装置等，主要实现安全可靠地发射导弹。

（3）电气转接装置，包括电连接器（或插拔结构、弹动输出信号机构）等弹上控制指令反馈装置，通过本装置将地面电源和发控信号与导弹接通，保证导弹发射时顺利离轨。

（4）装弹退弹装置，用于装退导弹时的对接导向和定位。

思考题

1. 纵观美国和苏联（俄罗斯）的导弹发射技术发展历程，请总结其共同点和不同点，并从军事、政治、经济等方面思考造成这些不同的原因。

2. 相比地下井发射方式，公路、铁路等机动发射方式具有更大的使用灵活性和更高的生存能力，那么机动发射方式是否可以完全取代地下井发射方式？

3. 请对比总结冷发射和热发射两种发射方式的优缺点。

4. 生存能力是发射设备设计的重要指标，请思考影响发射设备生存能力的主要因素有哪些，以及如何提升发射设备的生存能力？

5. 什么是燃气发生器的平衡压强？影响平衡压强的主要因素有哪些？

6. 简述导弹弹射过程中，燃气－蒸汽式弹射动力装置内水的状态变化情况。

7. 减少井式热发射过程中导弹横向漂移量的方法有哪些？

8. 简述井式发射井盖开启的方法和特点。

第7章 新型发射技术

新发射原理是相对常规发射原理而言的，顾名思义，就是常规发射原理以外的其他发射原理。从某种意义上说，新发射原理是广义上的发射原理，拓宽了发射原理的原始概念。现在一般所说的新型发射技术，在火炮方面主要指随行装药火炮发射技术、电热化学炮发射技术、电磁炮发射技术、超高速火炮技术等；在火箭推进方面主要包括电火箭推进、核火箭推进、太阳能火箭推进等。随着科学技术的发展和进步，新型发射技术还将不断增添新的成员。

新发射原理火炮是采用高新技术的武器，应用新的发射原理，在技术上有重大突破与创新。新型发射技术的潜在作战效能和应用前景已引起主要军事大国的重视。在未来战争中，新型发射技术将引起作战方式的改变，为防空、反导等领域提供新的作战手段，将对现代战争产生深刻的影响。

7.1 随行装药火炮技术

在传统火炮发射时，由于燃气分子惯性的存在，弹底处的燃气压力一般明显小于膛底压力，弹丸速度越高，压力梯度也越大。而膛底压力受到炮膛材料的限制，会对火炮初速造成影响。因此，若想得到"低膛底压力、高弹丸初速"的效果，就要想办法减小膛内压力梯度，甚至使弹底压力大于膛底压力。实现的技术途径之一就是让火药在弹底燃烧，即让发射药"随着弹丸运动"。

7.1.1 随行装药效应

随行装药的概念由兰维勒 1939 年提出，当弹丸在膛内向前运动时，使发射药在弹丸底部邻近区燃烧，随时补充因弹丸高速运动而造成的压力下降，提高弹底压力，从而在少装药、低膛压的条件下获得高初速。随行装药的点火过程分为两个阶段：第一阶段是点燃常规粒状助推装药，这时膛压迅速增加并且弹丸和附在弹底的高燃速随行装药发射药也开始加速；第二阶段是在起始增压过程的某一点上，通常在助推装药产生最大压力之后，随行装药点火。通过调节随行装药的燃速，获得恒定的弹底推力直到发射药燃烧完毕。

图 7.1 分别给出了普通装药和随行装药在理想情况下的压力梯度曲线。普通装药情况下，当发射装药与弹丸分离时，推动弹丸的弹底压力仅为膛底压力的 70% ~ 80%，火药燃气与未燃烧完毕的火药随着弹丸沿膛内流动，火药释放的能量用于加速弹丸及弹后空间的火药气体，弹丸速度越高，弹底与膛底压力差越大，气体和未燃装药运动所消耗的能量就越大。

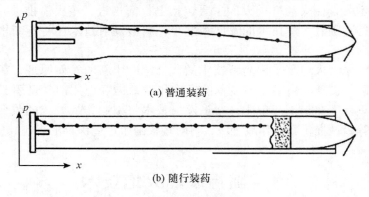

(a) 普通装药

(b) 随行装药

图 7.1 普通装药与随行装药在理想情况下的压力梯度曲线

随行装药将发射药装于弹底，点火后，弹后发射药随着弹丸一起运动，边运动边燃烧，并在弹丸出炮口前燃烧完毕。由于发射药在弹底随行燃烧，新生成的燃烧产物位于弹丸底部，有效提高了弹底压力，降低了膛底与弹底之间的压力梯度，在弹底形成一个较高的、近似恒定的压力；同时，局部的、高速的固体发射药燃烧生成的发射药气体在气固交界面上形成很大的推力。与普通装药的火炮相比，该推力与弹丸底部附近的气体压力相结合，其对弹丸做功能力增强，直至该部分发射药燃完。所以使用随行装药技术能够使弹丸获得更高的初速。

7.1.2　随行装药火炮工作原理

随行装药技术的创新之处在于让发射药随弹丸一起运动，并且是一边运动一边燃烧，按照随行方式可分为黏结式随行和包容式随行两种。

黏结式随行只能采用固体随行装药，典型的弹底黏结式随行装药结构如图 7.2 所示，常见的模式有整块药柱式、药粒压实式、叠片式、管束式等。作为一种最直观的简化，可以假定随行装药的燃烧仅发生在后端面，故又称为端面燃烧随行装药。黏结式随行装药的实现与应用，前提条件是随行装药必须具有超高的燃速。理论计算表明，欲取得增速效果，要求随行装药的燃速是常规发射药燃速的几十、几百倍甚至更高，否则随行装药就不能保证其在膛内燃完。

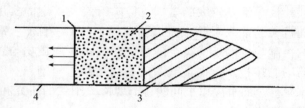

1—燃烧面；2—随行装药；3—弹丸；4—火炮身管。

图 7.2　弹底黏结式随行装药示意图

包容式随行装药工作模式如图 7.3 所示。将随行装药安置在一个密闭容器内，而容器本身与弹丸构成固结组合体。在这种情况下，随行装药可以是固体火药，也可以是液体火药，或者是它们的组合。如果采用固体火药，则要求其燃速大于弹后空间主装药，但相对黏结式随行，其对随行装药燃速增大倍数的要求要低得多，工程上具有实现的可行性。如果采用液体火药实现

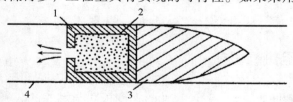

1—包容器；2—随行装药；3—弹丸；4—火炮身管。

图 7.3　包容式随行装药示意图

随行功能，首先要求将液体药灌封在随行容器之中，这要求随行容器与液体火药能友好相容，以利长期存放。但由于液体发射药在国内尚未推广应用，加上与弹后主装药不是同一类能源，存在一定的管理困难，在扩大应用上受到限制，且包容式随行方案有一个局限性，即会增加发射的附加重量。

7.1.3 随行装药火炮发展前景

随行装药技术是一项非常有前景的发射装药技术，美国已采用随行装药发射技术将 40 mm 口径的弹丸初速提高到 2.3 km/s。俄罗斯也在 23 mm 火炮上进行了有关试验，使弹丸初速达到 2.3 km/s。特别值得一提的是，美国洛克希德·马丁公司研制的 155 mm 液体发射药舰炮，发射其陆军 155 mm 弹药的最大射程可达 65 km，发射专门设计的增程弹的最大射程可达 185 km。

目前随行装药技术虽有较大的进展，但随行装药火炮的实用化问题尚未完全解决。除随行装药的发射药本身燃烧规律、药形、粒度、高燃速性、药量以及燃烧层的控制等技术外，决定随行装药技术应用成功与否的关键技术还有：随行装药的黏接技术，保证其跟随弹底运动直至炮口；随行装药点火延迟的控制技术等。全面解决以上问题还需要深入细致的研究和大胆的尝试，还有一些技术难关需要去攻克。

而随着制导技术的发展，随行装药的一个发展方向是与炮射导弹技术相结合，在控制过载的前提下增加炮射导弹的膛口速度。在炮射导弹发射过程中，由于导弹发动机及其控制装置的存在，要求发射时最大膛压低于一定的值，以保证这些装置不至于因过载太大而受损。

7.2 电热化学炮技术

7.2.1 电热炮概念

火药燃气推动弹丸运动时，弹丸的速度极限与燃气的分子量相关，而固体发射药燃气本身相对分子质量较大，所以常规火炮的速度极限在 2000 m/s。等离子体是继固态、液态、气态之后的物质第四态，当外加电压达到击穿电压时，气体分子被电离，产生包括电子、离子、原子和原子团在内的混合体。等离子体比标准发射药生成的气体轻，加速气体自身做功能量损耗少，因此利用等离子体加速弹丸时，其做功贡献大，有较高的效率，弹丸可以获得很高初速。利用热等离子体来加速弹丸的火炮，称为电热炮。

根据推动弹丸的能量来源不同，电热炮可以分为两类：用热等离子体直接推进弹丸的，称为直热式电热炮或单热式电热炮，也称普通电热炮；用电能产生的热等离子体加热其他更多质量的轻工质，形成高压气体从而推进弹丸的，称为电热化学炮、间热式电热炮或复热式电热炮。

直热式电热炮是全部或部分地利用电能加热工质产生热等离子体来推进弹丸的发射装置。它主要由外部电源和加速器两大部分组成，典型结构如图7.4 所示。

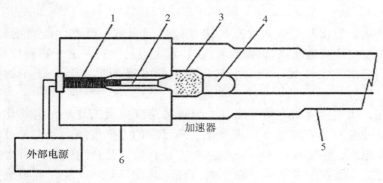

1—高压电极；2—毛细管；3—等离子体；4—弹丸；5—身管；6—炮尾。

图 7.4　直热式电热炮组成示意图

直热式电热炮身管与常规火炮的大致相同，在炮尾中引入了高压电极和毛细管以产生等离子体。用来产生等离子体的工质一般是轻质工质，可以是固体，也可以是液体（例如水，也可在水中添加其他物质），还可以是聚乙烯或金属丝等固体。电热炮的工作过程（也称电热发射过程）主要分为有限高压放电、形成等离子体射流、内弹道过程三个阶段。在电热过程中，外部电源提供的电能经导线输入连接毛细管的电极，电极在高电压、强电流作用下放电，激发毛细管，产生低质量、高温（10^4 K 以上）、高压等离子体，从而沿身管加速弹丸。直热式电热炮的优点是容易将常规火炮改装为纯电热炮，缺点是工质不能提供附加能量。由于弹丸能量都来自电能，对电源的能量要求特别高，导致电源体积特别大，难以实际应用。

电热化学炮将直热式电热炮中产生等离子体的工质改成发射药，通过等离子体在膛内的流动以及与发射药间传热，点燃并增强发射药燃烧，推动弹丸运动。与其他新概念发射技术相比，电热化学发射技术具有如下特点：在常规火炮基础上，电热化学炮仅需增加脉冲功率源和等离子体发生器，与常规发射技术有较高的通用性；等离子体改变了发射药点火、燃烧机理，可提高发射药点火一致性，增强发射药燃烧，有限提高膛压，展宽压力平台，从而实现弹丸超高速发射；电热化学发射技术中仍可使用发射药作为能源，脉冲功率源所需提供电能远小于电磁发射技术。

7.2.2　电热化学炮发展趋势

电热化学炮比其他新概念火炮更接近常规火炮，且其性能有明显提高，研制的难度也比其他新概念火炮小，在技术上容易实现，易于达到使用目标，因而受到更多人关注和研究。电热化学炮的发展趋势主要表现在如下几个方面：

首先，从实际应用的角度出发，为满足系统集成的要求，电热化学炮所需要的脉冲电源朝着高密度、小型化、高可靠的方向发展。研究论证脉冲功率源工作原理、系统构成和可行的结构方案，特别是适用的脉冲发电机储能装置及开关等器件至关重要。在中大口径电热化学炮中，主要起点火作用的电源，储能 100 ~ 200 kJ，充放电一体，满足 10 发/分以上的要求，使用寿命1 000 发以上，可使用战车平台的混合动力快速充电。而在小口径电热化学炮中，电源储能要达到 1 ~ 2 MJ，在实现电热点火的同时，能大幅度提高弹丸的初速和炮口动能。在目前最新的固体电热化学炮研究成果中，由于原来的等离子体注入器被大功率电子控制点火器取代，对电能的需求有所降低。每发射击所需要的电能减少到 0.5 MJ，脉冲电流已从 3000 ~ 4000 A 降到 1000 ~3000 A。再加上目前在储能技术和微电子控制技术方面取得的进步，解决了固体电热化学炮应用于装甲车辆所遇到的关键问题。

在发射药方面，20 世纪 90 年代末，以色列索雷克核研究中心独辟蹊径，由此前并不理想的液体发射药电热化学炮转向固体发射药电热化学炮的研究，并取得重大突破，从而为这一领域打开了一扇门。此后，德国、美国和法国也转向了固体发射药电热化学炮的研制，此时炮口速度达到 2000 ~ 2500 m/s。

总之，电热化学炮很好地解决了动能武器"快"的问题，既可取代传统火炮用于远程火力支援，又可作为舰载、车载的地面防空、反装甲、反导等近距离防御作战战术武器，还可作为天基武器等战略防御武器，具有广阔的应用前景。如今，电热化学炮技术已经进入靶场实验的实用阶段，由于具有威力大、射程远、体积小、适用性广和实用性强等显著优点，其已成为新概念火炮中最具竞争力的火炮技术之一。

7.3　电磁炮技术

使用气体推动弹丸运动时，气体需要随弹丸一起运动，受到气体特性的限制，弹丸存在速度极限。而理论上，电能发射不受外界影响，只受弹丸和发射装置的限制，可以突破传统的速度极限，是发射高速弹丸的一种理想方式。

电磁发射技术是完全依赖电能和电磁力加速弹丸的一种超高速发射技术。所有电磁发射用的推力，都来自电磁力（洛伦兹力或安培力）。利用电磁发射技术发射弹丸的装置称为电磁发射器，俗称电磁炮。根据工作方式不同，其可分为轨道炮、线圈炮和重接炮。

7.3.1　轨道炮

轨道炮又称导轨炮，是电磁炮的主要形式之一。简单轨道炮由一对平行金属轨道、一个带电枢的弹丸（发射物）以及高功率脉冲电源组成，如图7.5 所示。其中电枢位于两轨道间，由导电物质组成，可以是固态金属，也可是等离子体，或者是两者的混合体。发射过程中电枢导通两轨道，与之形成电流回路。弹丸在两轨道间和电枢前，根据目的不同，可以是不同形状和材料。两金属轨道必须是良导体。轨道的功能除传导大电流而形成强大磁场外，还用作发射体导向，引导发射体运动。高功率脉冲电源提供 MA 量级的脉冲电流，输出电压在 100 kV 量级，一般通过开关与轨道连接。两金属轨道的材料应能耐烧蚀和磨损，且有良好的机械强度。这种轨道常常镶嵌在高强度的复合材料绝缘筒内，共同形成炮管。

轨道炮发射时，将开关闭合，电流 i 通过馈电母线、轨道、电枢，最后返

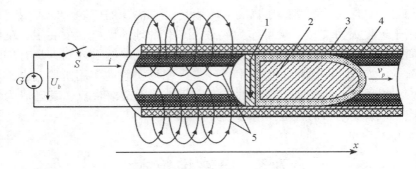

1—电枢；2—弹丸；3—绝缘筒；4—导轨；5—磁力线。

图 7.5　简单轨道炮发射原理图

回电源构成回路，在回路内产生磁场（设其磁感应强度为 B）。电枢电流与磁场相互作用，在电枢上产生安培力（对固体电枢而言）或洛伦兹力（对等离子体电枢而言）。以固体电枢为例，安培力的方向可用左手定律来确定，安培力的大小由安培定律确定。若电枢电流密度为 I，导体长度元 $\mathrm{d}l$ 构成的任一电流元 $I\mathrm{d}l$ 所受到的电磁力（安培力）为 $\mathrm{d}F = I\mathrm{d}l \times B$，用积分法可求出整个载流导体上所受安培力的总和，如图 7.6 所示。因为 B 的大小正比于电流 i，所以加速弹丸的电磁力正比于电流 i 的平方。当然，轨道和馈电母线也因受力而向外扩张，但因它们已事先被固定，因而不能移动。

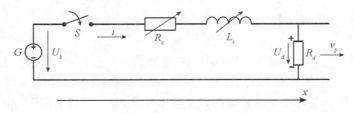

图 7.6　简单轨道炮电路图

　　能量转换效率最能体现轨道炮系统的性能。提高轨道炮的效率，可使轨道炮系统体积变小和质量变轻。其中一个有效的方法是分段轨道炮，即把较长的整体轨道炮分成若干独立段，原理如图 7.7 所示。相对于整体轨道炮，分段轨道炮能够减小炮口电弧、减小导轨电阻、减少导轨发热、提高轨道炮发射效率，其主要缺点是结构和控制较复杂。

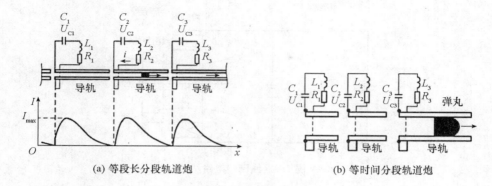

(a) 等段长分段轨道炮　　　　　　　(b) 等时间分段轨道炮

图 7.7　分段轨道炮原理

7.3.2　线圈炮

　　线圈炮是电磁炮的主要形式之一，一般是指用脉冲或交变电流产生磁行波来驱动带有线圈的弹丸或磁性材料弹丸的发射装置。线圈炮主要由驱动电路、炮筒和弹体组成，其结构原理如图 7.8 所示。炮筒壁上固定相互独立的驱动线圈，每一级驱动线圈都由一个储能电容器单独供电，利用独立的可控开关控制电路。当可控开关被触发导通时，第一级主电路形成通路，电容器开始放电，由于驱动线圈内部的瞬变大电流，炮筒内产生瞬变强磁场。强磁场对驱动线圈和弹体线圈都有力的作用，其中驱动线圈受到的力向左，弹体线圈受到的力向右，如图 7.9 所示。弹体悬浮在炮筒中向右运动，当弹体到

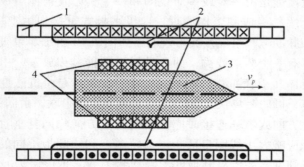

1—驱动线圈；2—通电区间；3—弹丸；4—弹体线圈。

图 7.8　线圈炮结构原理图

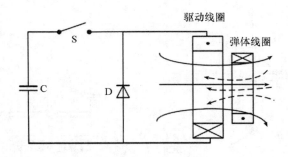

图7.9　线圈炮电路图

达下一级最佳导通位置时，下一级主电路的可控开关被触发导通，弹体再次受到向右的牵引力。在若干级驱动线圈的加速作用下，弹体的速度不断增加，不断靠近并最后飞离炮口。

7.3.3　重接炮

从前两节可以看到，轨道炮由于电枢接触导轨而存在壁烧蚀问题，且效率相对较低；线圈炮虽然效率高，但有些依然采用电刷换向或以弹体线圈与导向轨接触，从而限制了高速发射，并使能量损失增大。虽然感应线圈炮无接触问题，但它和所有线圈炮一样，电磁力的径向分量较大，导致用于加速弹丸的轴向力变小。为了克服前述缺点，1986年，美国桑迪亚国家实验室的考恩等最先提出重接炮（重接式电磁发射器）概念。

典型的重接炮是由一对或多对线圈和一个实心发射体组成，下面以单级重接炮为例介绍其组成和工作原理。单级平板式重接炮由上、下驱动线圈，平板式弹丸和脉冲电源组成，其等效电路如图7.10所示。单级重接型电磁发射装置上下各有一个驱动线圈，两驱动线圈同轴对称放置，中间留出较小间隙，以便发射体（板状弹丸）在其中运动。发射体是由抗磁性良导电材料做成的实心物体，以防磁场快速渗入。上下两个线圈串联，由同一个电源供电，两线圈的缠绕方向或串联连接时应保证磁力线方向相同且垂直于弹丸。平板式弹丸的面积应略大于线圈口面积。与轨道炮和线圈炮不同的是，重接炮在开始发射前，弹丸需要依靠其他外力（机械力或其他电磁力）获得一定的速度以进入驱动线圈的间隙。

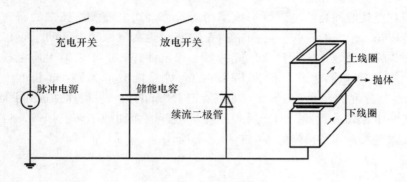

图 7.10　单级平板式重接炮电路图

　　当板状发射体尚未进入线圈间隙时，此时不需要对线圈馈电，线圈无电流、无磁场。用机械或其他电磁方法推动板状发射体进入，以便板状发射体以一初始注入速度进入重接炮的两驱动线圈的间隙中。当板状发射体的前端达到线圈前沿，即发射体完全遮住线圈空心口时，发射体于驱动线圈有最大的磁耦合，外接脉冲电源向驱动线圈充电并使电流达到最大值。当发射体的后沿与线圈的后沿重合时，将外接的脉冲电源断开，此时的电能以磁能方式储存在上下两个线圈的磁场中。由于磁力线不能在短时间内渗入或通过抗磁性的发射体，磁力线被发射体截断，强迫上下驱动线圈产生的磁通自成回路，不能"重接"。当发射体向前运动使其尾部与线圈边缘拉开缝隙时，即上下两线圈间的磁隔离被部分地取消，原来被发射体截断的磁力线在拉开的缝隙中重接，重接使原来弯曲的磁力线有被"拉紧"变直的趋势，从而推动发射体向前运动，如图 7.11 所示。此时原储存在驱动线圈内的磁能变成发射体的动能，这是发射体后沿受到重接的磁通强有力的加速作用所致。因此，发射体只会被加速而不会减速。

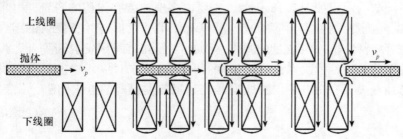

图 7.11　单级平板式重接炮工作原理

相对于其他种类的电磁发射技术而言，重接式电磁发射技术的研究工作开展得较晚，但发展较快。美国桑迪亚国家实验室从原理上证明了重接炮与其他形式的电磁炮相比所具有的无接触、稳定性好、适于发射大质量载荷的优点，并在 1990 年建成直径为 14 cm 的六级重接炮，在 81 cm 长度上，将 5 kg 的柱状弹丸加速到 335 m/s。现已能把 150 g 的板状发射体加速到 1 km/s。重接炮可作为战术武器，用于反坦克穿甲炮、地面和舰用防空炮等，也可以应用在太空发射和飞机弹射等大质量发射场合。

7.4　超高速火炮技术

火炮的射击速度越快，即火力密度越大，单位时间内发射的弹丸数越多，杀伤面就越广，增加了命中目标的可能性和对目标的毁伤概率。对于近防武器而言，作为最后一道防线，提高射速、增大火力密度、加强对目标毁伤效果，就意味着提高自身生存能力。一般将理论射速超过 6000 发/分的小口径自动炮称为超高速火炮。在近程末端防空反导作战中，超高速火炮对付近距离、短时间、突然出现的机动性来袭目标时，射击频率高，在空中形成弹雨，一旦发现目标，即可将其摧毁或毁伤，是反袭击的有效手段。因此，超高速弹幕武器很适合作为保护作战部队、大型舰船和重要设施的防空、反导武器系统，在未来战争中必然会具有重要作用。

典型的超高速火炮系统有美国的"密集阵"系统、澳大利亚的金属风暴武器系统等。金属风暴武器系统采用电子脉冲点火系统和电子控制系统，可以通过设置不同的发射方式及选择不同的发射频率达到最佳射击效果，可以方便地与火控和信息系统结合构成网络防御系统，如图 7.12 所示。金属风暴武器系统结构示意如图 7.13 所示，主要由多根预装有弹药的身管、电子脉冲点火头、电子控制处理器等组成，可以看作串行发射与并行发射的组合。在每根身管中都装填一定数量的弹丸，弹丸与弹丸之间用发射药隔开，弹丸在前，发射药在后，依次在身管中串联排列；身管中对应每组发射药都设置有电子脉冲点火头，用电子控制处理器控制每节发射药的点火间隔，如图 7.14 所示。

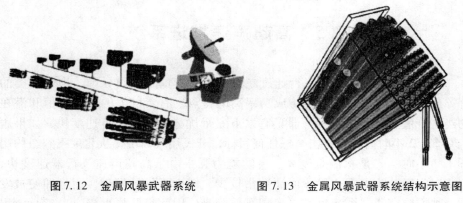

图 7.12　金属风暴武器系统　　　图 7.13　金属风暴武器系统结构示意图

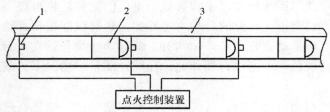

点火控制装置

1—电子脉冲点火头；2—弹丸；3—炮身。

图 7.14　金属风暴武器系统身管结构示意图

发射时，通过电子控制处理器设置在身管中的电子脉冲点火头，可靠地点燃最前面一发弹的发射药，发射药燃烧后，产生的火药燃气压力推动弹丸沿身管加速运动飞出管口。在前方火药燃气压力作用下，弹丸的一端立即膨胀，紧贴身管膛内侧，承受弹丸前部的高压燃气，并保持在身管中的位置不变。它可避免高压、高温的火药燃气泄漏到后面而点燃次发弹的发射药，从而起到很好的封闭作用，对后面弹丸的发射不会产生影响。前一发弹启动一定时间后，后一发弹的发射药被点燃，继而弹丸"解锁"并击发。依此过程，每发弹按顺序从身管中发射出去，形成串行发射。将多根身管并联在一起，由电脑控制各个身管以及各个弹丸的发射，即可形成密集"弹雨"。

7.5　高超声速推进系统

高超声速飞行器是指飞行速度超过 5 倍声速的飞机、导弹、炮弹之类的有翼或无翼飞行器，具有突防成功率高的特点，有着巨大的军事价值和潜在的经济价值。高超声速飞行器具有以下三个优势：一是飞行速度快，如果用于军事，2 小时内可以打击全球任何目标；若民用或商用，从北京飞到纽约用不了 2 小时。二是探测难度大、突防能力强，由于高超声速飞行器速度快、飞行时间短，防御雷达累积回波数量较少，因而不易被发现，而且即使被发现，地面防空武器系统也难以实现有效瞄准，因此突防概率极高。三是射程远、威力大，目前正在研究的高超声速导弹，其射程都在几百甚至上千千米以上；另外，根据动能公式 $E = mv^2$ 可知，高超声速飞行器在飞行时，其动能非常大，与传统的亚声速飞行器相比，在同样质量的情况下，威力也将大幅增加。

想要实现高超声速飞行，目前有两大技术途径：一类是通过火箭助推在亚轨道空间实施滑翔机动飞行，另一类是通过超燃冲压发动机实现高超声速飞行。前者更适合超远距离的战略打击任务，后者则更适合强调突防与快速打击的战术任务，与如今的洲际弹道导弹和巡航导弹的定义分类十分相像，从作战用途来看也是后两类导弹的升级版。

目前，世界航空航天领域已经有了多种成熟程度不同的推进装置，如涡轮风扇发动机、涡轮喷气发动机、冲压发动机、超燃冲压发动机、火箭发动机等。这些不同的推进装置在不同的飞行速度、高度段内都有其最佳的适用范围。研究表明，从地面马赫数 $Ma = 0$ 开始，在大气层内经历各种高度不断加速直至达到入轨速度（约 $Ma = 25$），这样大的工作范围内，不同动力形式的最佳工作范围大致可分为：（1）$Ma = 0 \sim 3$，是目前燃气涡轮发动机已经达到的飞行速度，米格 – 25 和美国黑鸟 SR – 71 的飞行马赫数已超过 3。（2）$Ma = 3 \sim 5$，是采用碳氢燃料的亚燃冲压发动机的有利工作范围。（3）$Ma = 4 \sim 10$，是使用氢燃料的超声速冲压发动机的有利工作范围，其中亚燃冲压发动机转换到超燃的 Ma 可为 $4 \sim 5$。（4）$Ma = 10 \sim 15$，为超高速飞行范围，若以冲压发动机为动力，则应发展超高声速燃烧冲压发动机。（5）$Ma > 25$，为入轨速度，只有火箭发动机才能将飞行器加速到这样高的飞行速度。因此，为了兼顾安全性、经济性和作战效能的综合要求，将不同类型的发动机组合在一起工作是保证高超声速飞行器在宽广的飞行包线范围内高效率可靠工作的关键技术。

超燃冲压发动机主要由进气道、隔离段、燃烧室与尾喷管组成，其结构如图 7.15 所示。其中，进气道的主要功能是捕获足够的空气，并通过一系列激波器进行压缩，为燃烧室提供具有一定流量、温度、压力的气流。隔离段是位于进气道与燃烧室之间的等直通道，其作用是消除燃烧室的压力波动对进气道的影响，实现进气道与燃烧室在不同工况下的良好匹配。当燃烧室着火后压力升高，隔离段中会产生一系列激波串，激波串的长度和位置会随着燃烧室反压的变化而变化。当隔离段的长度足够时，就能保证燃烧室的压力波动不会影响进气道。燃烧室是燃料喷注和燃烧的地方，超燃冲压发动机中燃料可从壁面和支板或喷油杆喷射。超燃冲压发动机中的火焰稳定与亚燃冲压发动机不同，它不能采用"V"型槽等侵入式火焰稳定装置，因为它们将带来巨大的阻力，所以普遍采用凹腔作为火焰稳定器。尾喷管则是气流膨胀产生推力的地方。

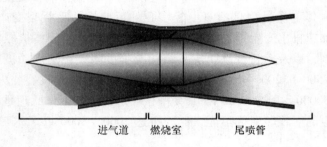

进气道　燃烧室　　尾喷管

图 7.15　超燃冲压发动机结构示意图

不同于常见的航空涡轮发动机，超燃冲压发动机的一个技术困难是飞行器必须达到一定速度才能启动，所以要有助推器提供初速才行。在高速飞行过程中，超燃冲压发动机燃烧室在没有压气机的条件下，必须实现高速气体减速增压以及和燃料充分混合并瞬时点火成功，这犹如在飓风里点燃一根火柴并保持燃烧，发动机启动难度极大。美国"黑燕"高超声速侦察机的动力系统由使用氢燃料的一台涡轮喷气发动机和一台超燃冲压式喷气发动机组合而成，其工作时，首先由涡轮喷气发动机把侦察机的速度提升到 3 倍声速，然后超燃冲压式喷气发动机开始工作，并将巡航速度提升到 6 倍声速。

高超声速飞行器被认为是继螺旋桨和喷气式飞行器之后的第三次动力革命。与传统的亚声速或超声速飞行器相比，该类飞行器飞行速度更快、突防能力更强，具有很高的军事和民用价值，是未来进入临近空间并控制临近空间、保证控制优势的关键支柱，同时也是对临近空间进行大规模开发的载体，是一种具有广阔开发前景的未来新型飞行器。

7.6　核火箭推进系统

核火箭推进即原子能火箭推进，其发动机是利用核能加热工质，工质高速喷射产生推力。根据核能释放方式，核火箭推进系统可分为裂变型、聚变型和放射性同位素衰变型。

图 7.16 所示为裂变型核火箭发动机原理图。其主要组成部件包括由铀235 或铀 239 的浓缩物制成的裂变反应堆、带有反射器的推力室壳体、带液氧工质冷却套的喷管、工质供应系统（涡轮和泵）、控制核能释放及工质流量的控制系统等。其工作过程是液氧流经多孔的反应堆，吸收裂变产生的热能，然后经喷管加速排出产生推力。核火箭发动机由于受到固体核燃料释放热能元件熔点限制，以及元件壳体、支承结构等强度限制，其发动机比冲并不很高，一般在 7500 ~ 12000 m/s。另外还有一种气体堆芯式核裂变火箭发动机，其比冲可达 50000 ~ 100000 m/s。衰变型核火箭发动机工作原理是将放射性同位素衰变产生的射线转变成热能，比冲可达 2000 ~ 8000 m/s，其适合于长时

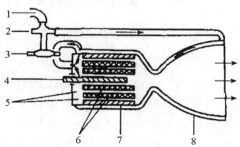

1—工质入口；2—泵；3—涡轮；4—控制棒；5—加热通道；6—核燃料元件；
7—反射器；8—冷却套。

图 7.16　裂变型核火箭发动机原理

间工作（几周至几个月）和低推力（1 N 以下）工作。

图 7.17 为 NEBA－3 核火箭发动机。它是由美国能源局资助空军菲利浦实验室设计的一种既能产生推力又能发电的双模式应用核火箭系统。该核火箭系统的设计是作为阿特拉斯 2AS 运载火箭的上面级。它可按 90 N 连续推力和 900 N 脉冲推力两种方式工作，可分别在 4.5 天和 3 天内分别将 1356 kg 和 1939 kg 有效载荷从近地轨道推进到同步轨道，并为卫星提供 10 年的发电能力。

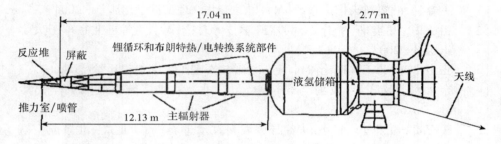

图 7.17　NEBA－3 核火箭发动机

NEBA－3 核火箭发动机系统由核反应堆系统、锂循环热能传输系统、氢推进剂储存管理与推力室系统、布朗特热/电转换系统、主散热系统、交流/直流电源变换与蓄电池系统、监控系统、结构系统和推力矢量控制系统等组成。NEBA－3 核火箭发动机系统被运载火箭射入轨道后，与箭分离，抛掉整流罩，伸展折叠式主梁和三段套装的主辐射散热片，并通过遥控和程控方式发送发动机启动指令。

思考题

1. 简述随行装药火炮工作原理。
2. 简述电热化学炮的基本原理。
3. 简述电磁轨道炮的基本原理。
4. 重接炮具有高速度和高效率的原因是什么？
5. 超高速火炮的技术特点有哪些？
6. 实现高超声速推进有哪些技术途径？
7. 核火箭推进系统有哪几类？

参考文献

[1] 王春利.航空航天推进系统[M].北京：北京理工大学出版社，2004.

[2] 田棣华，马宝华，范宁军.兵器科学技术总论[M].北京：北京理工大学出版社，2003.

[3] 张卫平.弹药工程概论[M].南京：解放军理工大学工程兵学院，2007.

[4] 余永刚，薛晓春.发射药燃烧学[M].北京：北京航空航天大学出版社，2016.

[5] 于存贵，王惠方，任杰.火箭导弹发射技术进展[M].北京：北京航空航天大学出版社，2015.

[6] 陈国光，田晓丽，辛长范.火箭发射动力学理论与应用[M].北京：兵器工业出版社，2006.

[7] 马福球，陈运生，朵英贤.火炮与自动武器[M].北京：北京理工大学出版社，2003.

[8] 王亚平，徐诚，王永娟，等.火炮与自动武器动力学[M].北京：北京理工大学出版社，2014.

[9] 王泽山，徐复铭，张豪侠.火药装药设计原理[M].北京：兵器工业出版社，1995.

[10] 王泽山，何卫东，徐复铭.火药装药设计原理与技术[M].北京：北京理工大学出版社，2006.

[11] 张相炎.新概念火炮技术[M].北京：北京理工大学出版社，2014.

[12] 金志明，袁亚雄，宋明.现代内弹道学[M].北京：北京理工大学出版社，1992.

[13] 谢兴华，颜事龙.推进剂与烟火[M].合肥：中国科学技术大学出版社，2012.

[14] 张小兵.枪炮内弹道学[M].北京：北京理工大学出版社，2014.

[15] 王桂玉.火炮内弹道学[M].南京：南京炮兵学院，1986.

［16］ 谭惠民.固体推进剂化学与技术［M］.北京：北京理工大学出版社，2015.

［17］ 韩子鹏.弹箭外弹道学［M］.北京：北京理工大学出版社，2014.

［18］ 张炜，鲍桐，周星.火箭推进剂［M］.北京：国防工业出版社，2014.

［19］ 卢芳云，蒋邦海，李翔宇，等.武器战斗部投射与毁伤［M］.北京：科学出版社，2013.

［20］ 卢芳云，李翔宇，田占东，等.武器毁伤与评估［M］.北京：科学出版社，2021.

［21］ 于达仁，刘辉，丁永杰，等.空间电推进原理［M］.哈尔滨：哈尔滨工业大学出版社，2014.

［22］ 王敏，仲小清，王珏，等.电推进航天器总体设计［M］.北京：科学出版社，2019.

［23］ 邹华.基于差动原理的新型随行装药技术研究［D］.南京：南京理工大学，2014.

［24］ 倪琰杰.电热化学炮电增强燃烧理论及实验研究［D］.南京：南京理工大学，2018.